世界技能大赛园艺项目赛训教程

赵昌恒　伍全根　主编

中国林业出版社
CFPH China Forestry Publishing House

图书在版编目（CIP）数据

世界技能大赛园艺项目赛训教程 / 赵昌恒，伍全根主编. —北京：中国林业出版社，2022.9
ISBN 978-7-5219-1815-1

Ⅰ. ①世… Ⅱ. ①赵…②伍… Ⅲ. ①园艺—教材 Ⅳ. ①S6

中国版本图书馆CIP数据核字（2022）第149473号

中国林业出版社·教育分社

策划、责任编辑：田　苗
电　　话：（010）83143557　　　　**传　　真**：（010）83143516

出版发行　中国林业出版社（100009　北京市西城区刘海胡同7号）
E-mail：jiaocaipublic@163.com
http://www.forestry.gov.cn/lycb.html
印　　刷　北京中科印刷有限公司
版　　次　2022年9月第1版
印　　次　2022年9月第1次印刷
开　　本　787mm × 1092mm　1/16
印　　张　16.5
字　　数　371千字
定　　价　98.00元

编写人员名单

主　编：赵昌恒　伍全根

编写人员：（按姓氏笔画排序）

马　涛　黄山学院

王　剑　江苏农林职业技术学院

伍全根　黄山学院

刘柏辰　广州市公用事业技师学院

严　迪　黄山学院

杨　蕾　广州市公用事业技师学院

赵昌恒　黄山学院

徐　政　浙江建设技师学院

前言

在世界技能大赛众多的竞赛项目中，园艺项目是结构与建筑技术类的一个竞赛项目。园艺项目的竞赛内容是参赛选手在设定好的空间（通常30~50m^2，也称工位或工作站），使用规定的材料和工具，在规定的时间内按照预设的图纸，完成花园建造。举办这样的竞赛，旨在让越来越多的年轻人热爱劳动，崇尚劳动；让景观师充分地发挥自己的聪明才智，熟练掌握造园规则和技能，运用更新型、更节能环保、更生态的材料，创造更加优美、更加宜居的生活环境。

自2010年加入世界技能组织后，我国在世界技能大赛中，参加项目不断增多，参赛水平不断提高。在2017年举办的第44届世界技能大赛上，我国第一次组队参加了园艺项目的比赛。本人作为教练团队的一员，一直从事世界技能大赛园艺项目的集训工作，参与了第44届、第45届世界技能大赛园艺项目中国集训队的教练工作，并随队参与了第44届、第45届世界技能大赛园艺项目的场外指导工作。

在5年多的集训教练工作中，本人和团队对园艺项目竞赛的了解和理解也在不断加深，深感集训工作规范化和标准化的重要性。经过多年的积累，编写了《世界技能大赛园艺项目赛训教程》。本书详细介绍了世赛园艺项目的竞赛目的和内容，以及竞赛的评分方案、评分标准和评分方法，填补了国内开展本项目教学训练教材方面的空白。希望能对本项目今后的训练及比赛提供一定的参考。

《世界技能大赛园艺项目赛训教程》由赵昌恒、伍全根主编，具体分工如下：赵昌恒，第一章；徐政，第二章；伍全根，第三章、第五章、第九章；王剑，第四章；刘柏辰，第六章；杨蕾，第七章；马涛，第八章；严迪，第十章。同时，在本教程的编写过程中，第46届世界技能大赛园艺项目中国专家组成员褚伟良、陈涵子，世界技能大赛园艺项目中国教练组成员温康，世界技能大赛园艺项目翻译洪常春、张婧婧、陈东晨、高士晶等提出修改意见；世界技能大赛园艺项目集训基地安徽润一生态建设有限公司、广州市公用事业技师学院、上海市城市建设工程学校（上海市园林学校）、重庆三峡职业学院等给予了大力支持，在此表示衷心感谢。教程中引用了第44届、第45届、第46届*中国集训队的训练试题以及作品，在此向第44届、第45届、第46届中国集训队专家组、教练组和参加集训的选手，一并表示衷心感谢。

在教程的编写过程中，尽管参编人员尽了最大努力，但由于水平有限，书中的错误和不当之处在所难免，敬请同行们批评指正。

赵昌恒

2022年3月20日

* 第46届世界技能大赛原定于2022年10月在上海举行，后考虑新冠肺炎疫情影响，不再举办。

目录

前　言

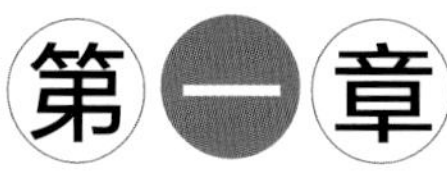

竞赛项目简介

第一节　世界技能大赛

一、世界技能大赛简介

世界技能大赛（World Skills Competition，WSC）是迄今全球地位最高、规模最大、影响力最大的职业技能竞赛，被誉为“世界技能奥林匹克”。世界技能大赛由世界技能组织（WorldSkills International，WSI）举办，截至目前已成功举办45届。截至2020年10月，世界技能组织共有85个成员组织，遍布五大洲，涵盖世界三分之二的人口。

1947年在西班牙举行了第一届全国职业技能大赛，1950年西班牙与葡萄牙携手在马德里举办了第一届世界技能大赛，与此同时两国在西班牙创立了世界技能组织的前身——国际职业技能训练组织（International Vocation Training Organization，IVTO）。在国际职业技能训练组织50周年会员大会上更名为“世界技能组织”。它是一个非政府、非盈利性质的国际组织，注册地在荷兰。世界技能组织在全球范围内运作，在政治、宗教上中立。

1955—1971年世界技能大赛每年举办一届，自1971年起基本稳定为每两年举办一届。历届世界技能大赛以在欧洲举办为主，在亚洲举办过7届，即：第19届（1970年），日本东京；第24届（1978年），韩国釜山；第28届（1985年），日本大阪；第32届（1993年），中国台北；第36届（2001年），韩国汉城（首尔）；第39届（2007年），日本静冈；第44届（2017年），阿联酋阿布扎比。

二、世界技能大赛的办赛理念

世界技能大赛是青年人展示技能的舞台，旨在促进青年技能劳动者职业能力的提升，促进世界各个国家和地区在职业技能领域的合作与交流，促进职业技能的推广。竞赛不是目的，交流和提高才是根本。

世界技能大赛的办赛理念包括：推广职业教育、技工教育和职业培训；促进职业教育、技工教育和职业培训信息交流；促进成员国家和地区之间年轻技术人员及培训人员的经验交流与合作；提高社会对技术人才及职业教育、技工教育和职业培训的重视等。

三、世界技能大赛的竞赛项目

目前，世界技能大赛竞赛项目分为六大类，包括：运输与物流、结构与建筑技术、制造与工程技术、信息与通信技术、创意艺术与时尚、社会与个人服务。第 46 届世界技能大赛共有 63 个参赛项目，其中结构与建筑技术类包括砌筑、家具制作、木工、混凝土建筑、电气装置、精细木工、园艺、油漆与装饰、抹灰与隔墙系统、管道与制暖、制冷与空调、瓷砖贴面、建筑信息建模共 13 个项目。

四、世界技能大赛对参赛选手的要求

世界技能组织规定，绝大多数参赛选手年龄在大赛当年不得超过 22 周岁，特殊的技能项目如信息网络布线、机电一体化、制造团队挑战赛和飞机维修 4 个项目的选手不得超过 25 周岁。

在每个技能竞赛项目中，每个成员组织可以选派一名（组）选手参赛。每名选手只能参加一个项目的比赛，且只能参加一届世界技能大赛。

世界技能大赛的竞赛项目中，有个人参赛项目，也有团队参赛项目。目前的团队参赛项目有：制造团队挑战赛，由 3 名选手组成团队；机电一体化、园艺、移动机器人、混凝土建筑和网络安全，由两名选手组成团队。

第二节　世界技能大赛园艺项目

一、项目概述

园艺项目是在规定的时间和空间里，按设计好的赛题及设计理念，使用工具对指定造景材料进行制作、安装、布置和维护的竞赛项目。比赛赛题由图纸及施工说明组成，硬景部分提供施工图纸，按图施工；软景部分由选手根据提供的材料及施工说明自主设计并施工。

园艺项目是一个团队项目，每个参赛组由 2 位选手组成，比赛要求他们在 4 天（不超过 22h）内，在 30~50m^2 的空间里相互配合完成赛题的施工。赛题有一个主导的设计理念，就是每天的花园均在前一天花园的基础上根据设计理念进行优化与完善。赛题包含五个模块，分别是砌筑、铺装、木作、水景的施作及绿色空间布局，比赛结束后，作品要完整呈

现以上五个模块，各模块有机结合在一起组成一件完整的园艺作品。

比赛过程中，要求选手具备砌筑、木作、植物与置石造景、水电安装等方面的技能，同时要求选手合理安排工作流程、注意个人防护及施工动作符合人体工学，并合理安排工时。在完成每天测评模块的前提下可以提前进行第二天考核模块的施作。

二、技术说明及解析

世界技能组织的官方管理文件包括章程、议事规则、竞赛规则和道德行为准则四部分，其中的竞赛规则（以第 46 届世界技能大赛 9.0 版本为例）包括了简介、竞赛组织、举行的竞赛项目、注册、权限和认证、人员身份、竞赛项目管理、技术说明、基础设施清单、测试项目、评测与打分、问题与争议、沟通 / 通信、健康、安全与环境 15 个部分。

对于每个竞赛项目来说，技术说明（technical description，又称技术描述）是该项目赛训工作技术方面的最高准则，它根据世界技能组织竞赛委员会决议并按照世界技能组织的章程、议事规则和竞赛规则等规定而制定，是对世界技能大赛该竞赛项目最基本的要求。以第 46 届世界技能大赛园艺项目的技术说明为例，其包括：简介、世界职业标准说明、评估策略和说明、评分方案、测试项目、竞赛项目管理和沟通、针对本项目的安全与健康要求、材料和设备、针对竞赛项目的规则、观众和媒体参与、可持续性以及行业咨询参考 12 个方面的内容。具体内容解析如下：

（一）简介

简介主要介绍了景观师（landscape gardener）的相关工作和职业说明。景观师需要根据客户的需求对私人和公共的园艺、公园、体育及娱乐场所进行设计、安装和维护。根据工作的需要，景观师需要具备和客户沟通的能力，并掌握相关法律、法规，熟悉所有软质材料（含植物、土壤等）、硬质材料（含岩石、木材等）、设施设备（含电器、管道和灌溉系统等）等的制作与安装技能及其对环境的影响，以及可持续性发展等问题。

（二）世界职业标准说明

世界职业标准说明（WSOS）反映了国际上对产业和商业相关工作或职业内涵的共同理解，它确定了该职业的相关知识和应具备的技能，是该职业应具备知识和技能的最佳国际标准。

举办技能竞赛是为了反映 WSOS 描述的最佳国际惯例，以及该国际惯例所能达到的效果。因此，WSOS 是技能竞赛培训和准备的指南。

WSOS 分为以下几个方面，每个方面以权重的形式来表现其在 WSOS 中的重要性，均要求从业人员具备一定的理论和实操能力：

1. 工作组织和管理（权重 10%）

熟练解读图纸、图表，掌握材料的特性，合理使用合适的工具，在规定的时间和预算内完成任务；团队合作高效，工序安排流畅、合理，并充分考虑人体工学、健康与安全及个人的劳动保护；确保场地整洁和安全。

2. 客户服务和沟通（权重 5%）

在满足客户意愿的前提下施工，同时注重结合当地法律法规及环保的要求，并向客户提供维护和保养方面的建议。

3. 花园设计和解读（权重 15%）

要求从业人员具备设计完整花园的能力，该花园能反映环境的特点，并最大程度地利用地形、位置、土壤等条件。

4. 天然石材、混凝土预制件的加工与安装（权重 15%）

把图纸尺寸转化为全尺寸，并使用合适的工具在材料或场地上标记，以方便加工和放线；使用工具并按规范和环保要求加工各类材料，评估、处理并压实基础；安装各类水平、倾斜、垂直构件及单个或多个物品；正确使用水泥、黏合剂和辅助材料；通过坡度或其他措施处理排水；在确保安全、环保的前提下选择合适的存储和物流方式处理和搬运材料。

5. 切割材料（非硬质材料）并完成垂直和水平结构的组装（权重 15%）

准确阅读图纸，把图纸尺寸转化为全尺寸，通过计算准确标记、切割木材（木料）等非硬质材料；使用紧固件来组装木料并对其表面进行装饰或加工（如磨砂纸打磨）；按要求使用工具安装水平、倾斜或垂直构件，并用仪器或设备测量其水平、垂直、角度及面积；采购和安装配套设施、设备（如运动、烧烤、遮阴、篱笆等器材和设备）或向客户提供设施、设备的采购和安装建议；施工中注重排水，选择适应环境及有可持续性的材料。

6. 基层、土壤等处理（权重 5%）

具备测试和评估土壤状况的能力；根据植物的需求在土壤中添加适宜的肥料、土壤介质；根据种植的植物和草坪（皮）的要求整理土壤。

7. 植物的种植和养护（权重 25%）

正确准备和处理（含假植、去除包装，修剪病、残枝及枯叶等）草本植物（含蔬菜、草药；一年生、多年生及地被植物等）、木本植物、草坪；按规范要求（挖穴、种植、回土、扶正、浇水、捣实、修剪等）种植植物和建植草坪（确保草坪的根系和土壤密接，平整、无缝隙）；种植时考虑植物的生长模式（留出生长空间）及视觉效果（单株的植物之间、植物组团之间以及绿色空间和整个花园之间的效果）；提供持续养护。

8. 园艺技术（含管道、电气、给排水和灌溉）（权重 5%）

掌握在花园中布置给排水管道、灌溉系统（含储水及喷头设备等）、电气设备（含用于照明、制冷、声音和加热的低压系统）以及在安全与健康方面等的技术规范与政策法规要求；掌握相关产品的性能并提供安装、测试与维护服务；安装系统用来收集并利用雨水等。

9. 水景（权重 5%）

根据图纸要求修建水池，铺设防水膜；安装管道、水泵、喷泉、泳池、清洁和电气系统等设备；种植水生植物；水景及池塘维护和养护等。

（三）评估策略和说明

专家评估是世界技能大赛竞赛的核心，包括评分方案、测试项目及竞赛信息系统（CIS）三方面的内容。

世赛的评估分为两大类：测量和判断，分别是客观和主观评估。评分方案是评估的具体表现，它需要有清晰的基准，且必须遵循 WSOS 规定的权重；测试项目是竞赛的评估工具，必须与 WSOS 规定的能力要求相匹配；竞赛信息系统能够确保及时、准确地记录分数，并提供辅助支持。

评分方案会引导测试项目的设计流程，在制订评估方案时，会反复调整评分方案和测试项目，确保两者与标准要求一致。评分方案和测试项目须经过专家同意，并报世界技能组织审核，以确保其质量达标且满足 WSOS 的要求。

（四）评分方案

1. 概述

评分方案是竞赛中最核心的工具，它将评估与代表每个技能竞赛的 WSOS 联系起来，并根据 WSOS 的权重及能力要求给参赛者的每个待评估项打分。已批准的评分方案草案必须在竞赛开始前至少 8 周通过竞赛信息系统标准电子表格或其他被批准的方式录入竞赛信息系统。

2. 评分标准

评分方案以评分标准的形式体现，它们来源于测试项目，一般有 5~10 条。这些评分标准的标题可能与 WSOS 的标题一致，也可能不一致，但无论是否一致，评分标准必须反映 WSOS 规定的权重（表 1–1、表 1–2）。评分点及其详细的评分标准由制订评分方案的人制定，每个评分点应按字母顺序（如 A）编号（表 1–2）。

竞赛信息系统生成的评分汇总表应包含各项评分标准及其子标准列表。分配给每条标准的分数将由竞赛信息系统计算，总分数应是评分方案范围内每个评估方面打分的累计。

表 1–1　园艺项目“职业标准”和“竞赛测试”各模块分值设置的对比

（以第 45 届世界技能大赛为例）

序号	考核模块 Test Modules	职业标准中设置的权重 Weightings in the Occupational Standards	竞赛测试中设置的分值 Marks in the Test Projeet	变化分数 Variation Marks
1	工作组织与管理 Work organization and management	10.00	10.00	0.00
2	客户服务与沟通 Customer service and communications	5.00	5.00	0.00
3	花园设计与花园解析 Garden design and garden design interpretation	15.00	15.00	0.00
4	天然石材、混凝土预制件的加工与安装 Shape and place stones, slabs and precast units	15.00	16.50	1.50
5	切割材料（非硬质材料）并完成垂直和水平结构的组装 Cut materials and assemble vertical and horizontal structures not made of hard landscaping materials	15.00	14.00	1.00
6	基层、土壤等处理 Substrate, soil, and mulch	5.00	5.00	0.00

（续）

序号	考核模块 Test Modules	职业标准中设置的权重 Weightings in the Occupational Standards	竞赛测试中设置的分值 Marks in the Test Projeet	变化分数 Variation Marks
7	植物和树木的种植、养护 Planting and care of plants and trees	25.00	24.00	1.00
8	花园技术（管道、电器、排水和灌溉） Garden technology (plumbing, electrical, drainage, and irrigation)	5.00	5.25	0.25
9	水景 Water features	5.00	5.25	0.25
总体变化 Total Variation				4.00

表 1–2 园艺项目评分点设置一览表（以第 45 届世界技能大赛为例）

序号 ID	名称 Name	分数 Mark
A	工作流程 Work Process	14.00
B	绿色空间布局 Layout of Green Space	34.50
C	铺装 Pavement	16.00
D	墙体 Wall	5.00
E	水景 Water Feature	9.50
F	木结构 Wood Constructions	13.00
G	整体印象 General Impression	8.00

3. 子标准

每条评分标准又被细分为一至多条子标准，每个子标准均有一个标题和编号，包含需进行判断评分或测量评分的评分项。对于同时有判断评分和测量评分的子标准，将各有一行表格（表 1–3）。

表 1–3 第 45 届世界技能大赛园艺项目评分子标准（部分）

子标准编号	子标准名称或详述	第几天评分	评分类型（M——客观，J——主观）	评分类型——详述	主观评分范围	更多详述	尺寸要求（仅限客观评分）	计算行（仅限专家）	满分
B1		1							
	绿色空间布局		M	花园 1 和药园完成		是，0.5 分；否，0 分	是或否		0.50
			M	植物浇过水		是，0.5 分；否，0 分	是或否		0.50
			M	绿墙刷完漆		是，0.5 分；否，0 分	是或否		0.50

（续）

子标准编号	子标准名称或详述	第几天评分	评分类型（M——客观，J——主观）	评分类型——详述	主观评分范围	更多详述	尺寸要求（仅限客观评分）	计算行（仅限专家）	满分
B2		1							
	绿色空间布局		J						1.50
				专业种植技术	0	种植深度不正确，土壤不紧实			
					1	种植深度正确，土壤紧实			
					2	种植深度正确，土壤紧实，植物挺直			
					3	种植深度正确，土壤紧实，植物挺直，受损材料去除			

4. 评分项

评分表格详细列出需要评分的每个评分项，并附上分配给该评分项的分数。分配给每个评分项的分数总和必须在 WSOS 规定的分数范围内（表 1–3）。

5. 评估团队

在竞赛过程中，针对每个子标准都有一个由竞赛管理团队安排的评分团队，相同的评分团队必须给所有参赛选手评分，组织评分团队时必须确保不能给本国参赛选手评分。

6. 通过判断进行评估和评分

判断法采用 0~3 分制，使用时需要注意准确性和连续性，具体方式如下：

0 分：表现低于行业标准；

1 分：表现达到行业标准；

2 分：表现达到行业标准，并在特定评分项超过行业标准；

3 分：表现全面超过行业标准，判定为优秀。

每个评分项由三位专家进行评分，通常同时记录分数。第四位专家要监督计分，检查分数的有效性，在出现本国专家评分时进行替补。

7. 通过测量进行评估和评分

在某些情况下，专家团队可以分成两组，进行双重打分。除非另有规定，否则每个评分项只能是最高分或者零分。为了便于准确测量并评分，每个评分项的相关标准必须精准。为避免计算或传输错误，竞赛信息系统提供了大量经过授权的自动计算选项。

8. 测量和判断的选择

在评分方案和测试项目的设计期间确定评分标准和类型。

9. 评分标准的制定

世赛组织一直致力于评估方面的持续改进。世赛管理团队不断从过去和不同实操中学习，并在有效性和高质量的基础上进行评估和评分。技能评分标准使用清晰、精确的评分项，并清楚解释评分规则。

每个评分点最高有 10 个评分项；测量评分项将从以下 B、C、D、E 和 F 评分项的规定中产生。

第 46 届世界技能大赛园艺项目约定的测试项目中有如下待评估的评分点：

A. 工作场地安全：场地的整洁和安全；工序安排；团队合作；工具、设备和材料的使用；人体工程学、健康和安全、个人保护。

B. 绿色空间布局：树的位置；花圃的尺寸；种植技能；根据方案种植；草皮的铺设与衔接。

C. 铺装：路面尺寸、坡度与平整度；台阶的高度与尺寸；材料切口的饰面。

D. 墙和台阶：以工作站左下角为原定测量墙的尺寸；台阶的整体标高；墙面的垂直度；墙面的整体印象；砖块（石块）砌筑（码放）是否符合规范要求。

E. 水景：池塘的尺寸、标高；池塘衬垫的正确安装（无泄漏）；池塘周边景石的位置和稳定性等。

F. 木结构：木结构的长、宽等尺寸、标高；木结构的稳定性；木材切口的饰面；花架固定件和螺钉的正确使用。

G. 总体印象：美观度；创新性；整体整洁度；总体外表；植物的组合与花园的协调性。

10. 评估程序

评分过程需要由专业团队完成，这个专业团队需要由首席专家来领导管理和审查。测量分的评定由一个独立的评分小组 / 团队来完成；评价分的评定由所有裁判（专家）参加，但必须对他们制定一个包括分组、分项在内的流程。

每个评分项应确保可以在竞赛期间或结束后进行评分。每天完成的比赛（施工）任务应符合首席专家在赛前确定的进度要求。

每个标准的允许误差必须能反映行业标准；针对不同的评分项，将由不同的评分小组完成；每个评分小组必须由来自不同国家、经验、文化背景、语言的专家们共同组成。

专家评分小组将为所有参赛者的同一评分项评分；在尽可能的情况下，每位专家应完成同样分值的评分项。

（1）工作场地安全：工作流程是测量评分项，配有评分说明；工作场地安全每天进行评估。

（2）绿色空间布局：进行绿色物体的位置测量，树枝 / 树干的中心距离允许误差为 2%；进行绿色物体的尺寸测量，允许误差为 2%；根据专家们一致同意的要点，评估种植情况是否符合方案的要求；草坪接缝必须紧密，且在同一水平线上；草坪应平坦，1m 长度的允许误差为 6mm。

（3）铺装：进行道路的位置测量，允许误差为 1%；进行道路的尺寸测量，允许误差为 1%；天然石料路面应平坦，1m 长度的允许误差为 4mm；人工石料路面应平坦，1m 长度的允许误差为 2mm；应错缝铺贴。

（4）墙和台阶：进行墙和楼梯的位置测量，允许误差为 1%；进行墙和楼梯的尺寸测量，允许误差为 1%；楼梯的每个台阶高度必须相等。

（5）水景：池塘衬垫（水管、进口和出口，不包括水泵）必须完全隐藏。

（6）木结构：进行木结构的位置测量，允许误差为 0.5%；进行木结构的尺寸测量，允许误差为 0.5%；篱笆墙必须垂直；螺钉和螺母必须对齐。

（7）总体印象：总体印象是主观评分项，如有可能应附上说明。

（五）测试项目

1. 总体说明

编制测试项目的目的是在 WSOS 范围内根据评分方案提供一整套评估和评分系统。测试项目、评分方案和 WSOS 之间的符合度是评价质量的一个关键指标。

无论是单一实体还是一系列相互独立或相互关联的模块，测试项目应能够评估 WSOS 相关部分的应用知识、技能和行为。

测试项目通常从测试赛赛前一年开始是由技能竞赛经理或独立测试项目开发人员设计和开发的，它们必须经过独立审查、验证和确认。

2. 测试项目的形式

项目包含了绿色空间、铺装、墙和台阶、水景、木结构等模块，并且确定每天必须完成的施工任务及与之对应的评分方案，每天由评估专家（裁判）对当天完成的任务进行评估。

3. 测试项目的设计要求

竞赛工位的面积控制在 30~50m^2。竞赛过程中，参赛者根据被批准的方案和规格使用天然石料、混凝土、木头和 / 或塑料、土壤、草本植物、木本植物、草坪等各种材料来布置一个园艺作品。测试项目可能包括以下项目中的一种或全部项目：路面和 / 或其他表面工程；墙、挡墙和 / 或独立墙；楼梯和 / 或台阶；木头或类似结构；水景。

4. 测试项目的制定

测试项目 / 模块由一位独立测试项目设计师与技能竞赛经理合作制定；要求使用本地可用的材料，在制定评估标准时应考虑这一因素；测试项目必须在竞赛组织者提供给选手的竞赛时间、材料和工具的框架之内进行构建。

5. 时间要求（表 1–4）

表 1–4　时间要求

时间节点	任务要求
竞赛开始前 6 个月	独立测试项目设计师设计本测试项目
竞赛开始前 3 个月	在世界技能组织网站上公布测试项目的赛前信息 场地经理为参赛选手提供为完成测试项目所需携带的手动工具的建议
竞赛中前 4 天（C–4）	向专家公布本测试项目及相关的图纸和说明
竞赛中前 2 天（C–2）	向选手公布本测试项目及相关的图纸和说明

6. 测试项目初步审查和验证

测试项目的目的是为选手创造挑战，真实地反映出已确定职业的优秀从业者的工作情况。测试项目及其采用的评分方案展示的情景、目的、活动和期望完全代表 WSOS，且是独一无二的。

测试项目一旦获得世赛组织的批准，独立测试项目设计人员应确定一名或多名独立的专家和值得信赖的个人，审查设计者的想法和计划，在确定之前验证测试项目。

技能顾问将在风险可控的范围内确保和协调这项安排，以保证测试项目初步审查和验证的及时性、彻底性。

7. 测试项目验证

技能竞赛经理负责协调验证工作，并确保选手可以根据测试项目 / 模块及主办单位提供的材料、设备在规定时间内完成测试任务。

8. 竞赛时对测试项目的变动

竞赛中无须对测试项目进行更改。唯一例外的是对测试项目文档中的技术错误或因基础材料的限制而做的修改。

9. 材料或制造商说明

参赛者完成测试项目所需的材料及其制造商说明由竞赛主办方提供，且可以在官方网站上获取。

但是，在某些情况下，特定的材料或制造商说明的详细信息可能需要保密，不会在比赛前发布。这些项目可能包括用于故障查找模块或未公布模块的项目。

（六）竞赛项目管理和沟通

1. 论坛

在竞赛开始前，所有关于技能竞赛的讨论、沟通、协作和决策都应在相关项目的论坛上进行，相关的决定和沟通只有在论坛上进行才是有效的。首席专家（或首席专家任命的专家）应负责管理该论坛。

2. 竞赛信息

注册参赛者的所有信息都可以在官方网站上查询。

信息包括：竞赛规则，技术说明，评分方案，测试项目，基础设施清单，世界技能竞赛的健康、安全和环境政策和规章，其他与竞赛相关的信息。

3. 测试项目（含评分方案）

测试项目可以在技能竞赛结束后从世界技能大赛官方网站上获取。

4. 日常管理

竞赛期间的技能日常管理在技能管理方案中有明确的规定，该方案由首席专家带领的技能管理团队制作。技能管理团队包括评判委员会主席、首席专家或副首席专家。技能管理方案在竞赛开始前 6 个月内逐步制定，并在竞赛开始时经所有专家同意后最终确定。技能管理方案可以在官方网站专家中心查阅。

5. 通用最佳操作程序

通用最佳操作程序是指不能以违反比赛规则或特定技能规则为由追究专家和选手责任的程序，这些程序或行为是“争议与争议解决”条款中有关“道德与行为处罚制度”的一部分。针对选手的通用最佳操作程序一般会在评分方案中反映。

情况 1：翻译人员可以根据需要在专家会议上做笔记，进行翻译。但会后，他们必须将笔记交给首席专家或副首席专家保存。

情况 2：选手可以在技能竞赛经理、首席专家、副首席专家解释测试项目的过程中进行记录，如果他们自己研究测试项目也可以进行记录，但所有笔记必须留在工位直到比赛日的第四天比赛结束。

（七）针对本项目的安全与健康要求

参考主办国（地区）与劳动保护、安全和环境相关的政策和规章。

（八）材料和设备

1. 基础设施清单

每场竞赛中，技能管理团队必须审核并更新基础设施清单，为下一场竞赛做准备。如果需要增加空间和 / 或设备，技能竞赛经理必须向技能竞赛主任提出建议。

每场竞赛中，技术观察员必须审计竞赛过程中已使用的基础设施清单。

基础设施清单不包括需要参赛者和 / 或专家们携带的物品，也不包括禁止参赛者携带的物品。

2. 参赛者的工具箱

参赛者可携带多个工具箱，且外部总体积不超过 $1.25m^3$（体积 = 长 × 高 × 宽）。体积测量时不包括包装箱及其他保护性包装材料、运输板、轮子等。

3. 参赛者工具箱中自带的材料、设备和工具

参赛者必须携带所有（个人）设备，其中可以包括：测量仪器（如自动水准仪、激光水准仪等），万用表，皮尺，铅笔 / 油粉笔，校准线和定位杆，铅垂线，块锤（橡胶锤），石凿，接缝刨，木匠锯子，木凿，槌，锹，修枝剪刀，修剪锯，抹子，石匠锤，直角尺，水平仪以及认参赛者认为必要的其他手动工具。此外，参赛者必须自备个人防护用品。

4. 专家自备的材料、设备和工具

专家必须自备个人防护设备，参照“（七）针对本项目的安全与健康要求”中所述。

5. 竞赛区域禁止的材料和设备

未能达到安全规定的材料和设备将会被禁止使用。禁止使用角铣刀。禁止使用电动工具，竞赛组织者将根据需要提供电动工具。禁止选手和专家携带任何上述第 3 条和第 4 条中列出的材料或设备。

6. 建议的工作间和工作站设置图

赛前的工位布局图可以在世赛官方网站上获取。

（九）针对竞赛项目的规则

针对某个项目的规则不得与世赛规则冲突，也不得优先于世赛规则。针对某个项目的规则是根据每项技能竞赛的实际情况制定的。这包括但不限于个人互联网设备、数据存储设备以及网络接入、工作流程、文件管理等环节的特定要求。违反这些规则的行为将根据《争议解决与争端解决程序》（包括《道德与行为惩罚制度》）处理（以第 46 届世界技能大赛为例，表 1–5）。

表 1–5　园艺赛项的特定技能规则

技术使用——如 U 盘，笔记本电脑、平板电脑和手机等	选手不得将 U 盘等物品带入工位。如果将这些物品带入赛场，则必须将其锁在个人储物柜中，直到每个比赛日结束。技能竞赛经理、专家和翻译可以将 U 盘带入工作间内
技术使用 ——照相和摄像设备	技能竞赛经理、专家和翻译可以在工作间内使用照相和摄像设备
模板、辅助等	参赛者可以使用简单模板和辅助工具。这些物品也可以在比赛的第一天至第四天中制作。任何携带或制作的物品，在使用之前，均应经过指定的专家小组检查
图纸、记录信息	在竞赛第四天闭幕前，参赛者、专家和翻译不得将图纸或记录信息带出工作间。技能竞赛经理、首席专家和副首席专家不受此规则约束

（十）观众和媒体参与

可以通过以下方法提高园艺景观竞赛中观众和媒体的参与度：某个工种的体验；电子屏播放竞赛画面；测试项目说明、方案图纸等的展示；竞赛项目介绍；选手简介；相关职业介绍；竞赛状况每日报道；观众评选“最佳参赛作品”。

（十一）可持续性

技能竞赛将重点关注以下可持续性做法：竞赛结束后循环使用材料，或者使用回收材料；“绿色”材料及其使用方法；竞赛结束后已完成的测试项目（或测试项目的一部分）的使用；对竞赛中测试项目的环境影响进行一次解释和评估，以及对实际生活的影响。我们必须让人们知道景观（可能）是解决许多环境难题的答案。

（十二）行业咨询参考

世界技能组织承诺确保 WSOS 能够完全反映行业和商业领域内国际认可的最佳惯例。为了达到此目的，世界技能组织联系全球各种组织，这些组织每两年为相关竞赛项目的说明草案和 WSOS 提供反馈。

三、世界技能大赛园艺项目获奖情况

表 1–6 为近七届世界技能大赛园艺项目获奖情况。

表 1–6　近七届世界技能大赛园艺项目获奖情况

时间	举办国	金牌获得者	银牌获得者	铜牌获得者
2007 年	日本	日本	法国	德国
2009 年	加拿大	德国	意大利	奥地利
2011 年	英国	瑞士	瑞典	英国
2013 年	德国	瑞士	德国	奥地利
2015 年	巴西	意大利	英国	瑞士
2017 年	阿联酋	意大利	瑞士	爱沙尼亚、中国
2019 年	俄罗斯	瑞士	意大利	哥伦比亚

第三节 园艺项目对选手的综合素质要求

一、良好的职业素养

了解、热爱景观园艺师岗位；熟悉相关法律法规；具备良好的与客户沟通、团队、安全与健康保护意识。

二、全面的专业知识和技能要求

选手必须具备设计、识图、放线、相关设备使用等理论和实践知识；熟练砖工、木工、水工、电工和绿化工等工种的所有技能。

三、超高的精度要求

尽管比赛使用的材料可能很粗糙，但对完成作品的精度要求均在 2mm 左右，超过精度要求均会被扣分，一场比赛有 100~250 个测评点。

四、强大的体能与心理素质

在 4 天（不超过 22h）的比赛过程中，选手要搬运 10t 左右的材料，所以强健的体魄是完成施工任务的前提；在比赛过程中，每天均需完成额定的施工任务，否则就可能没有测评点，从而被扣分，由于每天都要面临比赛结束前的冲刺与压力，所以需要选手具有良好的心理素质作为支撑。

五、良好的计算能力与职业素养

（1）参照第 46 届世赛的规范，选手在赛前 2 天可以阅读图纸 1.5h，要求选手在熟悉图纸的前提下根据材料清单清点近 100 种材料、工具并签字确认；每天赛前有 30min 的准备，其中 15min 可以和本国的专家交流；每天赛后有 15min 与本国专家交流；比赛期间图纸不可以带出赛场、不可以记笔记和拍照。

在赛前只有不到 2h 的时间熟悉图纸，需要选手了解图纸上繁杂的尺寸及近百种材料的尺寸数据，并完成当天施工任务所需要的材料加工计算，需要选手具备良好的识图和计算能力。

（2）所有的评分项目中评价分和测量分各占 50% 左右。其中软景部分由选手自行完成，且大部分为评价分，选手在软景的创作过程中需要具备很高的景观营造方面的艺术修养，只有这样才能满足来自不同文化背景条件下的各国裁判的审美需求。

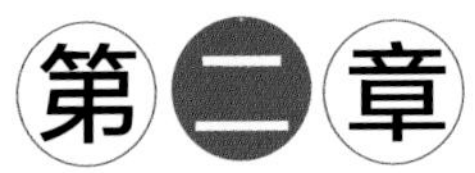

常用工具、设备及其用途

第一节　防护用具及使用要求

一、防护用具

园艺项目在日常训练及比赛期间都应严格按照各模块的施作需要，严格遵守安全与健康方面的要求，对身体进行安全防护。安全防护用具至少包括：眼睛和耳朵的保护用具、手套、防尘口罩、护膝、安全靴、长袖、长裤等。

园艺项目中防护用具样式及用途见表 2–1。

表 2–1　园艺项目安全防护用具

序号	用具名称	参考图示	功能及其用途
1	耳塞（耳罩）		切割时或有噪声时保护耳朵，防止噪声
2	防尘口罩		防尘口罩的选择与佩戴需遵照现行的《呼吸防护用品的选择、使用与维护》国家标准，还应考虑佩戴者的舒适性等因素；园艺项目施作时佩戴，可以有效防止吸入粉尘等颗粒物
3	带侧翼的护目镜		具有清晰耐用的防刮擦镜片，两侧需带侧翼，在非安全区域施工作业时要求全程佩戴，以防止灰尘、土壤等飞溅到眼睛

（续）

序号	用具名称	参考图示	功能及其用途
4	防切割手套		防切割纤维材质，对切割和毛刺有良好的防护作用，根据施工要求佩戴
5	防滑手套		一般以尼龙纤维、丁腈橡胶材质为主，防割、防滑，耐磨、透气，施工作业时保护双手
6	防护围裙		防水、防油，皮革材质，操作大型台式切割机、喷涂涂料等环节时穿戴
7	袖套（护臂）		施作时应穿着长袖、长裤；若穿着短袖作业，需搭配棉质袖套，保护手臂，有效防止因皮肤裸露造成的伤害
8	护膝		跪地作业时佩戴，保护膝盖
9	工装裤（带护膝）		多口袋功能性工装，方便实用、耐磨结实；带护膝工装裤，穿着舒适、较为实用
10	安全鞋		保护双脚，在施工作业时全程穿着，防砸伤、防穿刺、防电等

二、防护用具的使用

园艺项目在比赛过程中需要依照规定穿戴防护用具，在评价分中也有“健康与安全”的评分项，这是针对选手施作时的防护用具佩戴情况。防护用具的正确佩戴能有效避免作业时对人身产生的安全伤害。表 2–2 为第 46 届世界技能大赛园艺项目全国选拔赛中对安全防护的要求。

表 2-2　园艺项目安全防护要求

任务	带侧翼的护目镜	防尘口罩	防切割手套	安全鞋	工装裤	耳塞（耳罩）	护膝
处理土壤和基层	√	√	√	√	√		
夯实土壤	√	√	√	√	√	√	
切割自然石	√	√	√	√	√	√	
切割木头	√	√	√	√	√	√	
木料打孔	√	√		√	√	√	
加工自然石	√	√	用凿子的手	√	√	√	√
砌台阶和自然石	√		√	√	√		√
放置景石	√		√	√	√		√
铺装	√	√	√	√	√		√
种植	√		√	√	√		当跪地施工时

第二节　手工工具

在园艺项目施作时需要使用各种类型的手工工具，熟练、精准地使用手工工具才能呈现优秀的作品，正确、有效地使用手工工具也是选手基础训练阶段的主要内容。园艺项目中常用的手工工具包括测量工具、砌筑工具、木工工具、种植工具、电工工具等，涉及园艺项目营造过程中砌筑施工、木作施工、铺装施工、水景施工、绿色空间布局、水电及智能化设备安装等各个模块，种类多、样式多、用途广。

一、园艺项目竞赛常用的手工工具

参照第 45 届世界技能大赛园艺项目技术文件和第 46 届世界技能大赛园艺项目中国集训队技术文件，列举园艺项目常用的手工工具，详见表 2-3。

表 2-3　园艺项目常用的手工工具

序号	用具名称	参考图示	功能及其用途
1	钢卷尺		最基本的测量工具，园艺项目中常用的钢卷尺为 7.5m 和 5m
2	直角尺	160mm 320mm	不锈钢直角尺，L 型，常用 150mm × 300mm，双面刻度，利于直角划线、放样等

（续）

序号	用具名称	参考图示	功能及其用途
3	三角尺		加厚铝合金多功能三角尺，常用300mm左右的规格，利于斜线、直线放样等，也可用于直角、45°角、30°角等的测量
4	三角板		大三角板，塑料材质，可用于直角、30°、45°、60°的定位放样
5	折叠尺		长度2m左右，塑料折尺，适用于划线、测量等
6	角度尺		不锈钢材质角度尺，可满足各种角度的测量、加工及制作
7	塞尺		楔形塞尺，可用于检测缝隙大小及平整度
8	水平尺（无刻度）		长度30cm、90cm各一把，具有纵横两个水准管的可测量水平和垂直度，在各个模块施工时均有使用
9	水平尺（有刻度）		长度120cm，高度5cm，厚度2cm，测量精度为0.029°=0.5mm/m，水平尺上的刻度可检测、确认测量标高
10	数显水平尺		长度100cm，能通过数字显示精准地读出误差值，比普通水平尺精度更高
11	砖刀		总长约35cm，砌墙用单面砖刀，砌筑施作时使用

（续）

序号	用具名称	参考图示	功能及其用途
12	菱形镘刀		总长约 30cm，刀体弹性好、挑灰多，砌筑施作时使用
13	铁抹子		总长约 25cm，用于抹灰、抹砂浆，铺装时平整土壤等
14	圆头抹子		刀头长度约 15cm，用于边角抹灰、抹砂浆
15	塑料托灰板		长度约 370mm，宽度 190mm，可用于抹面托灰等
16	铅锤		磁性线锤，垂线长度 3m 或 6m，砌筑施作时使用
17	勾缝器		刀头长约 80mm，宽约 8mm，砌筑作业完成后用于勾砖缝、美化砖缝等
18	锉刀		长度约 200mm，是一种打磨工具
19	方头铁锹		基础开挖用，1.2m 木长柄，方头，用于铲砂、挖土、拌砂浆等
20	尖头铁锹		尖头，1.2m 木长柄，用于种植挖穴、挖土、铲砂等
21	工兵铲		长度约 800mm，用于小范围挖土作业、种植挖穴等

（续）

序号	用具名称	参考图示	功能及其用途
22	种植铲		长度约 300mm, 种植花卉时用于挖穴、回土等
23	小锄头		长度约 400mm, 种植、挖穴用，小范围挖土作业等
24	钉耙		园艺用铁耙，1.2m 木柄，十一齿耙，用于平土、平砂、整理场地、搂草等
25	平土器		宽度 40mm，1.4m 木柄，用于平土、平砂、整理场地等
26	铁凿		石材塑形用石工凿，有尖口、平口，平口凿宽度 25mm 左右，石凿头部硬度（HRC）等级需符合石材加工需求；铁凿一般用于石材二次加工，敲凿石头等
27	八角铁锤		长 30cm 左右，石材塑形用
28	橡皮锤		熟胶木柄，长 35cm 左右，石墙基础层用，常用于铺装时敲击板材面层等
29	钳工锤		约 400g，敲击、固定用
30	独轮手推车		容量约 100L，用于装载、搬运材料、土壤、砂石等

（续）

序号	用具名称	参考图示	功能及其用途
31	记号笔		油性记号笔，线幅 1~2mm，常用红色或黑色，放样画线用
32	木工铅笔		椭圆形笔杆，扁头笔芯，笔长约175mm，用于木作放样画线
33	夹具		可根据需求准备各种尺寸的夹具，常用长度 400mm，快速固定、夹紧，常用于木作装订过程
34	卡缝器		也称留缝卡，美缝工具，帮助控制材料缝隙
35	墨斗		手摇式木工划线器，铺装施工、木作施工时用于定位、放样、划线等
36	线团		施工放样线，棉线
37	刨子		木工手工刨子，用于木料加工
38	木工凿		木工平凿，常用刀口宽 6~12mm，用于木作榫卯处加工制作
39	木工锯		木工手工锯子，用于木料的裁锯等

（续）

序号	用具名称	参考图示	功能及其用途
40	砂纸		常用于木料切口打磨、面层打磨等
41	电笔		数显测电笔、测电螺丝批（氖灯显示）均可，水电安装时使用，用来检查导线和电器设备是否带电
42	尖头钳		碳钢材质，PVC手柄，全长18~20cm，可剪切细钢丝、铁丝等
43	钢丝钳		碳钢材质，PVC手柄，全长20~22cm，可剪切钢丝、铁丝等
44	斜嘴钳		碳钢材质，PVC手柄，全长约16cm，可剪切钢丝、铁丝等
45	改锥（螺丝刀）		用来紧固或拆卸螺钉，按头部形状不同一般分为一字形和十字形两种
46	剥线钳		用来剥落小直径导线绝缘层的专用工具，钳口部分设有几个刃口，用以剥落不同线径的导线绝缘层，柄部绝缘
47	弯管器		在管道配线时，用于将管道弯曲成型的专用工具
48	扳手		旋紧或拧松有角螺丝钉或螺母的工具
49	管子钳		旋紧或拧松各种管材螺母的工具

（续）

序号	用具名称	参考图示	功能及其用途
50	穿线器 / 引线器		在管道中牵引引导绳以达到使电线顺利穿到目的出口的辅助工具
51	美工刀		大号美工刀，切割用，拆包装、削铅笔、切割塑料膜及植物标签等
52	剪刀		裁剪薄膜、包装、标签等
53	修枝剪		绿色空间布局、种植时，修剪植物枝条用
54	绿篱剪		总长度约 620mm，刀头长约 260mm，刀头倾角设计，可用于栽植、绿篱等的修剪
55	手工锯		长度约 450mm，用于木料加工、锯粗枝等
56	手板锯		锰钢锯片，常用手板锯的长度为 400~550mm，大齿锯，可用于锯木头、加工轻质砖等
57	灌溉套装		灌溉套装的各种接头可以拼接水管，方便用水、植物浇灌等
58	铝合金刮条		根据需要自行裁切长度，可用于场地的平整、长直边的参照等
59	放线定位木桩		高度 40cm 左右，可自制，也可用螺纹钢筋，用于放样、定位、标记等

（续）

序号	用具名称	参考图示	功能及其用途
60	夯土器		950mm×200mm×250mm，自制工具，用于土壤的手动夯实平整
61	泥桶		塑料材质，直径约300mm，盛放砂浆、砂石等
62	水桶		塑料材质，直径约500mm，高600mm，拌合水泥砂浆或砖块润湿用的取水容器
63	洒水壶		容量约8L，植物种植时浇水用
64	喷壶		容量1.5L，用于砂浆加水、花卉浇水等

（续）

序号	用具名称	参考图示	功能及其用途
65	水勺		塑料材质，长度约 20cm，拌合水泥砂浆或砖块润湿用的取水容器
66	海绵		吸水性好，擦拭、清洁用
67	清洁用具		包括扫把、抹布、簸箕等，擦拭灰尘、清洁用

二、园艺项目比赛时对于工具箱的要求

工具箱是选手参加比赛时用于存放和运输自带工具的，参照第 45 届世界技能大赛园艺项目技术文件和第46届世界技能大赛园艺项目中国集训队技术文件中对工具箱的要求，工具箱外围尺寸不能超过 1.25m^3。比赛时，选手可以把工具箱放置在自己工位。比赛所需的所有电动工具均由承办方提供，参赛选手不可以自行携带。测量设备和个人防护设备可以不放在工具箱内携带。

第三节　电动工具

为了提高施作效率，提升作品加工效果和精细度，园艺项目日常训练和比赛期间会使用各种类型的电动工具，尤其是砌筑施工、木作施工、铺装施工三个模块，会比较频繁地使用电动工具，对材料进行加工、固定、改造等，呈现高精度、高水准的优秀作品。

一、园艺项目常用的电动工具

参照第 45 届世界技能大赛园艺项目技术文件和第 46 届世界技能大赛园艺项目中国集训队技术文件，列出园艺项目常用的电动工具，详见表 2–4。

表 2–4　园艺项目常用的电动工具及设备

序号	用具名称	参考图示	功能及其用途
1	台式石材切割机		参数参考：功率 2.2kW，电压 230V，锯片直径 350mm，最大锯切深度 100mm；便于切割厚度约 100mm 的大规格石材或砖块，水切灰尘小
2	瓦石锯		瓦石锯下方需安装瓦石锯架，功能等同于台式石材切割机，切割石材、瓦片等
3	手持式砂浆搅拌机		参数参考：功率 850W，转速约 650r/min；用于搅拌砂浆
4	手持切割机		参数参考：电压 220V，功率 1100W，锯深约 64mm；切割厚度在 30mm 以内的石材。手持切割机也可切割小型木料，在使用之前更换切割锯片即可
5	电圆锯		参数参考：电压 20V，转速 4500r/min，锯片直径 165mm；主要用于木料切割、下料
6	激光水平仪		参数参考：安全等级二级（class Ⅱ），精度 ±0.2mm/m，自动安平范围 ±3°，绿光，应搭配三脚架使用；配合水准尺使用，最终实现标高测量、控制标高的目的
7	打夯机		根据动力可分为：汽油打夯机、柴油打夯机、电动打夯机。柴油打夯机参数参考：重量约 83kg，离心力：15kN；用于基层土壤平整、打夯等
8	复合斜切锯（含架子）		参数参考：功率 1675W，转速 1900~3800r/min，锯片直径 305mm，可斜切；用于木作施工时木料的切割、下料等

（续）

序号	用具名称	参考图示	功能及其用途
9	移动式集尘器		参数参考：功率消耗 350~1200W，最大气流 3900L/min，可安装在复合斜切锯、圆锯、磨机等机具上，有效集尘
10	开孔机		参数参考：功率 500W，转速 33000r/min，夹头直径 6.35mm；用于木工开孔、开槽、雕刻、修边等
11	曲线锯		参数参考：功率 500W，木材锯深 85mm，钢材锯深 10mm，斜切 45°，可调速；用于切割曲线、直线、斜线等，可塑造弧形、内外圆形、直线方形等
12	角磨机		参数参考：功率 800W，电压 18V/20V，转速 9000r/min，圆盘直径 125mm；可用于木料打磨、钢板切割打磨等
13	电刨		参数参考：电压 220V，功率 650W，转速 16500r/min，切屑厚度 0~2.6mm；用于木料加工、刨削等
14	手持无线充电钻		多功能锂电钻，参数参考：转速 0~450r/min、扭矩 25Nm；可替换钻头，用于钻孔、起拧螺钉
15	钻头套装		高速钢麻花钻，1.0~13.0mm，配合手持无线充电钻使用，用于木料、金属材料的钻孔
16	批头套装		包括十字形、一字形、米字形、内六角等批头，配合手持无线充电钻使用，用于起拧螺钉等
17	沉孔钻头		由高硬度材料制成，配合手持无线充电钻使用，用于铁板、钢板钻孔等

表 2–4 中所提及的电动工具及设备在使用前，务必仔细阅读使用说明、操作及使用规范等，安全、熟练操作后方可在园艺项目施工中使用。

二、竞赛中的电动工具

在园艺项目竞赛中，电动工具一般由赛会组织统一提供。赛会组织在竞赛前会公布竞赛技术文件，在文件中会列出赛会提供的电动工具。选手在参赛前应详细阅读相关规定，仔细了解赛会提供的电动工具的型号和有关技术参数，有条件的应提前购买和使用与此相同或相近的电动工具，充分熟悉工具的使用性能，避免竞赛中因此影响发挥。

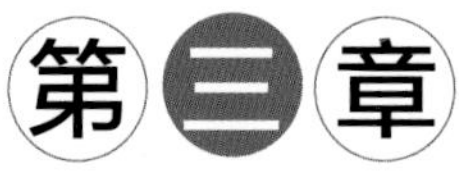

园林识图基本知识

园林工程项目实施前，首先要阅读、研究施工图纸。如何快速有效地阅读图纸、准确掌握图纸内容是提高工作效率，减少错误，保证施工质量的重要环节。

第一节　标注

一、尺寸标注

各类施工图纸上，除了线条符号以外，还有各种标注，如尺寸标注、文字标注等。其中尺寸标注是最重要的一种标注，是工程施工的重要依据。

（一）尺寸标注的组成

尺寸标注通常由尺寸界线、尺寸线、尺寸起止符号和尺寸数字组成（图 3–1）。

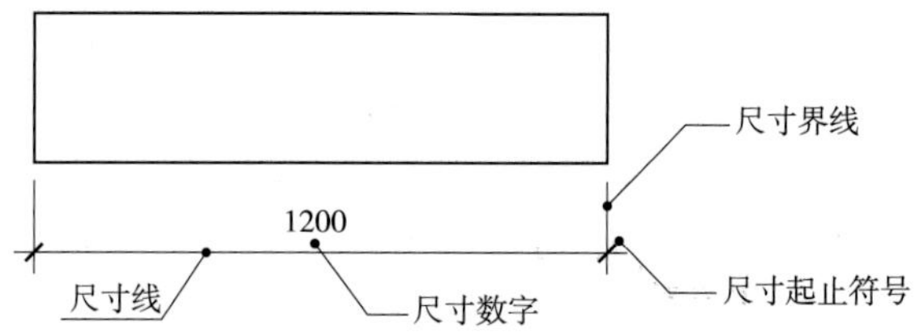

图 3–1　尺寸标注的基本构成

不同的行业，制图规范不同，尺寸标注的组成也不尽相同。

园林专业，通常遵照建筑行业的制图规范。

（1）尺寸界线：表示标注尺寸的范围，一般与标注对象垂直。其一端与图样轮廓线之间不小于 2mm（起点偏移量），另一端宜超出尺寸线 2~3mm（超尺寸线）。

（2）尺寸线：与标注对象平行的直线。一般尺寸线两端会超出尺寸界线 2~3mm（超尺寸界线）。

（3）尺寸起止符号：不同的专业以及不同的情况下尺寸起止符号不同。园林专业制图，长度标注时，起止符号一般用45°短斜线；角度、弧长、半径、直径标注时，一般用实心三角箭头符号；圆心标注时，一般用十字交叉符号；引线标注时，一般用实心三角箭头符号。

（二）长度标注

图3–2是长度标注的基本形式。尺寸一般标注在图形轮廓线之外，不能与图形、文字和符号相交，互相平行的尺寸线应从图形轮廓线由内向外整齐排列，小尺寸在内，大尺寸在外，尺寸线之间的间距为7~10mm，并保持一致。

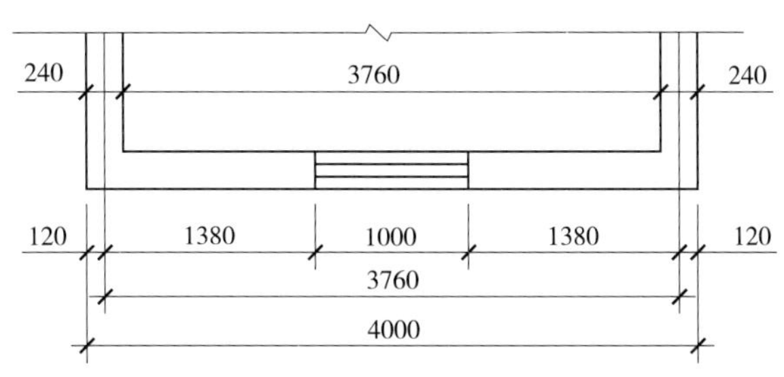

图3–2 长度标注

（三）直径、半径标注

图3–3是直径、半径尺寸标注的基本形式。标注直径、半径的尺寸线应经过圆心，一般画成斜线（不能与X轴或Y轴平行），且在数据前面加注直径或半径符号“ϕ”或“R”。当圆心不在图纸上时，半径以折断线表示。

如果标注的是球体的直径或半径时，直径或半径符号应为“$S\phi$”或“SR”。

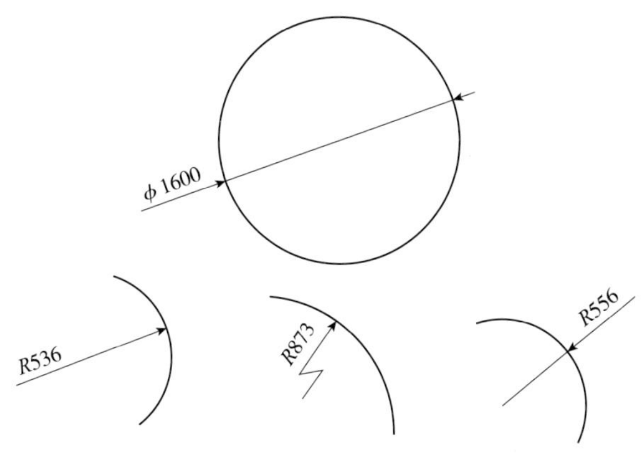

图3–3 直径、半径标注

（四）角度、弧长、弦长标注

角度标注标定的是两条直线的夹角或圆弧对应的圆心角。

标注弧长时，尺寸线与要标注的弧线平行（同心圆），尺寸数字的上方（或前面）加注弧长符号，起止符号一般用三角箭头符号。弦长标注与一般长度标注基本一致（图3–4）。

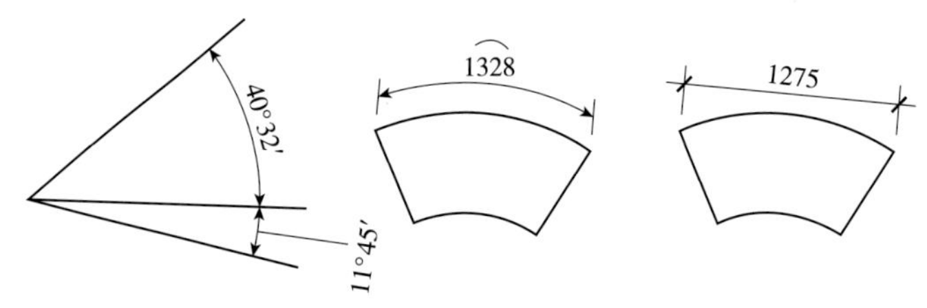

图 3-4　角度、弧长和弦长标注

二、高程标注

高程标注的符号一般用等腰直角三角形表示。

高程标注时，数字对应的高程点与符号的直角顶点位置一致（图 3-5）。

三、坐标标注

在平面图上，要标注关键点的坐标。可以直接标注在点位上（图 3-6）。当需要标注的点位较多、图纸上没有足够的空间用来标注时，也可以列表进行标注。如果施工图上同时标注有绝对坐标和相对坐标，绝对坐标用 *X*、*Y* 表示，相对坐标用 *A*、*B* 表示，同时还要注明两种坐标的换算公式：$A=X+N$，$B=Y+M$。

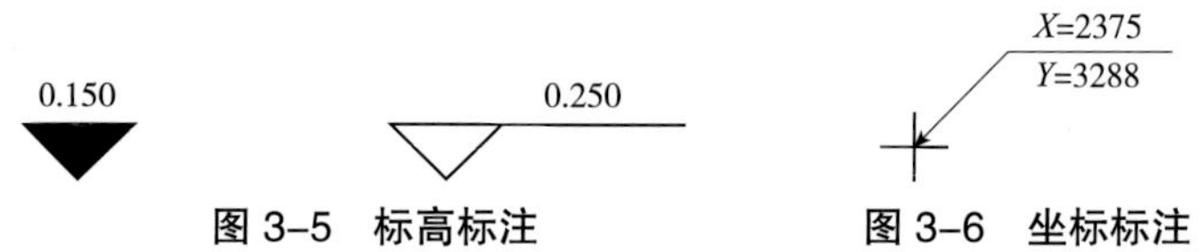

图 3-5　标高标注　　　图 3-6　坐标标注

四、文字注释

文字注释是对特定设计作出说明的简短文字，如构筑物名称、材料以及设计师想要表达的主题等。文字注释时，文字的字体、大小等都应遵照相应的规范。文字注释通常采用引线注释的形式。

第二节　施工图常见符号

一、图线

（一）线型

设计图上为了表达不同的构筑物类型、不同部位的上下顺序关系等，在绘制设计图时，通常使用不同的线型。

线型的种类比较多，园艺竞赛内容比较简单，设计图上线型的应用也比较简单。实线、点划线、虚线这三种线型最为常见（图 3–7）。

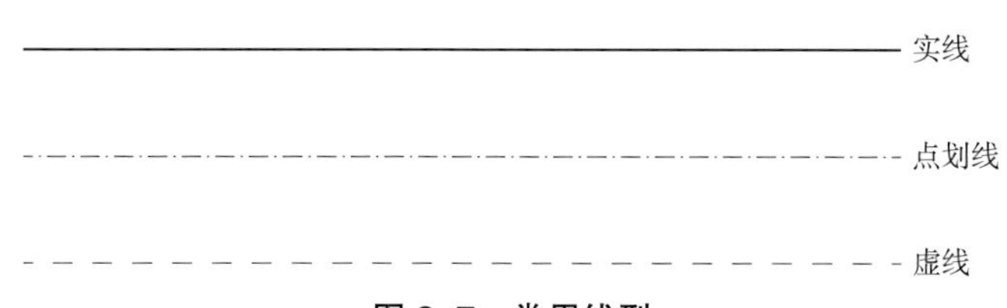

图 3–7　常用线型

（1）实线：实线的使用最为广泛，一般可见构筑物的轮廓线都用实线来表示；

（2）点划线：点划线通常用来表示中心线、轴线等；

（3）虚线：虚线通常用来表示地表以下不可见的构筑物、被上层覆盖的下层结构、规划中的构筑物等。

（二）线宽

线宽即线条的粗细。设计图纸上，为了表达不同的设计内容，通常使用不同的线宽。为了读图快速准确，图线的使用一般遵照以下规定：

（1）一幅图纸上一般使用不超过三种粗细的线条，即粗、中、细；

（2）三种线条的粗细比例关系为：粗∶中∶细 $=n:0.5n:0.25n$，其中 n 为粗线的粗度，与图幅的大小有关，一般图幅大，粗度可以选择大一些。例如，某图幅中粗线条选择 0.7mm，则中线条和细线条应该分别为 0.35mm 和 0.18mm。

设计图上，主要构筑物的轮廓线一般用粗实线来表示。

二、通用符号

（一）指北针

指北针一般位于图纸右上角，表示图纸方向（图 3–8）。

有些设计图上，还要将该地区的风向频率和指北针结合起来，称为风玫瑰图，如图 3–9 所示。

风玫瑰图中，风的方向是从外吹向中心，线段的长短表示风吹频率的高低。

园艺项目竞赛中，由于工作站多为规则形状，实地方向并不唯一，因此大多省略指北针。

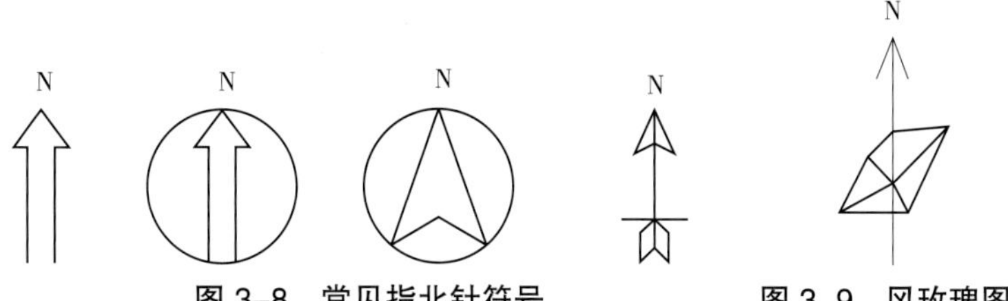

图 3–8　常见指北针符号　　图 3–9　风玫瑰图

（二）比例尺

比例尺是指图纸上线段的长度与对应的实际水平距离之比，反映构筑物在图纸上的大小（符号的大小）和实际大小之间的比例关系。可以根据符号大小计算实物的大小，反之，也可以根据实物大小计算图纸上符号的大小。常见的比例尺有两种形式，直线式比例尺和数字式比例尺。

直线式比例尺，线条的长度表示的是图上距离，标注的数字为实地距离（图 3–10A）。使用时，用圆规量取图上的长度，然后用圆规的一只脚和零刻划线右侧某一整数刻划线对齐，再读取左侧圆规针脚所对应的读数。一般估读一位小数，二者相加即为图上长度所对应的实地距离。如图 3–10B 所示，圆规量取的图上长度所对应的实地距离为 11.5m。

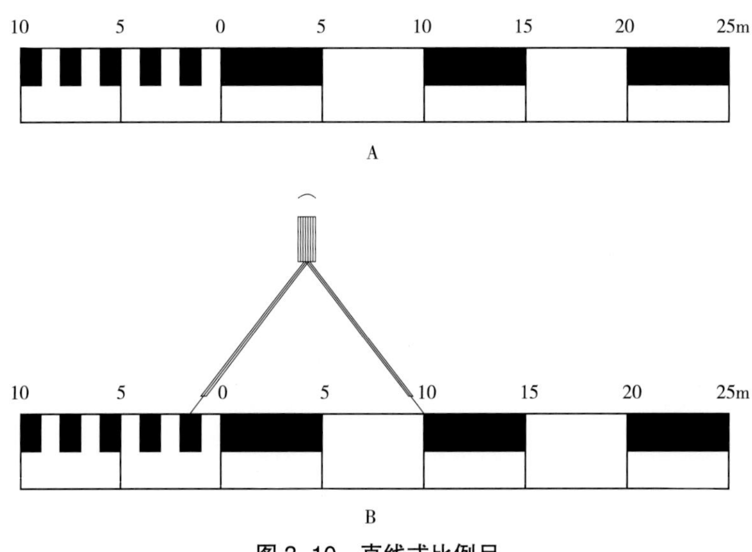

图 3–10　直线式比例尺

通过比例尺计算长度作为放线的依据会存在较大误差，一是线段量测的误差，二是图纸会产生变形。所以一般以构筑物的标注尺寸作为施工放线的依据。

园林施工图上的比例尺一般都为缩小比例尺。总平面图的比例尺相对较小。制图规范中，总平面图比例尺的一般形式是：$1:1\times10^n$，$1:2\times10^n$，$1:5\times10^n$。详图的比例尺可不受此限制。

（三）坡度符号

高程均匀变化产生坡度时，如道路纵坡、场地平整度、排水沟渠等，通常要用示坡符号表示坡度的方向和大小，如图 3–11 所示。箭头指向下坡方向，数字为坡度大小。坡度比较小的情况下，坡度值通常以百分数表示（取小数点后一位），如 5.0%（图 3–11A），表示在水平 100m 的距离上高差均匀改变了 5m；坡度比较大的情况下，坡度值一般用比值或分数表示，如 1 : 2.5（图 3–11B）等，分子表示垂直高差，分母表示水平距离。

图 3–11　示坡符号

（四）坐标格网

坐标格网用来表示构筑物的定位（网格定位图）。

定点放线是施工的首要工作，放线准确与否，对后续工作影响极大。大型的园林工程，用来放线的测量仪器必不可少，如全站仪、经纬仪、水准仪等。但局部的、不规则的图形，通常通过方格网来进行精准放线，如园路、自由水体岸线等。

一般园林施工图绘制时，确定坐标零点后，从零点开始，沿坐标轴线方向绘制方格网。方格网的间距大小与场地大小以及放线精度相关，如园艺技能竞赛试题，因施工场地较小，多按 0.5m 的间距绘制方格网。

技能竞赛的场地都比较小，多是规则形状，且有工作站边框，所以边框可以作为放线依据。在实际工作中，在依据边框进行放线前，通常还要对边框的尺寸进行校准，以防止工作站施工误差或工作站变形对放线产生影响。

（五）标准图（集）

标准图（集）是指某一专业的通用做法。标准图（集）通常有三种：第一种是国家标准图（集）（代号为 GB），经国家相关部委批准，可以在全国范围内使用；第二种是地方标准图（集），经地方政府批准，在相应地区使用；第三种是设计单位自编的，仅供本单位设计使用。

如《国家建筑标准设计图集 12J003 室外工程》。

（六）索引符号

索引符号是表示详图位置的编号，用直径 10mm 的细实线绘制，如图 3-12 所示。在平面图（立面图、剖面图）上，受制于比例尺，无法表示某部位的详细尺寸和做法，需要另行绘图说明，为了读图方便，需要在平面图（立面图、剖面图）上加注索引符号。常见的索引符号有以下几种类型：

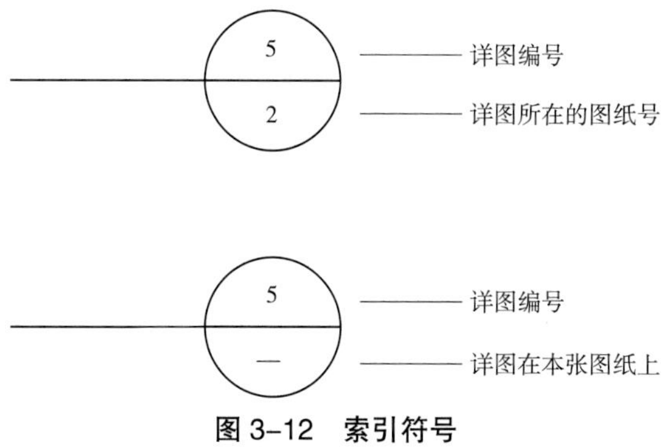

图 3-12　索引符号

三、图例符号

施工图上，各类构筑物都是以特定的符号进行表达的，这就是图例符号。

（一）比例符号

图例符号与构筑物一般在大小上保持一定的比例关系，称为比例符号。

如图 3-13 所示，花坛、木平台、水池等构筑物是比例符号。

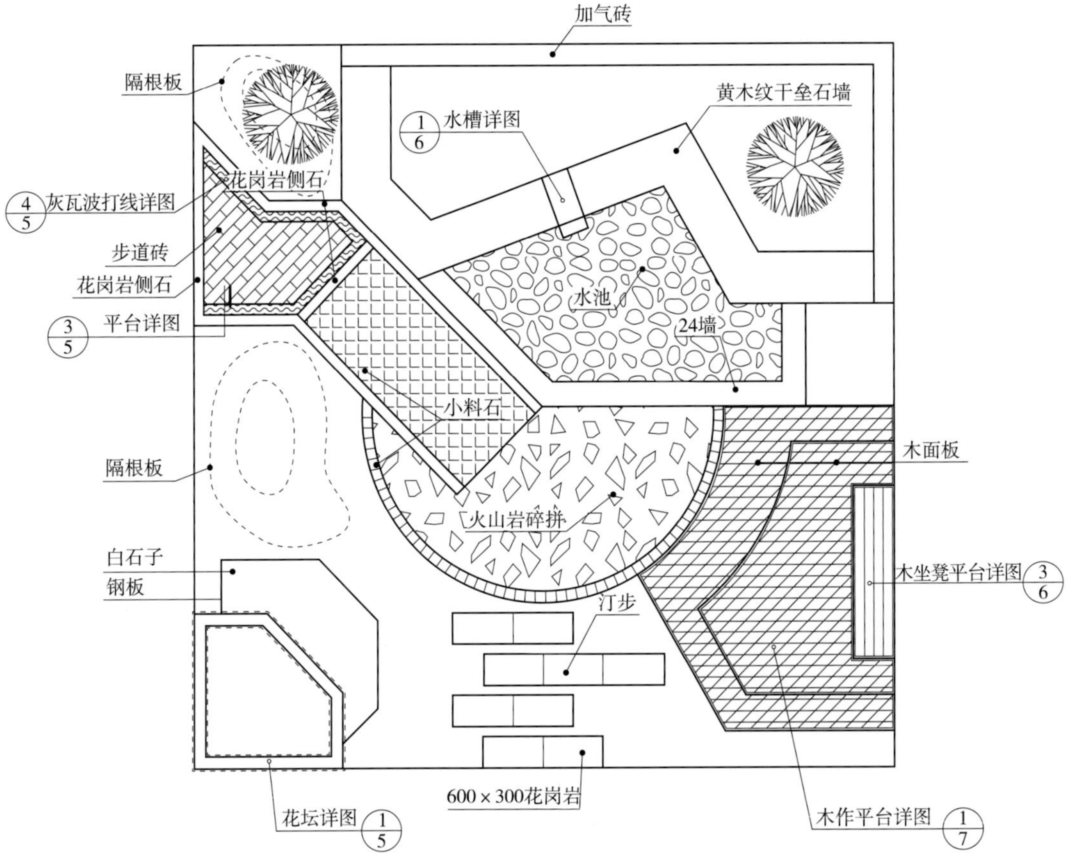

加气砖
隔根板
黄木纹干垒石墙
1/6 水槽详图
花岗岩侧石
4/5 灰瓦波打线详图
步道砖
花岗岩侧石
3/5 平台详图
水池
24墙
小料石
隔根板
木面板
火山岩碎拼
白石子
钢板
木坐凳平台详图 3/6
汀步
600×300花岗岩
花坛详图 1/5
木作平台详图 1/7

图 3-13　小庭院平面图

（二）非比例符号

有些图形对象，因为尺寸的关系，无法按比例尺绘制在图纸上，这类符号称为非比例符号，如图 3-14 所示的铺装图案，图案中的符号只表示铺装的材质，材料的规格、尺寸以及铺装的形式与图案无关。

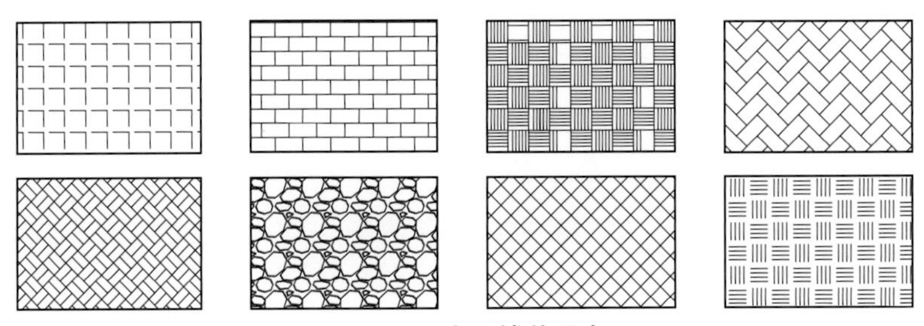

图 3-14　常见铺装图案

这类项目在实施过程中，一般按下列顺序确定具体实施方案：

（1）首先按照大样图的设计方案进行施工；

（2）按照施工要求（设计说明）中的具体要求进行施工；

（3）参照行业规范（通用图集）进行施工；

（4）参照填充图案的方向、角度进行施工。

四、园林植物图示符号

园林植物种类繁多，种植方式也多种多样。园林植物是以特定的符号进行表达，一般按照常绿、落叶乔木、灌木、地被、草坪等分为几类。常见的园林植物图示符号如图 3–15 所示。

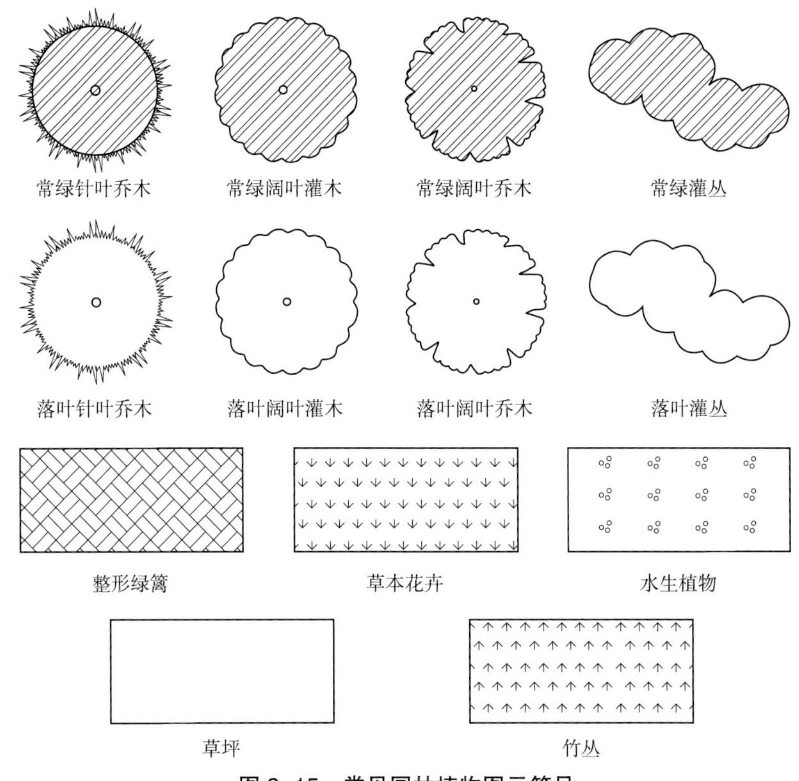

图 3–15　常见园林植物图示符号

第三节　施工图种类

园林工程项目内容繁多，为了准确地反映各项目内容，需要施工图为施工提供详细可靠的依据。按所反映的内容不同，施工图一般包括以下几种：

一、总平面图

总平面图是反映园林项目各构筑物平面位置的图纸（图 3–16）。在总平面图上可以比较直观地了解构筑物的几何形状以及彼此之间的位置关系。在总平面图上，一般不会标注尺寸、高程等施工参数，大多会用文字对各构筑物的特性进行一些注释说明。

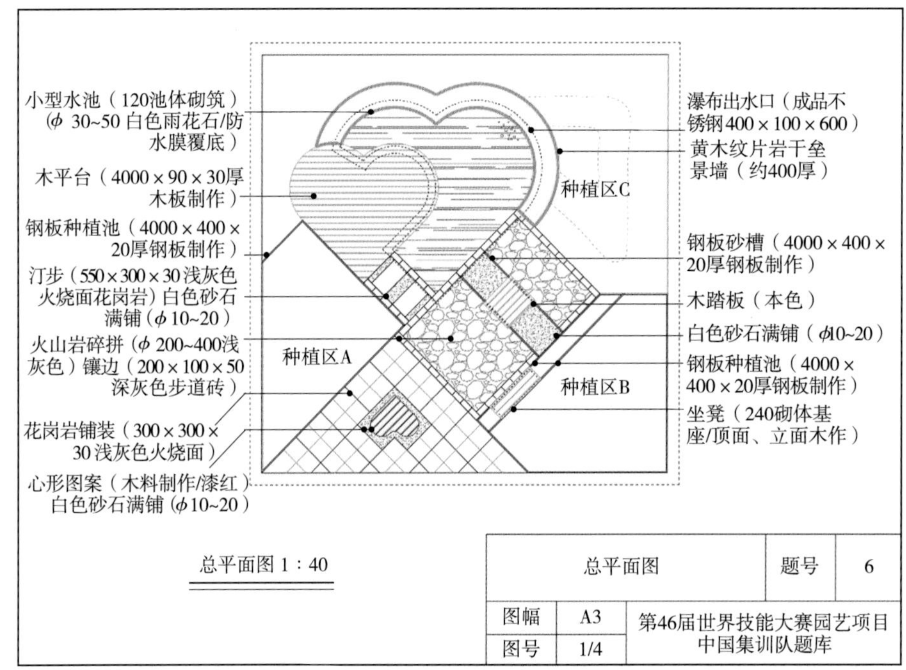

图 3–16　总平面图

二、平面定位图（网格定位图）

与平面图不同，定位图着重反映各构筑物的平面位置（图 3–17）。在定位图上，各构筑物的特征点上标注坐标数值来确定它在项目中的位置，或者通过定位网格对构筑物进行定位。

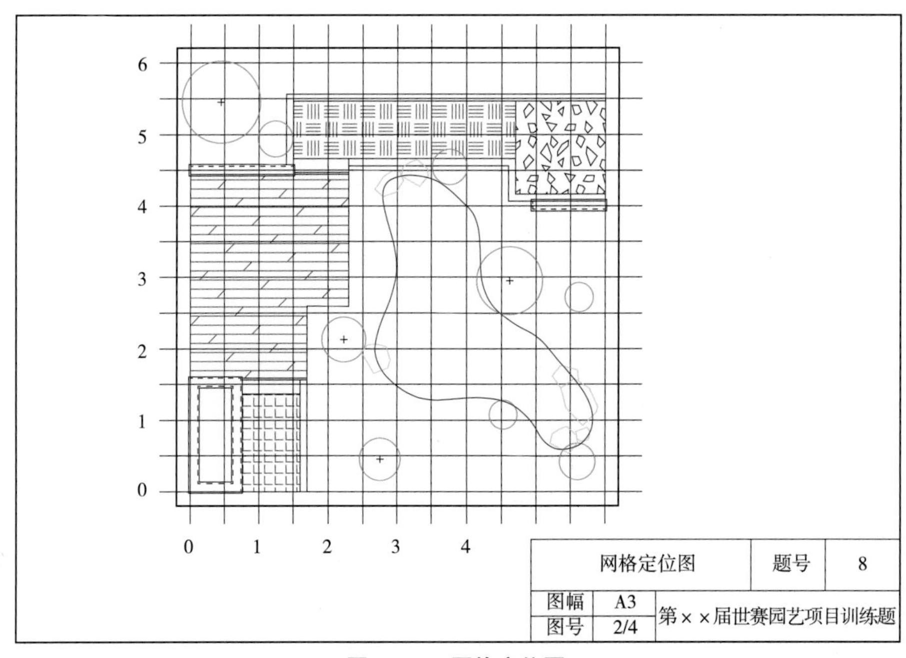

图 3–17　网格定位图

三、平面尺寸图

平面尺寸图上加注了构筑物的尺寸（图 3–18）。由于受到图纸比例尺的影响，构筑物的细部尺寸在平面尺寸图上无法表示，这些尺寸会在详图或者大样图上标注。

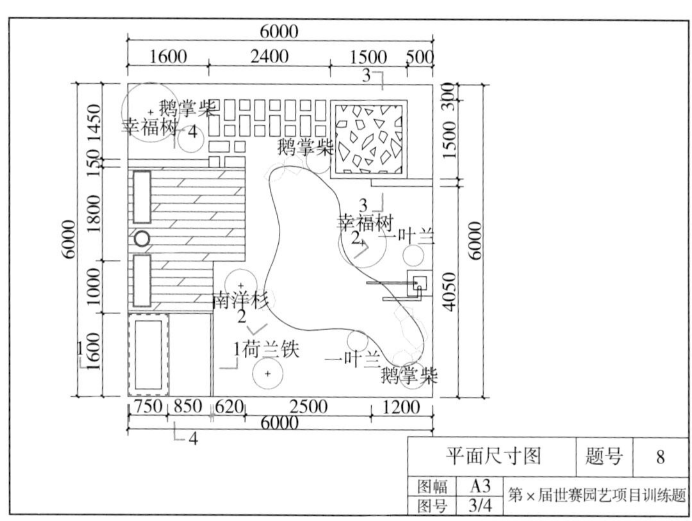

图 3–18　平面尺寸图

四、竖向设计图

竖向设计图是反映园林项目各构筑物及地面标高的图纸（图 3–19）。通过竖向设计图，可以了解构筑物在竖向上的高低以及地面的起伏变化。

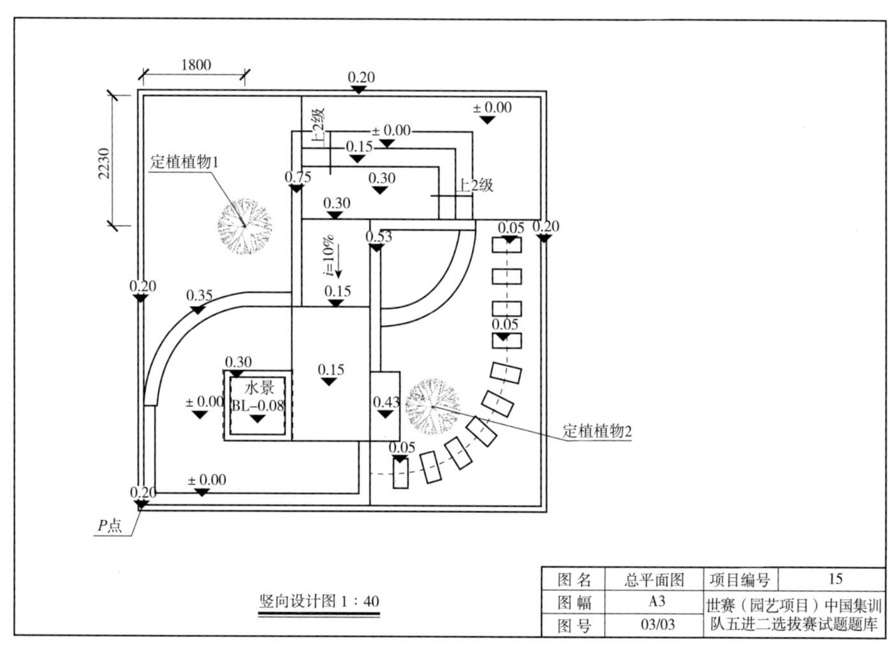

图 3–19　竖向设计图

五、物料图

物料图主要反映各构筑物的建成（表面）材料，直观地表现成品的效果。项目内容较少的情况下也可以直接在平面图上加注文字，标明材料构成，不再绘制单独的物料图。

六、植物配置图

植物是构成园林景观不可缺少的重要组成部分，植物配置图主要反映园林植物的种类、规格、数量以及种植位置（图 3–20）。在植物种类、数量比较多，而且植物配置比较复杂的项目中，一张图纸无法表达清楚，很多时候会分类设计，如乔木种植设计图、灌木种植设计图、地被及花卉植物种植设计图等。

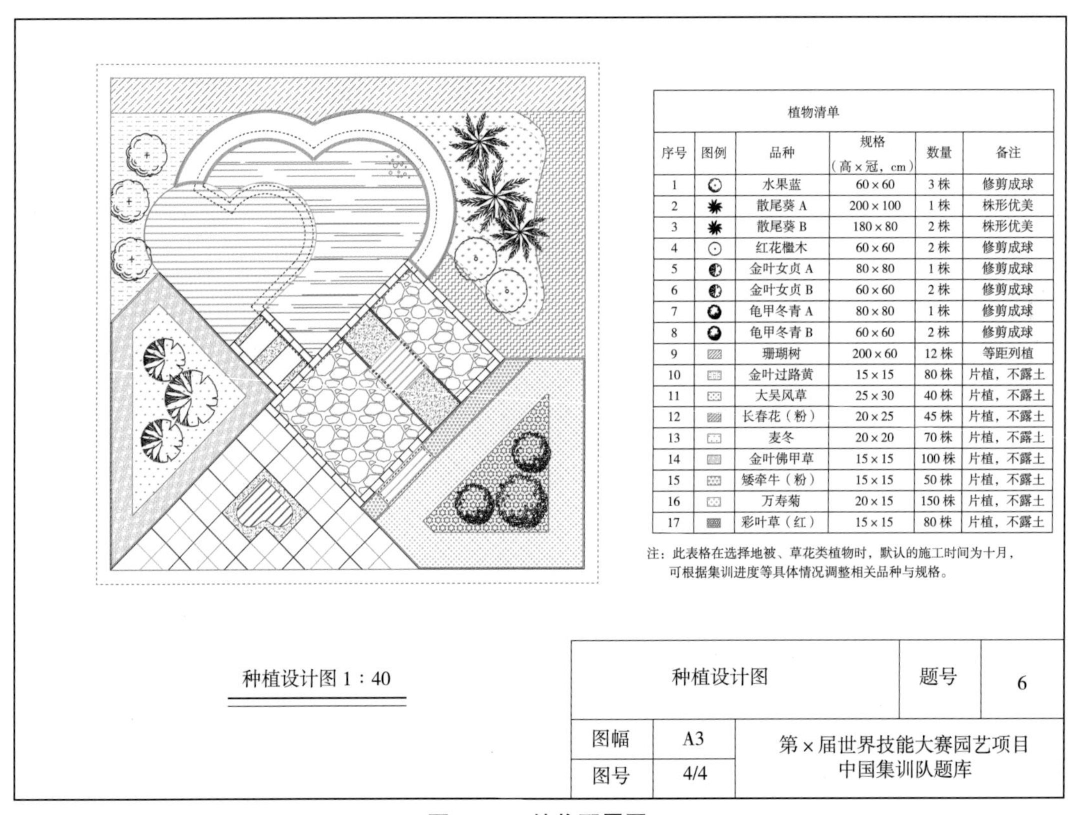

植物清单

序号	图例	品种	规格（高×冠，cm）	数量	备注
1		水果蓝	60×60	3 株	修剪成球
2		散尾葵 A	200×100	1 株	株形优美
3		散尾葵 B	180×80	2 株	株形优美
4		红花檵木	60×60	2 株	修剪成球
5		金叶女贞 A	80×80	1 株	修剪成球
6		金叶女贞 B	60×60	2 株	修剪成球
7		龟甲冬青 A	80×80	1 株	修剪成球
8		龟甲冬青 B	60×60	2 株	修剪成球
9		珊瑚树	200×60	12 株	等距列植
10		金叶过路黄	15×15	80 株	片植，不露土
11		大吴风草	25×30	40 株	片植，不露土
12		长春花（粉）	20×25	45 株	片植，不露土
13		麦冬	20×20	70 株	片植，不露土
14		金叶佛甲草	15×15	100 株	片植，不露土
15		矮牵牛（粉）	15×15	50 株	片植，不露土
16		万寿菊	20×15	150 株	片植，不露土
17		彩叶草（红）	15×15	80 株	片植，不露土

注：此表格在选择地被、草花类植物时，默认的施工时间为十月，可根据集训进度等具体情况调整相关品种与规格。

种植设计图 1：40
种植设计图
题号
6
图幅
A3
图号
4/4
第×届世界技能大赛园艺项目
中国集训队题库

图 3–20　植物配置图

七、施工详图

反映构筑物详细结构及详细尺寸的一类图纸统称施工详图。施工详图包括剖（断）面图、立面图、大样图等。

（一）剖面图

按特定的剖切面方向展示构筑物内部构造，称为剖面图，如图 3–21 中沿 2–2 剖切面所得到的剖面图和沿 4–4 剖切面所得到的剖面图，图 3–22 中①～⑧剖面图。

（1）设计依据：设计说明中注明的设计要求，采用的标准图（集）号及依据的法律规范。

（2）设计范围：本设计图纸所涉及的地域大小和项目类别。

（3）标高及尺寸标注单位：在设计说明中会明确图纸采用的标注单位、坐标及坐标系，高程及高程起算点（面）。

（4）材料的选择及要求：设计说明中会注明各部分材料的材质要求或建议，一般应说明的材料包括：饰面材料、木材、钢材、防水材料、种植土及铺装材料等。

（5）施工要求：强调需要注意的工程配合及对气候有特殊要求的施工部分（如屋面防水卷材使用条件）。

（6）经济技术指标：如绿地率、容积率、水体和道路占比、工程总造价等。

三、总平面图

总平面图标明各构筑物的形状、位置和分布及其相互之间的关系，道路体系等。通过对总平面图的判读，应明确项目的一个总体情况，如项目内容、工程量、项目特点等，初步认识各构筑物及其相互之间的逻辑关系，确定施工的顺序。

识读总平面图时，应着重把握以下几点：

（1）项目所表达的思想、设计风格。

（2）项目内容，项目的各个组成元素及其之间的关系。

（3）项目的主要内容、控制性因子、施工难点。

（4）各子项目的工程量。

（5）各子项目的施工顺序。

（6）各构筑物的大小，高程以及坐标起算点。

（7）实线、虚线和其他线型代表的含义。

四、尺寸图

总平面图一般是不进行尺寸标注的。在总平面图上判断构筑物的大小一般是依据比例尺。在总平面图上加注了尺寸，就成了尺寸图，一般是在场地面积比较小、比例尺比较大的情况下采用。比例尺较小时，总平面图上是无法标注尺寸的，通常会标注构筑物上关键点的定位坐标，以作为施工放线的依据。

尺寸图上标注尺寸时，通常是沿坐标轴方向进行标注。尺寸线一般不超过三层，即从内向外分别是细部长度、轴线长度、总长度。小尺寸在内，大尺寸在外（图 3–27）。构筑物比较简单的，可以省去轴线长度。

在阅读尺寸图时应注意以下几点：

（1）尺寸标注的单位除特别注明以外，一般为 mm。

（2）尺寸的起止位置一定要仔细判读清楚。

（3）构筑物与坐标轴平行时，构筑物大小的判读同坐标增量；构筑物与坐标轴不平行时，一定要分清构筑物的大小与坐标增量之间的关系，构筑物的大小要依据施工详图。

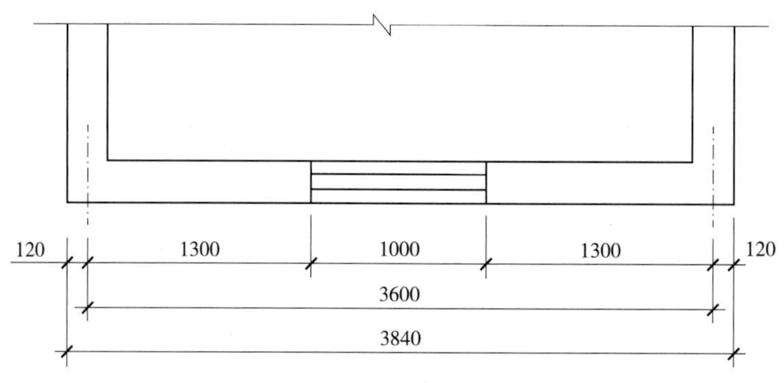

图 3-27　尺寸标注样例

五、竖向设计图

竖向设计图是园林规划设计图的重要组成部分，它反映了本项目中各构筑物的完成高度以及地形的高低起伏状况。

园艺技能竞赛试题中，竖向设计图一般使用相对高程。在图纸上，设计师会给定一个高程的起算点，并注明该点高程。起算点高程可以是 0.000，也可以是其他数值。

高程的标注通常以米为单位，构筑物体量较小时，也有用厘米或者毫米为单位的。

如果地面高程是均匀变化的，因为地面坡度一般比较小，通常在竖向设计图中，用百分比坡度标出坡度值和变化方向。坡度符号的箭头方向指向下坡。

在阅读竖向设计图时，首先要准确识读构筑物的高程，这是计算项目工程量大小的重要依据。工程量的大小是选手制订工作计划的重要参考指标。同时，在阅读竖向设计图时，还要清楚项目中各构筑物之间在高程上的相互关系以及相互影响，以便制订更合理的施工方案。

在竖向设计图上还用等高线表示了地形起伏，这是营造地形的依据。

六、立面图

某一方向的竖直面（竖向）投影，称为立面图。通常有正立面、侧立面等。对于建筑设计而言，也可表示为南立面、东立面等。将建筑物的南面投影到与之平行的竖直面上，就称为南立面。

立面图主要反映建筑物（项目）外观的艺术处理、材料、高度，只绘制可见轮廓线。立面图判读时，不同部位的施工高程，以及它们之间的相互关系，是施工的重要参数。

七、剖面图

假想用一个剖切面，将构筑物切开，移去观察者和剖切面之间的部分，剩余部分向投影面作正射投影，即剖面图。剖面图按一定方向展示构筑物的内部构造。剖切方向通常在平面图上注明，如果有多个剖切方向，还要对剖切方向进行编号，如 *A*—*A*、*B*—*B* 等，剖面图与之相对应。

剖面图上通常注明有构筑物的结构、不同部位使用的材料和做法（工法工艺），不同部位的标高。这些都是施工的重要依据。

八、大样图

大样图反映特定位置的施工尺寸、材料、工艺工法等。特定的部位通常在平面图、剖面图、立面图等图纸上使用索引符号进行标定。读图时，根据索引符号找到大样图。

总之，一张图纸无法详细表达一个施工项目各部位的所有内容，必须用很多张图纸从不同方面来进行表达，这些图纸共同构成了一个项目的全貌。一套施工图的不同图纸之间，存在着密切的联系。看图时，必须清楚不同图纸间的相互关系。

第四章 砌筑施工

第一节　概述

在园林建造中，砌筑项目占有很大的比重。砌筑通常是指使用砖块、石块等，以砂浆作为黏合剂（或者不使用砂浆，干垒），建造成具有一定功能和体量的构筑物。在园林中，通过砌筑建造的构筑物种类繁多，常见的有景墙、挡土墙、花坛、水池、台阶等。

一、景墙

景墙就是艺术化的墙体，在园林中最为常见。景墙在园林中的作用主要是屏蔽视线，划分空间，以形成曲折幽深的园林景观。景墙的形式多种多样，除了外观形态千变万化以外，建造的材料、颜色也不同，因而形成了丰富多彩的园林景观。

中国传统园林的墙（图 4–1），按材料和构造可分为版筑墙、乱石墙、磨砖墙、白粉墙等。分隔院落空间多用白粉墙，墙头配以青瓦。产竹地区常就地取材，用竹编园墙，既经济又富有地方特色，但不够坚固耐久，不宜作永久性园墙。

图 4–1　江南园林中的景墙

图 4–2　金属材料用于建造景墙

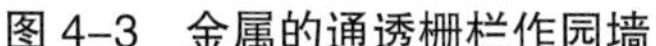

图 4–3 金属的通透栅栏作园墙

图 4–4 自然石材用于建造景墙

现代园墙（图 4–2），在传统做法的基础上广泛使用新材料、新技术。多采用较低矮和较通透的形式，普遍应用预制混凝土和金属的花格、栅栏。混凝土花格可以整体预制或用预制块拼砌，经久耐用；金属花格、栅栏轻巧精致，遮挡较少，施工方便，小型公园多采用。

国外也常用木质的或金属的通透栅栏作园墙（图 4–3），园内景色能透出园外。英国自然风景园常用干沟式的“隐垣”作为边界，远处看不见围墙，园景与周围田野连成一片。大多数园林的围墙（景墙）都会就地取材，干垒块石砌筑围墙，既能与周围环境协调一致，又能降低造价，节约施工成本（图 4–4）。

二、挡土墙

为了有效地利用空间，防止边坡坍塌，可以建造挡土墙解决场地高差问题。

园林中应用广泛的是重力式挡墙，即依靠墙体自身重量抵抗坡体（土体）的侧压力。挡土墙起着防护作用，它的可靠性十分重要，因此，在设计和建造技术上有着严格的规范要求。

挡土墙的种类很多，根据使用材料的不同，有砖墙、石墙、混凝土挡墙之分；根据建

图 4–5 园艺项目中的墙体

图 4–6 干垒（砌）挡墙

造过程中是否使用了黏结剂，又分为浆砌挡墙和干砌挡墙等。图 4–5、图 4–6 所示的干垒块石挡墙，能固土护坡、透水通气，在园林中应用较为广泛。

三、花坛和水池

花坛和水池是园林中常见的一类通过砌筑建造的构筑物。

（一）花坛

花坛在园林中很常见，其作用是吸引视线、划分园林空间、丰富立面景观等。

花坛一般高度不高（而树池基本和地面持平或略高），建造花坛的材料可以是砖块，也可以是料石，还可以是木材、金属等其他材料。

（二）水池

园林景观的构成中，水景是十分重要的一部分。规则的水池和溪流，其驳岸多为垂直驳岸。垂直驳岸一般是用砖块、料石砌筑而成，如图 4–7 中的方形水池和图 4–8 中的圆形水池。也可以用其他材料建造，如混凝土浇筑等。水池大多低于地面，以便场地汇水和排水；也有高于地面的，与水池中的喷泉或雕塑结合，丰富立面，吸引视线，成为构图中心。

水池建造中，防水的设计和施工是最为关键的部分，直接影响到水景建造的成败。这部分内容将在水景建造章节中详述。

图 4–7　砖砌方形水池

图 4–8　砖砌圆形水池

四、台阶

在室外环境中，高度不同的场地是通过缓坡或台阶来连接的。在空间比较狭小、高差变化又比较大的情况下，使用台阶最为有效。图 4–9 所示的整石台阶和图 4–10 所示的铺装台阶在园林中的应用都十分广泛。

台阶分布于道路、广场等处，既要解决场地高差问题，又要满足人员通行。因此，台阶的设计与建造必须符合专业的规范要求。

建造台阶，通常用砖块、料石砌筑，也有使用其他材料，如整石、枕木等。

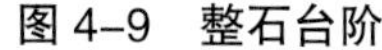

图 4-9　整石台阶

图 4-10　铺装台阶

第二节　常用材料

一、砖

（一）砖的种类及特性

1. 烧结砖

烧结砖是黏土经糅合、制坯、干燥、预热、煅烧、冷却等过程制成（图 4-11）。依其颜色又分青砖、红砖两种（图 4-12、图 4-13），多用于墙体砌筑。烧结砖是取黏土烧制而成，用烧结砖砌成的墙体保温性能比较差，为了推进墙体材料革新，节约能源资源，有效地保护耕地和环境，推动资源综合利用，促进节能减排目标任务的实现，各地都出台相关政策，不同程度地禁止和限制烧结砖的生产和销售。

图 4-11　烧结砖

图 4-12　青砖墙

图 4-13　红砖墙

因为烧结砖是经过烧制而成，因而非常干燥。用烧结砖砌筑墙体时，砖体会大量吸收砂浆中的水分，使砂浆因缺水而降低了粘接强度，从而影响墙体的稳定性。故而用烧结砖砌筑墙体时，砌筑之前要对砖块充分洇水，让砖块饱含水分，这样砌筑成墙体后，砂浆能充分凝结，以保证墙体的强度和质量。

2. 混凝土砖

混凝土砖是以水泥为胶结材料，与砂、石砾（轻集料）等加水搅拌、压制成型，经养护而制成的一种混凝土预制品。分为混凝土实心砖（图 4–14）及混凝土多孔砖（图 4–15）。混凝土砖因其制作简便，价格便宜，强度能满足使用要求，故而建筑上广泛采用。

3. 轻质砖

轻质砖是以石粉、水泥、石灰、矿渣等为主要原料，经浇筑切割成型，高温蒸压工艺生产的混凝土砌块，也称为加气砖。轻质砖因其质量轻、强度低、孔隙度大、保温性能好、抗震性强等特性，主要应用于非承重墙砌筑和框架结构填充，是国家建部和国家科委重点工业与民用领域推广应用的轻体材料。在园艺项目竞赛中，也因其块大、重量轻、易于加工，为了减少工程量，常用来做一些坐凳的基础（图 4–16）和花池围合（图 4–17）。

图 4–14　混凝土实心砖

图 4–15　混凝土多孔砖

图 4–16　轻质砖用于坐凳基础砌筑

图 4–17　轻质砖用于花池围挡砌筑

（二）砖块的常规尺寸

砖块的尺寸与墙体的尺寸（尤其是厚度）关系密切，为了满足不同设计的需要，砖块的规格尺寸有多种。

1. 标准砖

标准砖的尺寸为 240mm × 115mm × 53mm。

表 4–1 常见墙体厚度

墙体名称	标称厚度（mm）	实际厚度（mm）	应用部位
半砖墙	120	115	非承重墙，常用于隔断空间（隔墙）
3/4 墙	180	180	单层建筑的承重墙、隔断墙等
单墙	240	240	承重墙
一砖半墙	370	365	承重墙，适宜较寒冷地区
二砖墙	480	480	承重墙，适宜寒冷地区

因南北气候差异以及墙体功能的不同，墙体的厚度会有一些差异。

常见的墙体厚度见表 4–1。

通过不同的组砖方式，砖体尺寸加上灰缝的宽度，用标准砖就可以准确地建造上述各种厚度的墙体。

2. 其他砖块

由于现代建筑多采用框架结构，承重已经不再是墙体的主要功能。墙体主要是用来分隔空间。因此，重量轻、隔音好、环保、造价低的砖块应用也十分广泛。表 4–2 是建筑中常用的轻质砖规格尺寸。

表 4–2 常见砌块规格尺寸表

品种	规格（mm）	备注
多孔黏土砖	240 × 115 × 90	宽度同标砖，可混用
空心砖	190 × 190 × 90	非承重
	240 × 115 × 90	承重
混凝土小型空心砖	390 × 190 × 190	非承重
加气砖	长度 600，宽度有 100、120、125、150、180、200、240、250、300，厚度有 200、240、250、300	重量轻，隔音、保温效果好

此外，还有一些体量较大的混凝土砖（砌块），规格有 360mm × 240mm × 120mm、240mm × 120mm × 100mm 等，主要用于重力式挡墙或小型建筑基础施工。

3. 其他国家常用标准砖规格简介

由于不同的国家采用的建筑规范和设计标准不尽相同，因此不同国家砖块的规格尺寸标准不同，即使在同一国家，也因产地而异（表 4–3）。

表 4–3 国外常用标准砖尺寸规格

国家	长（mm）	宽（mm）	高（mm）	国家	长（mm）	宽（mm）	高（mm）
美国	194	92	57	德国	240	115	71
俄罗斯	250	120	65	印度	228	107	69
日本	210	100	60	南非	222	106	73
英国	215	102.5	65	澳大利亚	230	110	76

二、砌筑砂浆

砂浆是墙体中砖和砖之间的黏合剂，使得砖块之间结合紧密，墙体稳定可靠。

根据主要成分不同，砂浆可分为石灰砂浆、水泥砂浆和复合砂浆等。

石灰砂浆主要是石灰和细砂按一定配合比，经水充分拌合而成。水泥砂浆的主要成分则是水泥和沙子。此外，还有复合砂浆，是在砂浆中添加了高分子化合物，可以增加砂浆的黏稠度，更方便使用。

砂浆的配合比与砂浆的强度直接相关。配合比关系到墙体的牢固程度，施工过程中必须严格按照设计要求和施工规范进行施工。砌筑中砂浆场经常使用，常用的配合比有 1∶1、1∶3、1∶5（水泥和沙子的质量比）几种。砂浆也有用强度表示的，砌筑常用的有 M5、M7.5（砂浆可以承受的强度为 5MPa、7.5MPa）等，不同的强度对应不同的配合比。

图 4–18 毛石

砂浆应当随拌随用，使用时间也有严格的规定，一般在 4h 内必须用完，当气温高于 30℃时应在 3h 内用完。

图 4–19 料石作景观小品

三、石材

目前较常使用的石材原料大致可分为毛石、料石及片岩 3 种。根据加工程度和厚度，毛石和料石又可以分为许多类别。

（一）毛石

毛石是指未成型的石头，开采后未进行加工且处于自然状态。它是爆破后获得的不规则形状的岩石块，也称乱石（图 4–18）。

（二）料石

料石是通过手工切割或机械加工制成，具有相对规则形状的六面体石材。根据表面处理的程度和平坦度，可以分为毛料石、粗料石、半细料石、细料石 4 种类型。根据形状将可其划分为条状、方石状和拱形（楔形）。料石可以用作景观小品（图 4–19）、功能性石凳（图 4–20）、台阶等，常用的料石规格为：长 100~120cm，

图 4–20 料石作功能性石凳

宽 20~40cm，高 40~60cm，也可根据构筑物的尺寸定制。

（三）片岩

片岩是指符合工程要求，经开采未经加工，形状不规则，边长通常不小于 15cm 的较薄石块。片石在外观上接近于平坦的表面，而毛石的空间形状更为明显。常用来干垒石墙的片岩有黄木纹片岩（图 4–21）和青石（图 4–22），也有些为了营造特定的景观，而将花岗岩切割加工成片状的，如雪浪石。

图 4–21 黄木纹片岩

图 4–22 青石

四、其他材料

在现代园林中，为了反映不同园林景观，构筑物的建造还运用了一些非传统材料。

（一）锈板

锈板，即是锈的钢板，也称耐候钢。

通过锈板制作一些构筑物，如雕塑、景墙、廊架、花坛、挡土墙等（图 4–23 至图 4–30），钢板表面的锈色随时间的推移而产生变化，呈现出特定的质感，因而在现代园林设计中，为设计师所青睐。

（二）木材

在解决防腐的情况下，木材也被广泛应用于建造花坛、台阶、挡土墙、地面铺装等。

图 4–23 锈板建造万科 3V 展馆

图 4–24 锈板建造花圃

图 4-25　锈板建造景观水池（1）

图 4-26　不锈钢建造景观水池(2)

图 4-27　锈板屏障（1）

图 4-28　锈板屏障（2）

图 4-29　锈板花圃（1）

图 4-30　锈板花圃（2）

第三节　工艺流程与施工技术

一、砖墙砌筑施工

（一）清水墙与浑水墙

墙面不抹灰的墙叫清水墙。由于没有任何外墙装饰，能很直观地看清楚墙体结构。而浑水墙在墙体完成施工后，还需要对墙体进行抹灰等装饰。浑水墙的墙面装饰可以有效保护墙体，提高墙体的防水、保温、隔热等性能，还能增加墙面的美观，因而在建筑中广泛采用。但由于抹灰的掩饰，砌筑的要求没有清水墙严格。

清水墙由于结构直接暴露在外，砌筑施工中要求更加严格。砌砖质量要求高，必须填浆饱满，砖缝大小均匀，横平竖直，规范美观。本节重点介绍用标砖砌筑清水墙的施工技术及工艺流程。

（二）清水墙基本要求（表 4–4）

表 4–4　清水墙尺寸、位置的允许偏差及检验

序号	项目	行业允许偏差（mm）	竞赛允许偏差（mm）	检验方法
1	轴线位移（尺寸）	10	2	经纬仪（或激光投线仪）测量和尺量
2	标高	15	2	水准仪（或激光投线仪）测量和尺量
3	垂直度（层）	7	气泡居中	经纬仪（或水平尺）测量
4	表面平整度	5	2	直尺和塞尺量
5	水平灰缝平直度	7	2	投线仪和直尺量
6	游丁走缝	20	5	以第一皮砖为准，投线仪测量和直尺量

（三）清水墙施工技术

1. 墙厚与组砖

组砖是指砖块在墙体中的排列方式。不同的墙体厚度是用砖块以不同的排列方式实现的，如图 4–31 和图 4–32 所示。砖块在摆放时，长边与构筑物方向一致，称为顺（顺砖）；长边与构筑物方向垂直，称为丁（丁砖）；每一层砖称为一皮。

（1）半砖墙：半砖墙也称 12 墙。墙体标称厚度为 120mm，实际厚度为 115mm。半砖墙在砌筑时，组砖方式只有一种，即全顺组砖，就是砖块的长边与构筑物方向一致。

（2）3/4 墙：3/4 墙也称 18 墙，即墙体的厚度为 180mm。用标砖砌筑厚度为 180mm

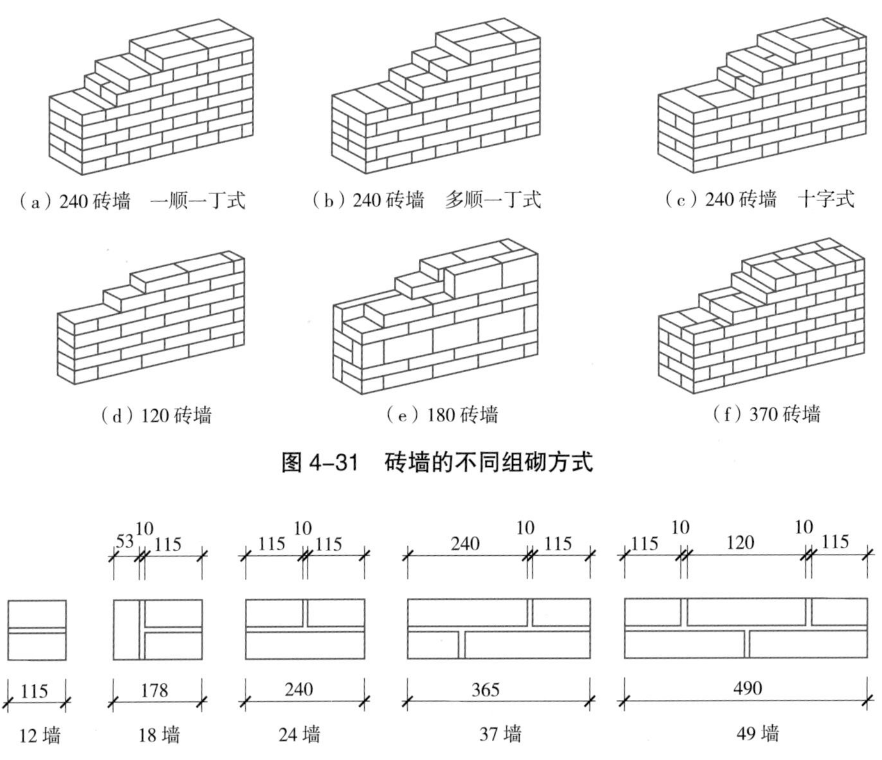

图 4–31　砖墙的不同组砌方式

图 4–32　砖墙的厚度与组成

的墙体时，两块顺砖平砌，一块顺砖立砌，简称两平一侧砌法。

（3）单墙：单墙也称 24 墙，即墙体的厚度为 240mm。用标砖砌筑单墙时，组砖方式通常有以下几种：

三顺一丁式：三皮顺砖，一皮丁砖，交错砌筑。

一丁一顺式：一皮顺砖，一皮丁砖，交错砌筑。

全丁式：全部按丁砖方式进行组砖。全丁方式组砖因竖缝显得零碎，墙面不美观，因此只在弧形墙体砌筑时才采用。

（4）一砖半墙：一砖半墙也称 37 墙，墙体标称厚度为 370mm。一砖半墙砌筑时，每皮组砖采用一排顺砖加一排丁砖，上下皮组砖相同，内外交错。

2. 墙体砌筑工艺流程

不同厚度的墙体，砌筑的施工流程基本相同，大致都是按顺序进行：施工准备→施工放线→基础开挖并夯实→排砖撂底→盘角→填砖→勾缝压顶板铺设。

（1）施工准备：砌筑前准备好砌筑用砂浆、砖块等材料，准备好砖刀、放线绳、定位木桩、记号笔、卷尺、水平尺、铝合金杆、勾缝刀，若遇到异形砌体需要切割砖块，还应准备三角板等（图 4–33）。

（2）施工放线：将图纸上的构筑物测设到地面上，作为施工的依据，这项工作称为放线。

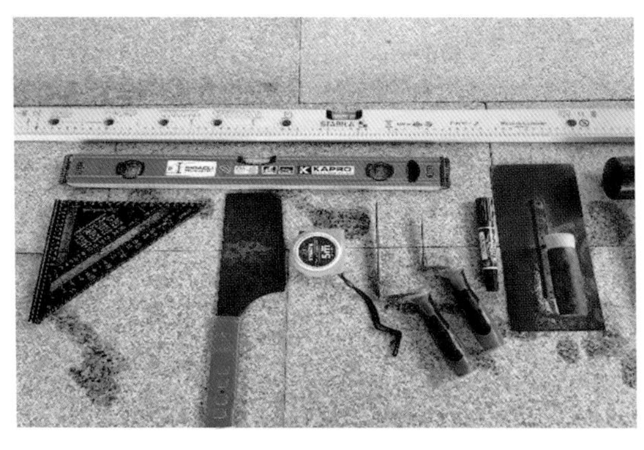

图 4-33　砌筑砖墙常用工具

图 4-34　测量、定位放样

建筑施工中会使用经纬仪、水准仪（或全站仪）等仪器进行设点埋桩。园艺项目的训练和竞赛一般都是在规则的场地上进行，而且场地面积较小，所以放线时一般采用钢卷尺、激光投线仪（或扫平仪）等设备和工具进行放线埋桩（图 4-34）。

放线埋桩时，如果是矩形场地（工作站），一般会以左下角作为坐标原点和高程原点（±0.000）。

放线桩埋设时要稳定可靠，离构筑物稍远，以避免施工对桩点产生影响。

（3）基础开挖并夯实：建筑物的基础会根据地质勘探的结果，依据基础部分的专项设计进行施工。在园艺项目的训练和竞赛中，为了使构筑物稳定可靠，其基础部分施工主要包括开挖和夯实两个步骤。开挖是使构筑物的基础有一定的埋深，一般不超过一皮砖的厚度或按设计要求。夯实是为了让基础更稳固。图 4-35 为选手根据基准点及计算好的基础埋深，开挖花池基础，然后用夯土器进行夯实。

（4）排砖撂底：在夯实好的地基上进行第一层砖的摆放称为排砖撂底。构筑物的长度是由砖块的尺寸和灰缝的宽度共同构成的。在清水墙的质量评价中，对灰缝的大小和是否均匀有很严格的要求。通过排砖撂底，了解和掌握竖缝的大小，使砌筑过程中灰缝（竖缝）大小均匀。

（5）盘角：排砖撂底完成后，先进行盘角，即进行拐角部位的砌筑（图 4-36）。清水墙砌筑要求横平竖直，尺寸和高度准确。如果每块砖都进行尺寸上的控制和校准，将影响工作进度和工作效率。一般通过盘角控制每层砖的尺寸和高程（图 4-37）。盘角时一般不超过 3 层，要通过挂线吊靠或者使用水平尺，保证墙体垂直。墙体的高度一般通过皮数杆进行控制。如有偏差要及时修正。盘角时要通过皮数杆仔细对照砖层及标高，控制好灰缝大小，使灰缝均匀一致。

（6）填砖：在盘好的两角之间砌筑墙体，称为填砖（图 4-38）。填砖时，每层砖都要挂线，然后铺灰砌砖。挂线时，线要拉紧。如果是长墙，中间应设几个支线点。每层砖要穿线看平，使水平缝均匀一致，平直通顺。对于小体量的花坛或墙体，可以免去挂线环节。

砌筑时，按照“三一砌筑法”“一铲灰，一块砖，一挤揉”的砌筑墙体方法进行砌筑。

填砖的技术动作包括拨浆（图 4-39）、砌头（图 4-40）、刮缝（图 4-41）、敲平（图 4-42）等。注意水泥砂浆应随拌随用，一般必须在 3h 内用完，混合砂浆也必须在 4h 内用完，不得使用过夜砂浆。

水平灰缝和竖直灰缝宽度一般为 8~12mm。为了保证清水墙竖缝垂直，不游丁走缝，

图 4-35　基础开挖并夯实

图 4-36　盘角

图 4-37　检测砖高度图

图 4-38　砌筑花坛主体

图 4-39　拨浆

图 4-40　砌头

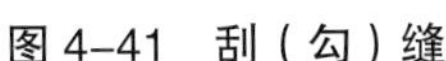

图 4-41　刮（勾）缝

图 4-42　敲平

图 4-43　花池墙体勾缝图

图 4-44　压顶板倒角

图 4-45　拼装完成后的压顶板

在施工过程中应随时自检，发现偏差随时纠正。

（7）勾缝：清水墙应随砌随划勾缝，划缝深度在 8~10mm，深浅一致，墙面清扫干净。

勾缝清洁是在砌筑完毕时进行的，要根据砂浆的硬结程度选择勾缝或清洁时间，一般可在砂浆初凝后勾缝。勾缝时勾缝器刀头顶在灰缝底部和灰缝上部往自身方向拉（图 4-43），从而保证灰缝平整光滑、深度一致。

（8）压顶板铺设：有些景墙（花池）有压顶设计。在铺设时，因压顶板比墙体宽，一般要求施工时沿中线对称铺设。如果压顶板宽窄不一，又无加工条件，则外侧对齐。为了保证构筑物的外观效果，在拐角位置压顶板进行倒角拼装（图 4-44）。压顶板的安装要求紧密细致，在园艺项目的训练和竞赛中，拼接缝隙一般要求在 2mm 以内。

压顶板多为石材或瓷砖，需要使用切割机进行裁切。使用切割机时一定要按照使用规范，并在教师的指导下进行操作（图 4-45）。

二、石墙砌筑施工

园林中的构筑物，除了用砖块建造以外，还经常会用石料进行建造，如花坛、景墙、挡土墙等。石料建造的构筑物厚重，稳定性好，能表现自身特有的材质、层理、纹理等，容易获得，节省施工成本，应用十分广泛。

用石料建造构筑物，通常有浆砌石墙和干垒石墙两种做法。

（一）浆砌石墙

在石墙的砌筑过程中，使用水泥砂浆填充石块之间的缝隙，保证石块之间的连接更稳定可靠。这种施工方法一般用在围墙（景墙）、挡土墙等比较高的墙体砌筑项目，通常对砂浆的需求量比较大，使用的砂浆标号比较高，水分含量低，沙子粒径较大。砌筑后的石墙，外墙表面还会用砂浆勾缝，俗称虎皮墙。

（二）干垒石墙

在高度不高（通常 1m 以下）的情况下，石墙的砌筑也常不使用砂浆，采用干垒砌法。

干垒石墙不使用水泥砂浆，同时还要表现石质的层理、纹理，因此对砌筑的技术和工艺要求更高。在园艺项目的训练和竞赛中，石墙都是通过干垒的方法进行砌筑的。

1. 干垒石墙基本要求

为了保证石墙的稳定，通常有以下要求：

（1）分皮卧砌，大面朝下。

（2）上下层交叉错缝，互相压叠，内外搭砌咬紧。上下层石块搭接不少于 80mm。

（3）适当放坡，外坡面平整、顺直、美观。

（4）石块之间缝隙不大于 30mm，保证砌体密实。

（5）严禁采用内外层砌筑，中间乱石填心；或面石砌筑，内部乱石堆填。

（6）使用片岩砌筑时，平缝顺直。

2. 干垒石墙施工方法

（1）基层施工：

①根据设计要求开挖基槽，并对基础进行夯实，避免不均匀沉降，保证墙体稳定。

②先于施作处铺一层厚重的碎石，将地基填平整，以利干垒（砌）石墙。

③将较为平整的大石块平置在底部，并检测其水平度和高度，作为石墙基层。

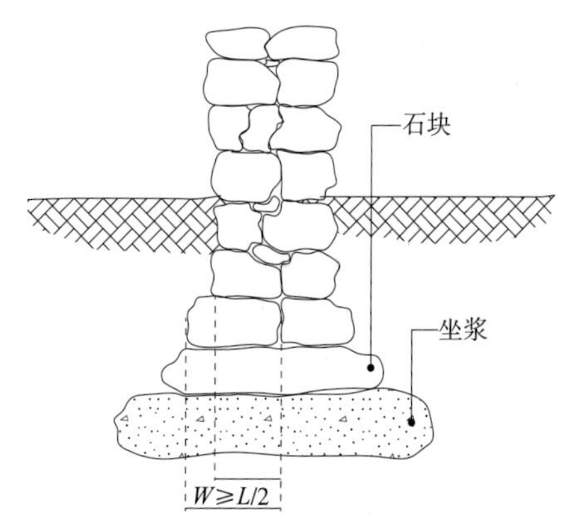

图 4-46　阶梯形毛石基础

毛石砌筑基础配料铺设并夯实，毛石大面朝下。在毛石基础的角落和交界处应使用较大的扁平毛石砌体。如果将毛石基础的扩大部分制成阶梯形，则上级的石块应至少压下阶石块的 1/2，相邻台阶的碎石应相互交错（图 4-46）。

（2）墙体垒砌：先铺设角隅石和镶面石，然后铺砌帮衬石，最后铺砌腹石。

①角隅石　在石墙端头或转角处的石料（图 4-47、图 4-48）。

②镶面石　位于主观赏面的石料。

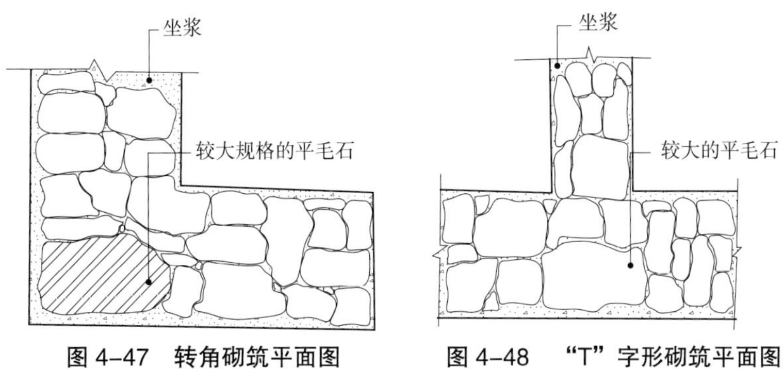

图 4–47　转角砌筑平面图　　图 4–48　"T"字形砌筑平面图

③帮衬石　对石墙的结构和稳定起着非常重要作用的石料，如拉结石等。

④腹石　填充在墙体中间部位的石料。

⑤拉结石　不小于墙体厚度 2/3 的块石，能够压住下层石料填石的缝隙，使墙体更稳固。

毛（块）石墙必须装有拉结石，拉结石在墙体中应保持一定的数量且均匀分布。通常每层拉结石之间的间距不大于 1m，并且上下层之间的拉结石要错开一定的距离，保证拉结石在墙内分布均匀。如果墙体厚度≤ 400mm，拉结石的长度应与墙体相同；如果墙体厚度＞ 400mm，则单块拉结石的长度应不小于墙体宽度的 2/3（图 4–49 至图 4–52）。

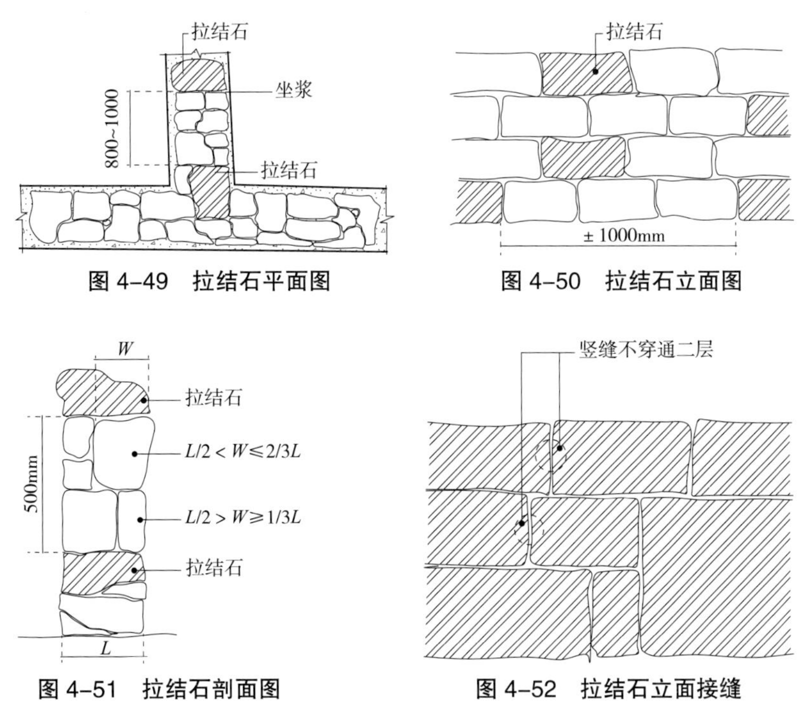

图 4–49　拉结石平面图　　图 4–50　拉结石立面图

图 4–51　拉结石剖面图　　图 4–52　拉结石立面接缝

（3）顶部收口：

①浅"V"形收口法　砌筑时，在封闭的顶部将收口建成微喇叭形，中间填入一些小石头，以防砂浆露出（图 4–53、图 4–54）。

②大料收口法（图 4–55、图 4–56） 用大的石料封闭砌体的最后一层表皮，以减少雨水冲刷，保护墙体，类似于压顶板。石材厚度≥ 100mm，最宜用与墙身类别相同的自然面石材作压顶。尽量不要使用机器切割面、光面等过于平整的表面。

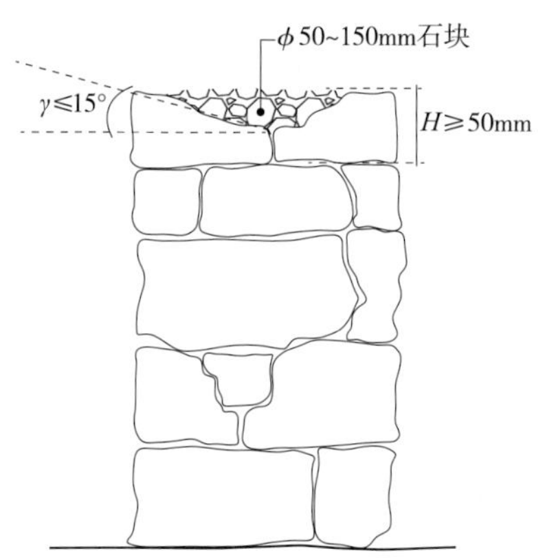

图 4–53 浅“V”形收口剖面图

图 4–54 浅“V”形收口

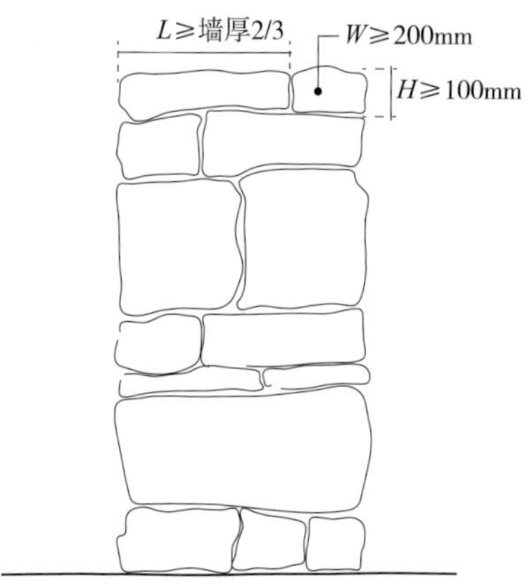

图 4–55 大料收口剖面图

图 4–56 大料收口

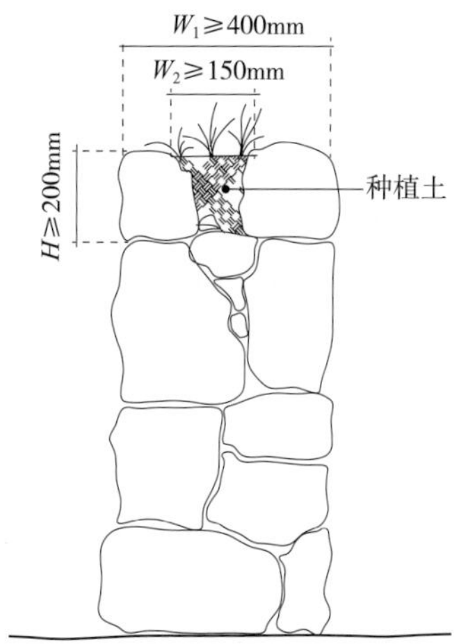

图 4–57 预留种植槽并收口法剖面图

图 4–58 顶部种植槽

图 4–59　干垒黄木纹挡土墙

图 4–60　干垒黄木纹挡土墙成品

图 4–61　干垒块石景墙

图 4–62　干垒块石景墙成品

③预留种植槽并收口法　适用于墙体厚度≥ 400mm、砌体顶部保留宽度≥ 150mm 的种植槽，土壤厚度应≥ 200 mm，并且可以选择种植一些匍匐生长的植物（图 4–57、图 4–58）。

3. 干垒黄木纹片岩和块石景墙实例（图 4–59 至图 4–62）

三、台阶施工

（一）施工流程

材料准备→基础开挖并夯实→基础整平→台阶两侧挡土墙施工→台阶基础施工→台阶面平板安装→台阶面侧板安装→检测调整。

（二）施工要点

（1）先砌筑台阶两侧的挡土墙，挡土墙的基础埋深要符合图纸要求，过浅容易导致台阶下的砂土出现“流动状态”，因而起不到挡土的作用。

（2）台阶面板下的土层应当夯实，面板铺设前可垫置砖块来增加台阶结构的稳定性。图 4–63 至图 4–65 展示了台阶基础施工、台阶侧（立）板安装以及台阶面板安装的几个台阶施工重要步骤。

图 4–63　台阶基础施工

图 4–64　台阶侧板安装

图 4–65　台阶面板安装

第四节　质量评价

一、国家标准

（1）《建设工程项目管理规范》（GB/T 50326—2017）

（2）《普通混凝土小型砌块》（GB/T 8239—2014）

（3）《砌体结构工程施工规范》（GB 50924—2014）

（4）《砌体结构工程施工质量验收规范》（GB 50203—2011）

（5）《建设工程工程量清单计价规范》（GB 50500—2013）

二、行业标准

（1）《园林绿化工程施工及验收规范》（CJJ 82—2012）

（2）《喷泉水景工程技术规程》（CJJ/T 222—2015）

（3）《建设工程施工现场环境与卫生标准》（JGJ 146—2013）

三、世界技能大赛标准

砌筑模块需掌握常用砌筑材料、工具及设备的使用方法，能运用专业技能和工具切割、制作和安装天然石材、预制混凝土构件，将其用于花坛、道路、景墙等构筑物的施作，并力求切割面平顺、制作与安装尺寸精准。具体的测评方法及过程见表 4–5 所列。

表 4–5　砌筑模块评测方法及过程

考核要点	评价内容	评测方法	评价过程
石墙垒砌	基础施工	过程评价	观察选手在基础施作工程中是否按图施工，基础是否经过了开挖、夯实等流程
	横向拉结	过程评价	根据结构稳定性的要求，每层有不少于 3 块的横向连接

（续）

考核要点	评价内容	评测方法	评价过程
石墙垒砌	通缝	结果观测	错缝砌筑（2层黄木纹错缝重合部分小于5cm视为直缝）
	放坡	结果观测	墙体须放坡（根据墙体与其他构筑物衔接情况适当放坡），不可反坡
	墙体稳定	过程评价	每层做完之后黄木纹块料间填充碎石、石砾等，不可回填砂土
	墙体宽度	过程评价	底宽不小于550mm，顶宽不小于350mm
	石墙完成面的高度	结果观测	根据墙体的高度可设置3~5个测评点。要求完成面的每一块石料均达到精度要求
	水口标高	结果观测	利用激光投线仪和水准尺，在出水口随机抽取1~3个点，测量出水口标高是否与图纸要求一致，有一个点不一致该项不得分。因为出水口的面积比较小，通常选择水口边缘的中心点进行测量
	干垒墙体外观	结果观测	墙体须堆砌完成，观赏面平整，水平方向的缝隙较平整，各个转角处线条基本通直、稳定，基本没有三角缝隙
花池砌筑（水池、景墙砌筑评价点参考花池）	基础施工	过程评价	基础经过开挖、夯实等流程且按图纸要求施工
	花池墙体尺寸	结果观测	利用卷尺对花池每层、每边的墙体外侧线进行测量，误差不超过2mm
	花池压顶板尺寸	结果观测	利用卷尺对花池压顶板每边的外侧线进行测量，误差不超过2mm
	花池压顶板高度	结果测量	利用激光投线仪和带刻度水平尺进行测量，误差不超过2mm
	压顶板水平	结果测量	利用水平尺进行测量，气泡居刻度线中间为水平
	压顶板外缘一条线	结果测量	用铝条或细线靠紧压顶板一侧，铝条或细线应与压顶板边缘吻合，误差不超过2mm
	压顶板缝隙	结果测量	利用塞尺进行测量，缝隙大小不超过2mm
	压顶板倒角	结果测量	压顶板角部倒角对接
	墙体缝隙要求	结果测量	错缝砌筑，并且最大缝隙和最小缝隙相差＜4mm；上下对缝
	花池墙体外观	结果评价	平缝水平，丁缝竖直，缝隙填浆饱满，无污染
钢板花圃（铁板）	钢板尺寸	结果测量	利用卷尺对钢板外侧线进行测量，误差不超过2mm
	钢板高度	结果测量	利用激光投线仪和带刻度水平尺进行测量，误差不超过2mm
	钢板之间的缝隙	结果测量	利用塞尺进行测量，缝隙大小不超过2mm
	角度	结果测量	利用三角尺进行测量，误差不超过2°
	钢板切割处打磨	结果测量	通过目测或触摸的方式，检查钢板切割处的毛刺是否全部被打磨
	钢板是否水平	结果测量	利用水平尺进行测量，气泡居刻度线中间为水平
	钢板安装效果	结果评价	钢板安装垂直、线条顺直
	钢板垂直度	结果测量	利用水平尺进行测量，气泡居刻度线中间为水平
工作流程	按照合理的施工顺序进行砌筑施作	过程评价	施作过程中，观察选手是否按照合理的施工工序进行操作。发现工序不对的酌情扣分

第五节　未来发展趋势

一、金属材料

金属板材墙面由骨架及板材两部分组成。骨架有轻钢骨架和木骨架两种，板材有彩色搪瓷或涂层钢板、不锈钢板、铜板、铝合金花纹板、铝质浅花纹板、铝及铝合金波纹板、铝及铝合金压型板、铝及铝合金冲孔平板等。这些板材大多外形美观、色彩丰富，耐腐蚀性强，有很好的装饰效果（图 4–66）。

在园艺项目的训练与竞赛当中，要培养选手熟练掌握各种专业工具，对不同的金属材料按照设计尺寸进行加工装配。图 4–67 至图 4–69 展示了竞赛中选手将钢板加工成花池的施工过程。

图 4–66　金属板材景墙

图 4–67　钢板切割

图 4–68　钢板安装

图 4–69　钢板花圃成品

二、石笼（格宾石笼）

石笼是用镀锌钢丝或铅丝按设计的网眼，编织成生态网状结构，类似于网箱。在网箱内填充一定规格大小的石料，形成一个透水的、柔性的生态挡土墙。这种挡土墙既能满足功能上的需要，又生态环保，同时可以降低工程造价，因而应用十分广泛，如图 4–70 所示。

图 4–70　石笼墙

三、外墙饰面

在第 45 届世赛园艺项目的竞赛中增加了外墙面砖粘贴内容，这在园艺项目竞赛中首次出现。

外墙面砖粘贴可以在砖砌体上进行，也可以在木质墙上进行（图 4–71）。图 4–72 展示了第 45 届世赛中，在木质花池的墙面粘贴文化石的施工效果。

使用材料有面砖、黏合剂等。面砖可以是瓷砖、文化石、花岗岩等，黏合剂有普通的水泥砂浆、专用黏合剂。除了施工技术外，不同材料的加工以及黏合剂的调制，都是今后训练中的研究内容。

图 4–71　板材花坛

图 4–72　墙体镶贴文化石

四、绿墙

绿墙，是在墙上进行垂直绿化，以增加绿化面积，改善环境，丰富立面效果等。

墙体的建造通常是砖墙、石墙、混凝土墙，也可以是木质和金属结构的框架。绿化常见的方式是种植攀缘植物或者是通过安装植生袋（盆），然后在植生袋（盆）中种植植物。图 4–73 为第 45 届世赛中，在木质景墙上安装植生袋进行垂直绿化施工的效果；图 4–74 为某公园中在雕塑小品上安装植生袋进行垂直绿化施工的效果。

图 4–73　骨架式绿墙

图 4–74　铺贴式墙体

世赛园艺项目的命题与举办国有很大关系。园艺项目的比赛相对来说涉及范围较广，是对选手综合能力的考核。各国在其模块的设置上会有差异。在单项模块方面，每届都会以不同形式出现，且所占比例也不同。

近几届世赛中，从砌筑模块来看，日本静冈第 39 届世赛有较为规则的砖体砌筑，也有用自然石块垒砌的景墙，此外还有竹木组合形成的栏杆，且所占比例及难度较大；加拿大卡尔加里第 40 届世赛设置了较大工作量的规则墙体砌筑，其中要求使用不同规格的规则砖材，工作量和难度也较大；英国伦敦第 41 届世赛设置了一种砌筑即通过自然石材垒砌自然石墙及水池，工作量较大；德国莱比锡第 42 届世赛，砌筑中使用了很多天然石材，建造了花池、水池和座椅的基础，要求充分展示石材的自然效果；巴西圣保罗第 43 届世赛则在砌筑方面设置了两个子模块，分别是自然石墙垒砌以及规则种植池砌筑，相对于砌筑的难度及工作量来说也不小；阿联酋阿布扎比第 44 届世赛表现在工作站围挡砌筑、台阶垒砌及木屏风方面，工作量也比较大；俄罗斯喀山第 45 届世赛中则出现了在 OSB 板材上用胶结材料镶贴文化石形成墙体及采用钢板加工形成钢板墙花圃。由此可以看出，每届比赛中墙体均可见各种新材料、新结构的形式得以展现（表 4–6）。

把图纸与举办国的背景结合起来不难发现，每届图纸都在满足世赛基本要求、考核选手综合能力的同时，将举办国的文化思想融入其中，通过赛题体现或宣传举办国的文化及造园理念，而举办国的文化和造园理念又与一个国家的历史发展和所处地域息息相关。因此，了解和研究世赛举办国地方特色对世赛园艺项目的命题是有重要指导意义的。

表 4-6 举办国图纸砌筑模块分析

国家	日本	加拿大	英国	巴西	阿联酋	俄罗斯
砌筑模块类型	自然石墙块石挡土墙	砖垒石墙	块石挡土墙	花池块石挡土墙	坐凳基础、工位外围砌筑、挡土墙、水池砌筑	钢板花圃、台阶钢板围挡、木板镶贴文化石墙
面积（m^2）	5	4.2	4.5	3.7	8.16	7.2

第六节 施工实例解析

一、图纸

以第 46 届世界技能大赛园艺项目全国选拔赛图纸为例，分析图纸中的砌筑模块施工要点（图 4-75 至图 4-77）。

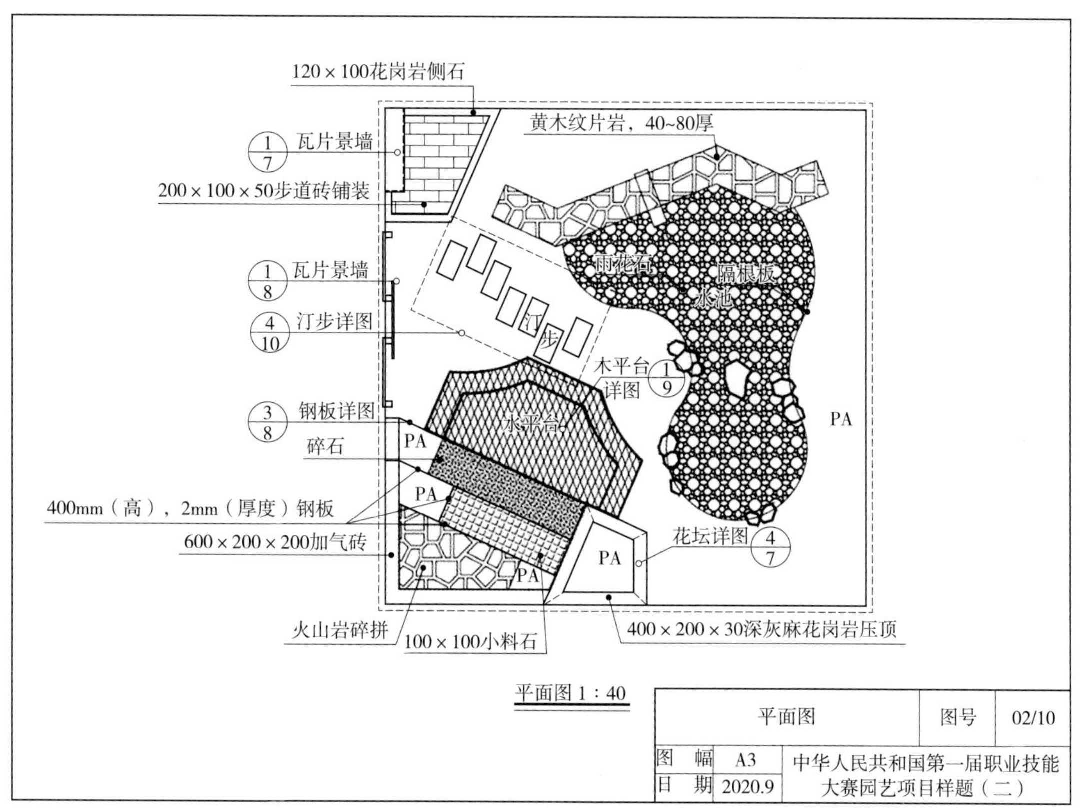

图 4-75 总平面图

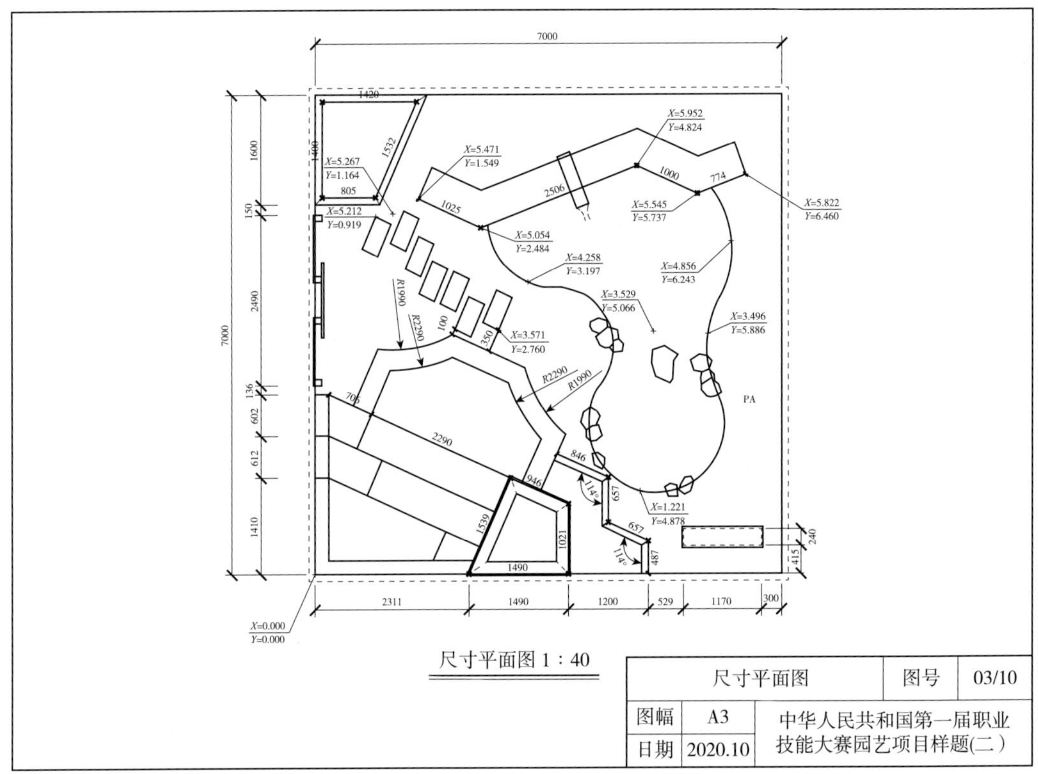

图 4–76　尺寸定位图

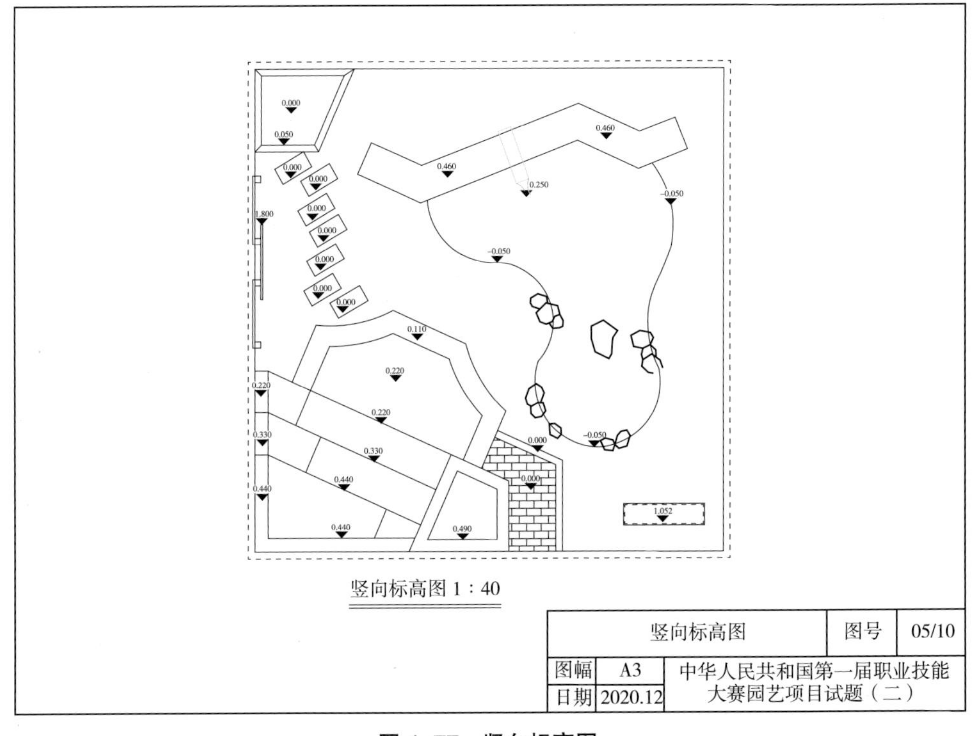

图 4–77　竖向标高图

二、解析

第46届世界技能大赛园艺项目全国选拔赛中，砌筑模块主要包括黄木纹石墙垒砌、轻质砖围挡垒砌、180墙异形花池砌筑、瓦片景墙砌筑、钢板花圃制作与安装5个部分。

（一）黄木纹石墙垒砌

主要考查选手在掌握挡土墙垒砌结构稳定性和美观性的前提下，正确使用专用工具选石、修石，建造自然式石墙的过程（图4–78）。在施作的过程中，应当注意以下几点：

（1）折线形黄木纹石墙的定位点放线及阴阳角处石材的处理方法。

（2）基础的开挖与夯实；水泵及水管的预埋，防水膜的埋设处理细节。

（3）错缝垒砌、横向连接、墙体放坡、墙体宽度、墙体高度等结构稳定性的要求。

图4–78　黄木纹石墙

（二）轻质砖围挡垒砌

主要考查选手根据图纸给定的尺寸和高度，经过计算，正确使用手锯对轻质砖进行切割加工，建造轻质砖围挡的过程（图4–79）。在施作的过程中，应当注意以下几点：

（1）台阶高度变化处要考虑错缝要求，轻质砖材料的计算与切割。

（2）准确进行轻质砖围挡尺寸的放线，外侧线顺直的控制。

（3）轻质砖围挡与花池、钢板围挡接触面衔接处的处理措施。

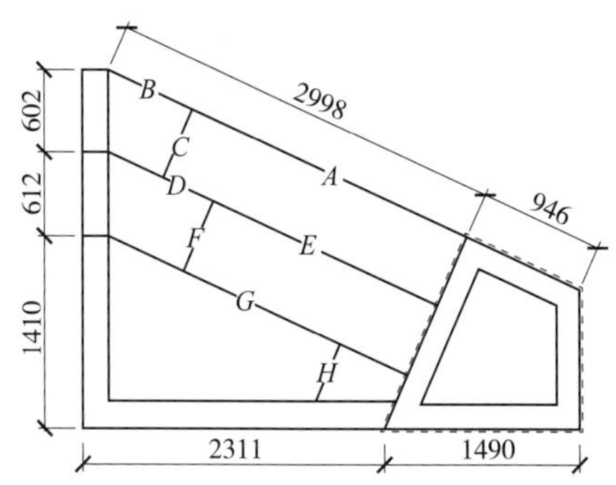

图4–79　轻质砖围挡

（三）180 墙异形花池砌筑

主要考查选手根据图纸给定的尺寸和高度，经过计算，正确使用砌筑工具对砖材进行切割加工，建造花池的过程（图 4–80）。在施作的过程中，应当注意以下几点：

（1）180 墙砖的组砌原理。

（2）异形花池转角处砖的切割方法。

（3）花池端部与钢板围挡接触面吻合接触的处理措施。

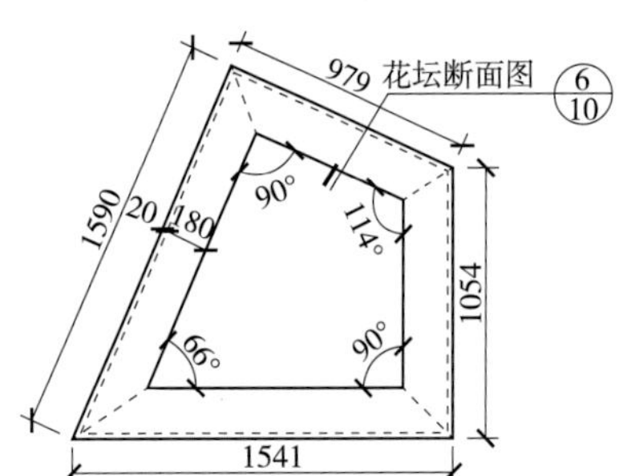

图 4–80　180 墙花池砌筑

（四）瓦片景墙砌筑

主要考查选手根据图纸给定的尺寸和高度，经过计算，正确使用专用切割机对砖材进行切割加工，建造瓦片景墙的过程（图 4–81）。在施作的过程中，应当注意以下几点：

（1）240 墙砖的组砌原理。

（2）无游丁走缝，上下对缝的处理。

（3）景墙内、外框尺寸的控制。

（4）墙体垂直度的控制。

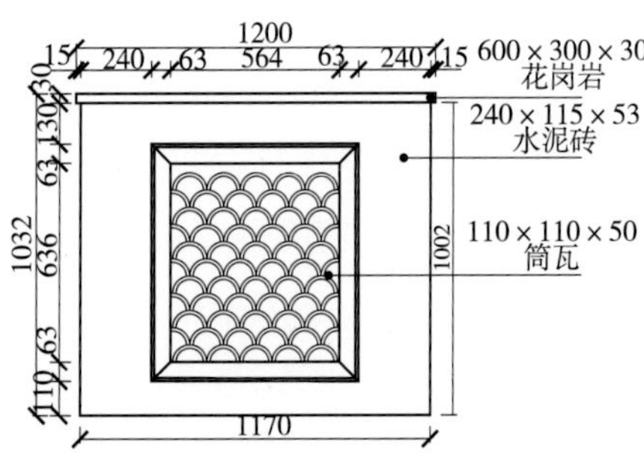

图 4–81　瓦片景墙

（五）钢板花圃制作与安装

主要考查选手根据图纸给定的尺寸和高度，经过下料计算，正确使用工具对钢板进行切割加工，建造钢板花圃的过程（图 4–82）。在施作的过程中，应当注意以下几点：

（1）钢板下料计算准确。

（2）钢板侧向变形的控制。

（3）钢板与周边构筑物的衔接做法。

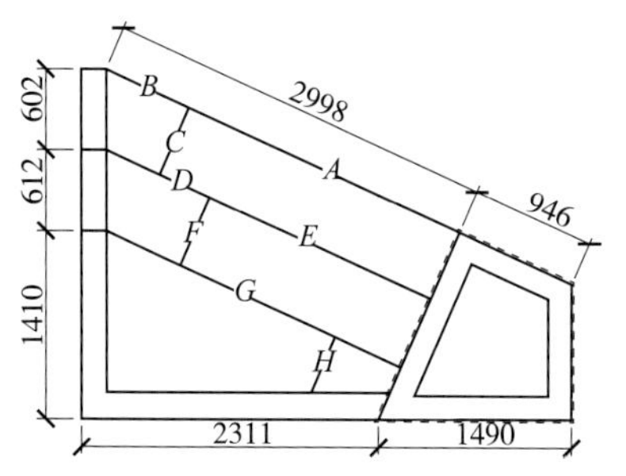

图 4–82　钢板花圃

A~H. 标定的钢板加工尺寸及安装位置

三、表格样例

通过设计一些材料下料清单表格，在切割钢板、木料等材料时可以确保下料准确，从而提高施工效率。常见的材料下料清单见表 4–7、表 4–8 所列。

表 4–7　钢板下料清单

编号	截面规格（mm）	下料长度（mm）	位置	备注
1	400 × 2			
2	200 × 2			
...				

表 4–8　竹篱笆墙下料清单

编号	截面规格（mm）	下料长度（mm）	位置	备注
1				
2				
...				

训练作业

1. 完成 180 墙花池砌筑

施工要求：根据图 4–83，采用三一砌筑法砌筑 180 墙花池，要求尺寸、高程准确，墙体缝隙均匀，组砌形式正确，详见表 4–9 所列。

材料：240mm × 115mm × 53mm 水泥砖、黄沙、水泥、200mm × 400mm × 30mm 花岗岩压顶板。

工具及设备：激光水平仪、水平尺、卷尺、瓦刀、泥桶、勾缝刀、台式石材切割机、防护用具等。

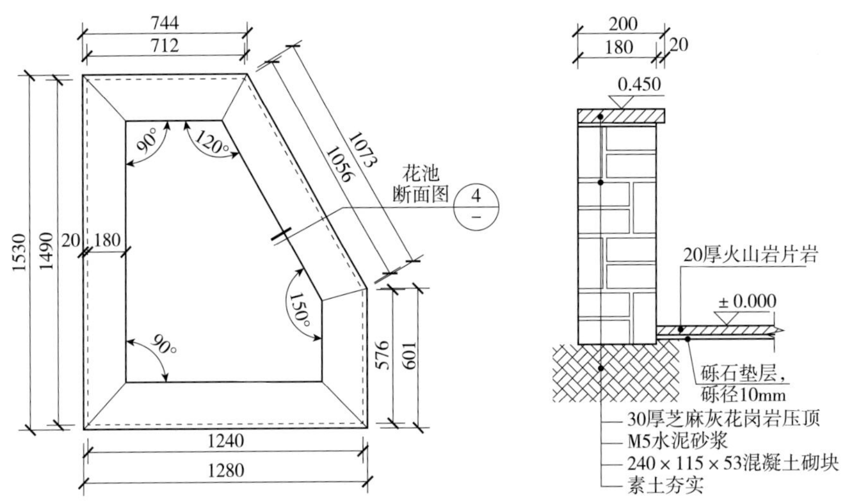

图 4-83　180 墙花池施工图

表 4-9　180 墙花池砌筑训练评分标准

项目	类型（J 为评价，M 为测量）	评分项描述	评分项具体描述	参考分	标准值	测量值	最高分值
B1	花池砌筑						
	M1	花池盖板完成面高度	容差＜2mm，得 1 分；容差 2~4mm，得 0.5 分；容差＞4mm，得 0 分				1
	M2	花池墙体尺寸	容差＜2mm，得 0.5 分；容差 2~4mm，得 0.25 分；容差＞4mm，得 0 分				0.5
	M3	压顶板外沿在一条线上	2mm 以内为“是”		是 / 否		0.5
	M4	压顶板水平			是 / 否		0.5
	M5	压顶板缝隙	容差＜2mm，得 0.5 分；发现一条缝隙超过容许误差（＞2mm），得 0 分				0.5
	M6	花池的基础经过开挖、夯实等流程且按图纸要求施工合理			是 / 否		0.5
	M7	错缝砌筑且灰缝均匀			是 / 否		0.5
	M8	无游丁走缝			是 / 否		0.5
	J1	墙体外观					1
			灰缝不明显，墙面污染面积达 50%	0~0.2			
			灰缝明显，墙面污染面积 25%~50%	0.3~0.5			
			平缝水平，丁缝竖直，污染面积小于 25%	0.6~0.8			
			平缝水平，丁缝竖直，灰缝填浆饱满，无污染	0.9~1.0			

（续）

项目	类型（J为评价，M为测量）	评分项描述	评分项具体描述	参考分	标准值	测量值	最高分值
	J2	压顶板外观					1
			对于面板中的拼接部分，有超过50%的角或边使用了小于1/3面板长度的材料	0~0.2			
			对于面板中的拼接部分，有25%~50%的角或边使用了小于1/3面板长度的材料	0.3~0.5			
			对于面板中的拼接部分，有小于25%的角或边使用了小于1/3面板长度的材料	0.6~0.8			
			面板拼接部分没有使用小于1/3面板长度的材料，面板平整美观	0.9~1.0			

2. 完成特色景墙砌筑

施工要求：根据图4–84，采用三一砌筑法砌筑特色景墙，要求尺寸、高程准确，墙体缝隙均匀，组砌形式正确，详见表4–10所列。

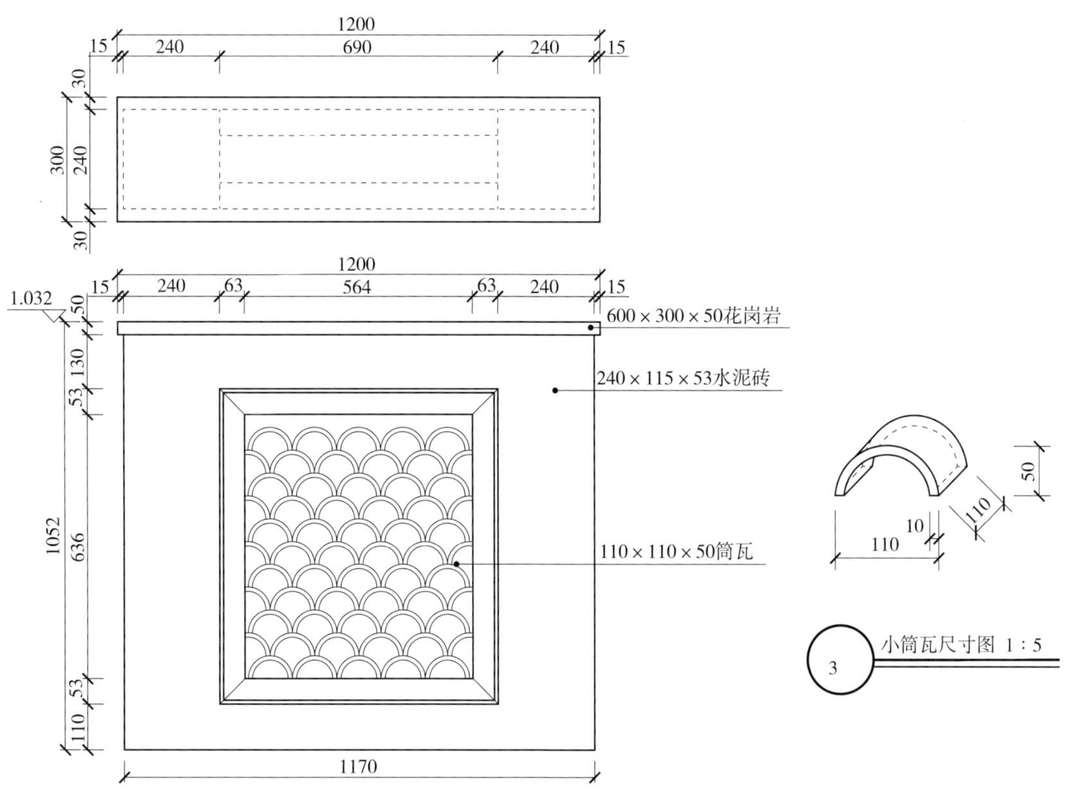

图4–84 特色景墙施工图

表4–10 特色景墙砌筑训练评分标准

项目	类型（J 为评价，M 为测量）	评分项描述	评分项具体描述	参考分	标准值	测量值	最高分值
B2	景墙砌筑						
	M1	景墙高度	容差＜2mm，得 1 分；容差 2~4mm，得 0.5 分；容差＞4mm，得 0 分				1
	M2	景墙尺寸	容差＜2mm，得 0.5 分；容差 2~4mm，得 0.25 分；容差＞4mm，得 0 分				1
	M3	景墙垂直度			是 / 否		0.5
	M4	压顶板完成面水平			是 / 否		1
	M5	基础经过开挖、夯实等流程且按图纸要求施工合理			是 / 否		0.5
	M6	错缝砌筑且均匀			是 / 否		0.5
	M7	无游丁走缝			是 / 否		0.5
	M8	瓦片安装合理	稳固且美观		是 / 否		1
	J1	墙体外观					0.5
			缝隙不明显，墙面污染面积达 50%	0~0.1			
			缝隙明显，墙面污染面积 25%~50%	0.2~0.3			
			平缝水平，丁缝竖直，污染面积小于 25%	0.4			
			平缝水平，丁缝竖直，缝隙填浆饱满，无污染	0.5			

材料：240mm × 115mm × 53mm 水泥砖、黄沙、水泥、600mm × 500mm × 50mm 花岗岩压顶板。

工具及设备：激光水平仪、水平尺、卷尺、瓦刀、泥桶、勾缝刀、台式石材切割机、防护用具等。

3. 完成异形花池砌筑

施工要求：根据图 4–85，采用三一砌筑法砌筑异形花池，要求尺寸、高程准确，墙体缝隙均匀，组砌形式正确，详见表 4–11 所列。

材料：240mm × 115mm × 53mm 水泥砖、黄沙、水泥、300mm × 150mm × 30mm 花岗岩

压顶板。

工具及设备：激光水平仪、水平尺、卷尺、瓦刀、泥桶、勾缝刀、台式石材切割机、防护用具等。

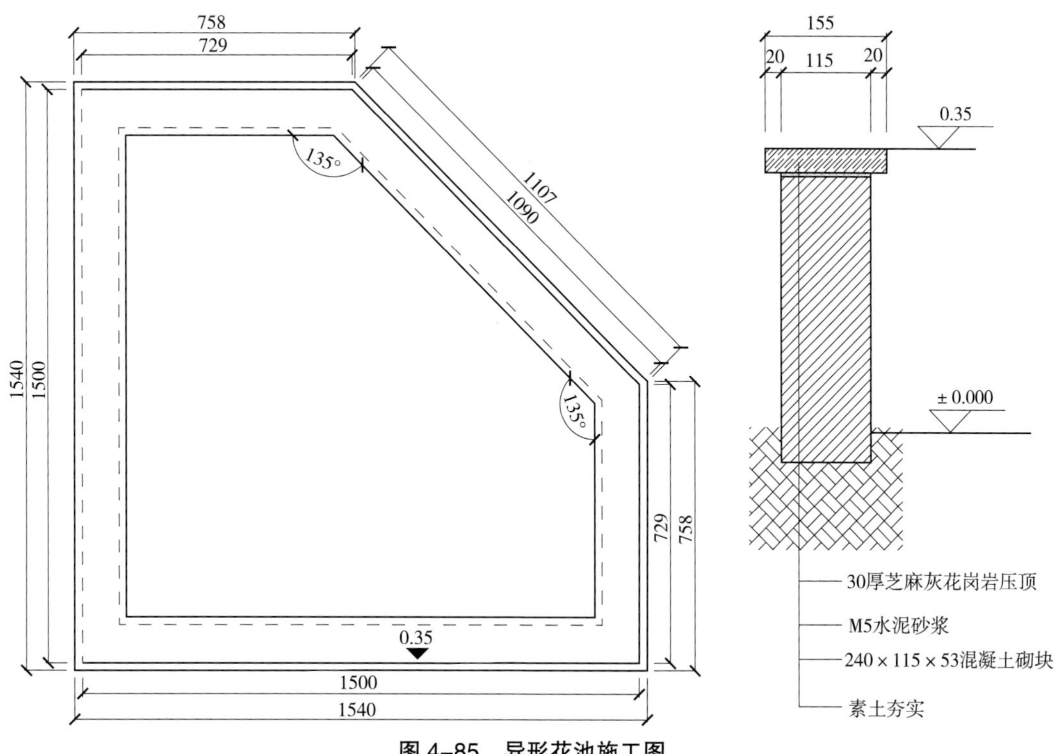

图 4–85　异形花池施工图

表 4–11　异形花池砌筑训练评分标准

项目	类型（J 为评价，M 为测量）	评分项描述	评分项具体描述	参考分	标准值	测量值	最高分值
B3	花池砌筑						
	M1	花池盖板完成面高度	容差＜2mm，得 1 分；容差 2~4mm，得 0.5 分；容差＞4mm，得 0 分				1
	M2	花池墙体尺寸	容差＜2mm，得 0.5 分；容差 2~4mm，得 0.25 分；容差＞4mm，得 0 分				1
	M3	压顶板外沿在一条线上	2mm 以内为“是”		是 / 否		0.5
	M4	压顶板水平			是 / 否		0.5

（续）

项目	类型（J 为评价，M 为测量）	评分项描述	评分项具体描述	参考分	标准值	测量值	最高分值
	M5	压顶板缝隙	容差＜2mm，得 0.5 分；发现一条缝隙超过容许误差（＞2mm），得 0 分				0.5
	M6	花池的基础经过开挖、夯实等流程且按图纸要求施工合理			是 / 否		0.5
	M7	错缝砌筑且灰缝均匀			是 / 否		0.5
	M8	无游丁走缝			是 / 否		0.5
	J1	墙体外观					1
			灰缝不明显，墙面污染面积达 50%	0~0.2			
			灰缝明显，墙面污染面积 25%~50%	0.3~0.5			
			平缝水平，丁缝竖直，污染面积小于 25%	0.6~0.8			
			平缝水平，丁缝竖直，灰缝填浆饱满，无污染	0.9~1.0			
	J2	压顶板外观					1
			对于面板中的拼接部分，有超过 50% 的角或边使用了小于 1/3 面板长度的材料	0~0.2			
			对于面板中的拼接部分，有 25%~50% 的角或边使用了小于 1/3 面板长度的材料	0.3~0.5			
			对于面板中的拼接部分，有小于 25% 的角或边使用了小于 1/3 面板长度的材料	0.6~0.8			
			面板拼接部分没有使用小于 1/3 面板长度的材料，面板平整美观	0.9~1.0			

4. 完成黄木纹石墙垒砌及 240 墙水池砌筑

施工要求：根据图 4–86，240 墙水池采用三一砌筑法砌筑，要求尺寸、高程准确，墙体缝隙均匀，组砌形式正确。黄木纹石墙采用错缝干垒。施工要求见表 4–12 所列。

材料：240mm × 115mm × 53mm 水泥砖、黄沙、水泥、黄木纹片岩石、防水膜。

工具及设备：激光水平仪、水平尺、卷尺、瓦刀、泥桶、勾缝刀、台式石材切割机、铁锤、防护用具等。

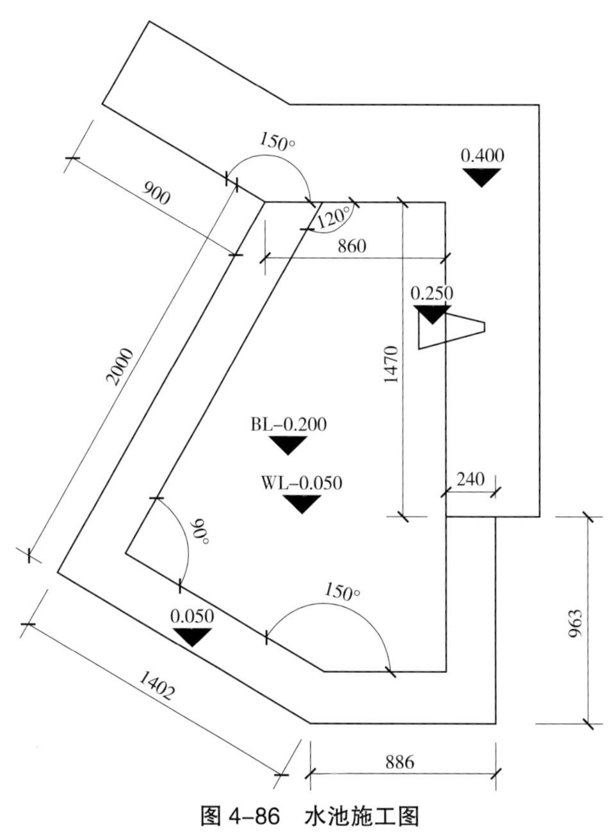

图 4–86　水池施工图

表 4–12　黄木纹石墙垒砌训练评分标准

项目	类型（J 为评价，M 为测量）	评分项描述	评分项具体描述	参考分	标准值	测量值	最高分值
B4		石墙					
	M1	石墙的高度	容差 < 2mm，得 1 分；容差 2~4mm，得 0.5 分；容差 > 4mm，得 0 分				1
	M2	出水口高度	容差 < 2mm，得 1 分；容差 2~4mm，得 0.5 分；容差 > 4mm，得 0 分				1

（续）

项目	类型（J 为评价，M 为测量）	评分项描述	评分项具体描述	参考分	标准值	测量值	最高分值
	M3	墙体是否放坡（墙身下部稍大于上部，以保持稳定）			是 / 否		1
	M4	石墙的基础经过开挖、夯实、回填沙砾等流程且按图纸要求施工合理（若基础下有防水垫则回填沙砾层取消）			是 / 否		0.5
	M5	墙体宽度	完成面宽度不小于 450mm，基础不小于 550mm		是 / 否		1
	M6	横向搭接	每层均有不少于 3 块的横向连接		是 / 否		0.5
	J1	错缝干垒					1
			错缝干垒，直缝（2 层黄木纹通缝视为一条直缝、接头重合部分小于 5cm 视为直缝）数大于 5	0~0.2			
			错缝干垒，直缝数 3~4	0.3~0.5			
			错缝干垒，直缝数≤ 2	0.6~0.8			
			全部错缝干垒	0.9~1.0			
	J2	墙体外观					1
			墙体不稳固	0~0.2			
			墙体稳固，50% 的墙体面积外观整齐，放坡不自然	0.3~0.5			
			墙体稳固，超过 50% 的墙体外观整齐，放坡自然	0.6~0.8			
			墙体稳固、整齐、完美	0.9~1.0			

第五章 木作施工

第一节 概述

园林中构筑物种类繁多，其中有很多是使用木材制作的。比较大型的、结构复杂的有亭、廊等园林建筑，还有一些体量较小、结构简单的小品，如木廊架、木栏杆小型木桥、木平台等（图 5-1 至图 5-6），因此木作施工是园林工程施工的组成部分，木作是园艺技能竞赛中的一个重要模块。木作的知识和施工技术是园林工作者也是园艺技能竞赛参赛选手必备的技能之一。受制于竞赛时间以及材料工具的影响，在竞赛中，多以体型较小、结构简单、制作简便的小型构筑物作为赛题内容。制作中基本不用榫卯结构，或者只制作简单的榫卯连接，多使用木螺丝来连接构筑物的不同部位。本章主要介绍木作施工中常用的材料工具，以及小型构筑物加工、安装的一般方法、流程和基本施工要求。

图 5-1　木廊架

图 5-2　木栏杆

图 5–3　木桥

图 5–4　木平台

图 5–5　塑木花坛

图 5–6　塑木平台及栏杆

第二节　常用材料及工具

一、常用材料

（一）防腐木

园林中制作构筑物使用的木材因为暴露在自然环境中，要经受风吹日晒雨淋的考验，所以大多是经过防腐处理的，统称防腐木。目前市场上防腐木的种类很多，如欧洲红松、樟子松、柳桉、菠萝格等，不同的品种有着不同的材质、纹理及抗腐能力，价格也不尽相同。木材进场以后，如果短时间内不能用完，应该架空存放（图 5–7），并保持通风干燥，防止霉变、开裂变形。

图 5–7　常见木材的堆放

表 5-1　常用木材规格尺寸表

构件名称	截面尺寸（mm）	适用部位
立柱	85 × 85	木平台的立柱、坐凳的脚、绿墙的立柱、扶手的立柱、特色铺装等
龙骨	60 × 40	木平台的龙骨、坐凳的龙骨和横挡、花架的梁和支撑、花窗的格、小型家具的衬
面板	85 × 30	木平台的面、坐凳的面、绿墙的面、花窗的边板
封板	110（140）× 15	木平台封边、坐凳封边

由于在技能竞赛中，木质构筑物的体量一般较小，结构也比较简单，所以常用的木材规格也比较简单，详见表 5-1 所列。

（二）塑木

塑木也称木塑复合材料，是用木屑、聚乙烯等为原料，经压制而形成的一种复合材料。塑木可以压制成不同的形状，比原始木料更耐腐蚀，因而在园林建设中应用十分广泛。

图 5-8 是常见的塑木面板，主要有空心和实心两种规格。除此以外，还有其他各种规格的立柱、横梁等。

图 5-8　常见木塑面板

（三）辅材

在园艺项目技能竞赛中，木作结构相对简单，不同部件通过螺钉（图 5-9）、角码（图 5-10）等连接。

作为连接框架结构的木螺钉，要有足够的长度，以保证结构连接牢靠稳定。

角码规格较多，按角度划分，有 45°、60°、90°、120°、135° 等。施工时，可以根据设计图上的连接角度灵活选用。

图 5-9　螺钉

二、常用工具

木作一直以来都是我国的传统优势项目，我国的木结构闻名于世。前人在生产过程中发明制造了很多木作工具，传统的木作工具主要有斧、锯、刨、錾、量尺、墨斗等。随着科技的进步，这些传统的工具正在被电动工具所取代，工作效率也随之大幅提高。常用的电动工具有复合斜切锯、开孔机、曲线锯、角磨机、电刨、手持无线充电钻等，详见第二章。

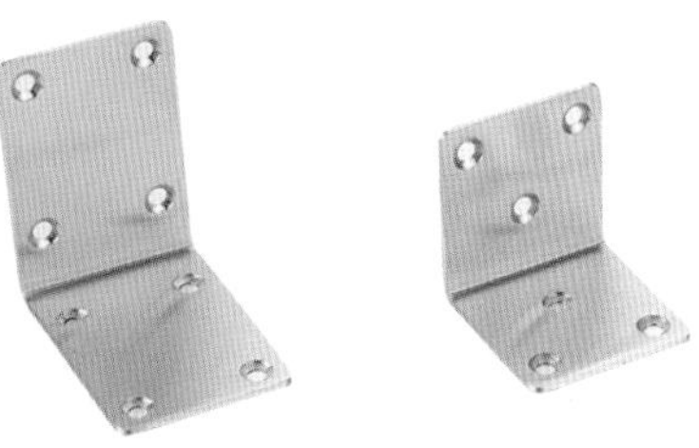

图 5-10　角码

“工欲善其事，必先利其器”。工具使用得当十分重要，不同的工具在不同的工序中使用，其操作方法差异很大。准确地使用工具，可以提高工作效率，节约劳动时间，还可以提高加工精度，减轻劳动负荷。因此，木作施工前，要认真阅读每种工具使用说明，并熟练掌握使用方法。同时，施工应严格按操作规范进行操作，以免受到劳动伤害和器具等财产损失。

第三节　工艺流程与施工技术

一、施工图判读

施工前，首先要对设计图纸进行认真研读。研读的主要内容包括结构和构件的规格尺寸。

（一）结构

首先要对照图纸，清楚构筑物由哪几部分构成及各部分之间的关系（连接）。大型的园林古建筑结构复杂，构件种类、规格极其繁杂，因其工程浩大，加工难度大，因而不在本节介绍的范围内。本节主要介绍简易的小型木制构筑物的主要构件及加工安装的技术要求。

常见的小型简易木制构筑物有小型木桥、木平台、木坐凳、木廊架、木栅栏等。这些小型木结构小品结构比较简单，构件主要有立柱、梁（地龙）、面板（地板）、椽、檩条、封檐板等。在施工准备阶段，施工图研读时首先要对平面图、立面图、剖面图以及大样图等几种图纸进行综合研判，准确认识构筑物的内部结构，以及这些结构的连接方式。如果是通过榫卯结构进行连接，除了通过大样图仔细了解榫卯的尺寸及加工精度外，还要在施工计划安排时留足加工的时间。

（二）构件规格尺寸

尺寸图上会标注构筑物的外形尺寸，详图上会标注各个构件的尺寸，而有些构件的尺寸需要我们根据其外形尺寸、结构详图经过认真细致的计算，才能获得。

表 5–2　木平台构件材料清单

序号	构件名称	规格尺寸（mm）	数量	备注
1	立柱 1 立柱 2	85 × 85 × 450 85 × 85 × 300	4 4	
2	梁 1 梁 2	40 × 60 × 1170 40 × 60 × 850	5 3	
3	面板 1 面板 2	85 × 27 × 1185 85 × 27 × 880	12 8	
4	封檐板 1 封檐板 2	115 × 17 × 1230 115 × 17 × 885	2 2	

为了提高工作效率，防止构件加工错误、缺漏，施工准备阶段，在研读图纸的基础上，根据计算结果列出构筑物的材料清单。材料清单包括各构件名称、应用部位、材料规格、加工尺寸等，以作为选料、加工的依据（表 5-2）。

二、施工方案

在园艺项目技能竞赛中，木结构的制作安装一般分为两种情况：如果结构物比较小，可以在场外制作完成后将结构物安装在特定的位置上；如果构筑物体量比较大，则需要在场地边加工边安装。无论是哪种情况，都需要事先设计好制作安装的方案流程，否则有可能出现制作或者安装出现差错而返工等，造成时间或者物料上的损失。

（一）工艺流程

一般木作施工的基本流程如图 5-11 所示。

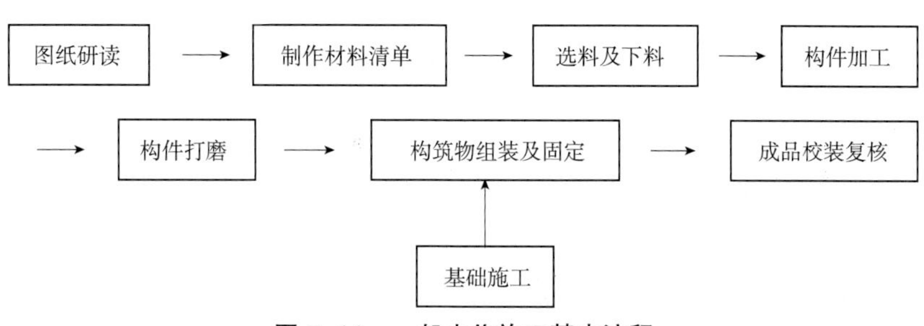

图 5-11　一般木作施工基本流程

不同的构筑物在工作流程上不完全相同。

（二）实施方案

1. 基础施工

为了保证木质构筑物的稳定，通常要先进行基础施工。

木质的立柱一般不能直接安装在地面（土壤）上，一是土壤沉降会使构筑物不稳定；二是木质材料容易吸收地面（土壤）水分，造成腐坏，影响构筑物的使用寿命。所以木质构筑物都会安置在特定的基础上。

在园林工程设计和施工中，通常用钢筋混凝土作为木质构筑物的基础，然后通过法兰与木质构筑物连接；也可在硬质地面上放置柱脚，然后将木质构筑物安放在柱脚上。

在园艺项目技能竞赛中，受条件限制，一般会在立柱下面垫一块方砖或片岩代替柱脚，同时为避免位置移动，立柱埋深应不小于 10cm。

基础施工完成以后，一定要对开挖的基坑（槽）进行回填、夯实并平整好场地。

2. 材料复核

运送到施工现场的木材一般都是由木材加工厂进过初步加工的方料，规格尺寸基本符合用户的订单要求。

但是由于任何加工都不可避免产生误差，因此在制作材料清单之前要对到达施工现场的木材进行复核，核查的主要内容是材料的规格尺寸、数量、质量等是否符合要求。这项工作十分重要，但往往易被忽略。

（1）材料的规格尺寸会影响加工尺寸。例如，面板的规格标称厚度为27mm，但实际到场面板的厚度为25mm，如果按照材料的标称规格进行加工制作，产生的2mm材料误差就会影响到构筑物的高程。为了消除这项误差，应该将立柱的高度增加2mm或者将构筑物的安装基础提高2mm。

（2）通过对到场材料数量进行核查，初步判断材料的余量，对后面的选料工作影响很大。如果材料的余量充足，可以精挑细选，从而做出表现力强的构筑物；如果材料的余量较小，而选材又过于挑剔，材料浪费过大，就有可能最终无法完成构筑物的制作。

3. 选材（选料）

对材料进行筛选，除去豁边、开裂、腐蚀等缺陷材，并将木材按规格分类堆放，同一规格的木材堆放在一起。

4. 画线

依据设计图纸，在选好的材料上进行标记（画线、弹线），以作为构件裁剪加工的依据，称为画线。同一种构件同一类尺寸一般一次性标记完成。所有构件标记完成以后再进行下一道工序。

5. 构件加工

运用各类工具按照设计图进行构件加工。加工时应注意加工精度，加工误差过大，会造成安装困难或者构筑物精度达不到要求。构件加工完以后要进行全面打磨，消除木材表面毛刺，再进行组装。

6. 构件安装

构件安装应遵循由主到次、由下而上、由内而外的顺序。即先安装骨架，后安装辅料；先安装下层构件，后安装上层构件；先安装内部构件，后安装外部构件。

安装时应注意保护加工好的构件，不可以直接敲击构件，需要敲击时应加衬板保护；超出构件表面的榫头要切至构件表面平齐，并打磨；用木螺钉连接构件，则木螺钉一定要排列整齐，螺帽要与构件表面平齐或略下陷，为了防止木螺钉造成木材开裂，应先用小的钻头在螺钉部位引孔。

木作项目的训练应该分两个阶段进行，即从会做到有计划地做。训练的第一阶段，选手应以加强制作精度的训练为主，力求将构筑物制作得更精细些，这是构筑物满足自身功能的基本要求，也是一个从业人员的基本要求。在这个过程中，选手应熟练地掌握各种工具设备的使用，同时在训练过程中掌握各种技术动作，并不断重复，形成记忆和反射。训练的第二阶段，要在训练开始前制订详细的计划，并在训练中按计划严格执行，同时还要根据训练水平调整计划。在第二阶段，除了制订计划、执行计划以外，还要在制作的精细度上下功夫，“细节决定成败”。

第四节　质量评价

构筑物制作安装完成以后，要根据竞赛要求对完成的作品进行质量评价，对训练结果进行认真总结。

木构筑物的施工质量评价内容及方法见表 5–3 所列。

表 5–3　常用木作评分标准

测评项目	测评点	评价方法	评价标准及要求
位置	对应点坐标	测量	测量角点坐标，与标准值进行比较，计算误差，然后根据评分标准计算得分
	与相邻结构物的关系	测量	用钢卷尺测量木结构与相邻结构物之间的距离，与标准值进行比较，根据误差大小和评分标准计算得分
外观尺寸	长度	测量	用钢卷尺测量构筑物的长度，与标准值进行比较，然后根据误差大小和评分标准计算得分
	宽度	测量	用钢卷尺测量构筑物的宽度，与标准值进行比较，然后根据误差大小和评分标准计算得分
	半径	测量	用钢卷尺测量构筑物圆弧部分的半径，与标准值进行比较，然后根据误差大小和评分标准计算得分
标高	高程	测量	用激光投线仪配合水准尺，由高程零点测定构筑物的高程，然后根据误差大小和评分标准计算得分。通常在测量前选定若干位置，分别进行测量
平整度	水平	测量	用水平尺选择需要测量的单位进行测量，气泡居中则符合要求。根据测量结果和评分标准进行评分
外观表现	打磨	观测	各部件都必须打磨。观察立柱、龙骨、面板、封板等各部位是否全部充分打磨。然后根据评分标准进行评分
	缝隙	观测	观察木平台面板安装缝隙，缝隙大小是否符合要求（塞尺测量），缝隙大小是否一致，然后根据评分标准进行评分
	螺钉安装	观测	观察面板上螺钉安装是否整齐，螺钉是否与面板持平或略低，然后根据评分标准进行评分
整体表现	整体效果	观测	观察整个木构筑物完成情况，木构筑物是否制作精细，木构筑物与其他构筑物之间衔接是否顺畅等，然后根据评分标准进行评分

表 5–3 列举了某木作构筑物的评分细目。构筑物不同，评价项目会有一些区别，但评价的内容基本一致，主要包含两方面的内容：一是构筑物制作安装的准确度，即构筑物的外观尺寸、安装的位置是否准确；二是构筑物的表现力，即构筑物制作是否精细、是否符合审美标准。

每次训练结束后，选手都应该根据事先设定好的评价标准对完成的构筑物进行认真测评。测评可以参照世界技能大赛的评分细则，也可以参照表 5-3 中的测评项目在训练开始前设计评分表，然后进行评价。训练结束后及时总结，对测评的结果进行认真分析，找出误差产生的原因，制订更加优化的施工方案。

第五节　未来发展趋势

从最近几届世赛园艺项目的赛题来看，木作模块主要展现的是平面构造。以木平台、木桥为主，结构上比较单一，组合安装的方式简单。

随着各国竞赛水平的普遍提高，以及木作专业工具的不断开发应用，园艺项目竞赛中木作模块的几个发展趋势如下：

1. 规则木质构筑物向异形构筑物方向发展

以往出现在竞赛试题当中的木作多为规则形状，如正方形、矩形。随着曲线锯等工具引入竞赛中，各类异形的木作，如自由曲线、圆弧等会越来越多地出现在竞赛试题中。

2. 平面结构向空间架构方向发展

以往赛题中的木作多以平面结构为主，如木平台。构筑物的各部位连接都是通过木螺钉进行连接，结构单一，稳定性差。随着竞赛水平的提高，空间架构的木作会有所增加，如木质廊架、木质景墙、小品等，还会在不同部件的连接方式上增加难度，引入一些简单的榫卯结构、半榫卯结构。

3. 不同模块的组合更紧密

在以往赛题中，各模块之间彼此独立，互不干扰。随着竞赛水平的提高，会设置一些不同构筑物之间的组合，增加竞赛的难度，提高选手解决问题的能力。如将木作模块与砌筑模块、木作模块与地面铺装结合。

第六节　施工实例解析

一、木桥制作安装实例（2011 年第 41 届伦敦世赛园艺项目赛题）

图 5-12、图 5-13 是 2011 年第 41 届世界技能大赛园艺项目赛题中木作模块设计图，要求按图制作并安装木桥。

1. 对图纸进行研读，并制作构件清单

木桥的结构十分简单，主要由三部分构成，即立柱、梁（龙骨）、面板。各构件是通过木螺丝来连接的。

立柱的设计完成高度为 580mm，如果从 ±0.00 开始，立柱的长度即为 580mm。桥面的设计高度为 530mm，即立柱高于桥面 50mm。龙骨有两种规格，长度分别为 936mm 和 1200mm。面板的长度为 1200mm，根据计算，一共需要 8 块面板。木桥各构件的规格尺寸和数量详见表 5-4。

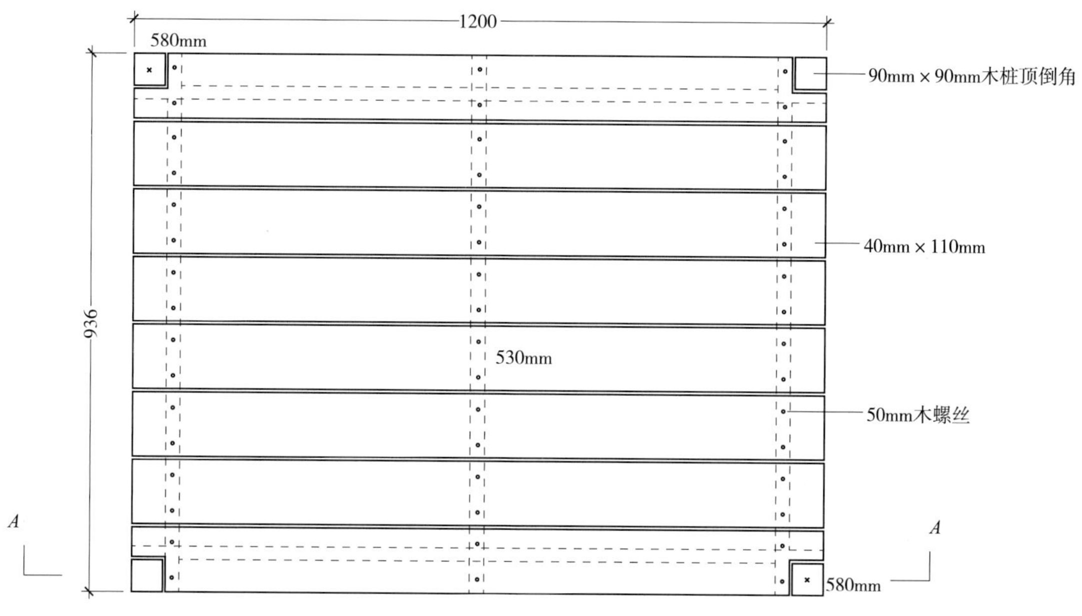

图 5-12　平面尺寸图

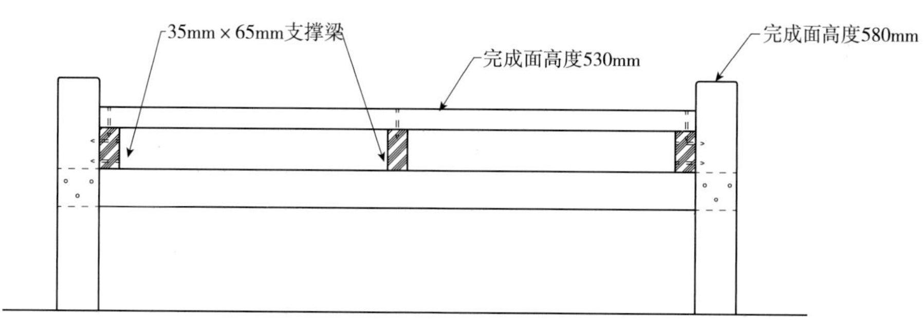

图 5-13　*A*–*A* 剖面图

表 5-4　木桥构件材料清单

序号	构件名称	规格尺寸（mm）	数量	备注
1	立柱	长 580	4	
2	龙骨 1 龙骨 2	长 936 长 1200	3 2	
3	面板	长 1200	8	

2. 构件制作

根据上述计算，裁剪出4根立柱，然后分别在4根立柱上用铅笔标出相应位置(图5-14)。

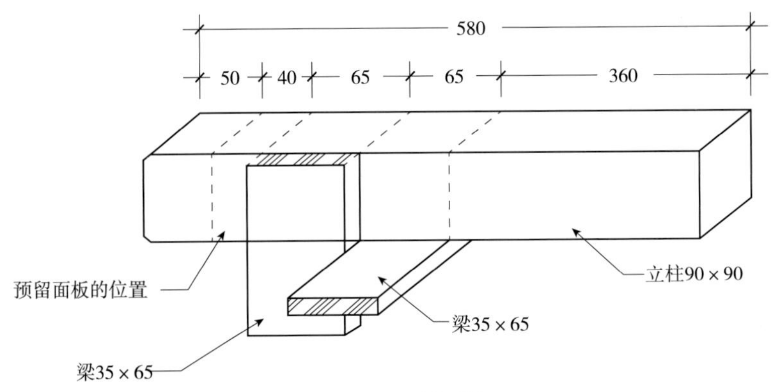

图 5-14 立柱划线

将四根立柱一次划线完成后，进行横梁的裁剪。横梁的规格是35mm×65mm，长度有两种，分别为1200mm和936mm。裁剪完成后将立柱和横梁连接起来（图5-15）。

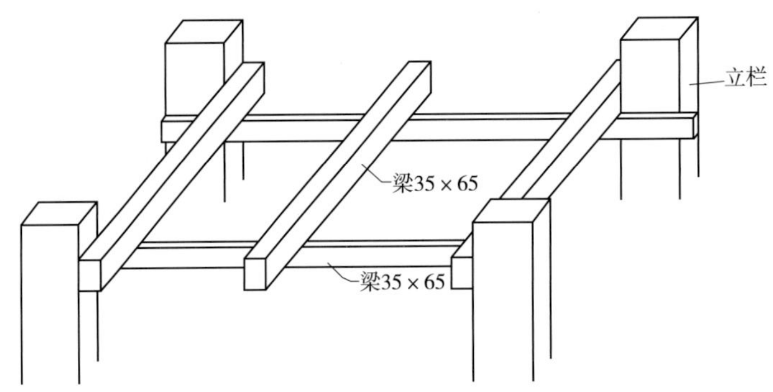

图 5-15 横梁与龙骨的连接

3. 在基础上安装已连接好的梁柱骨架

基础部分的施工按照图5-16和图5-17进行。

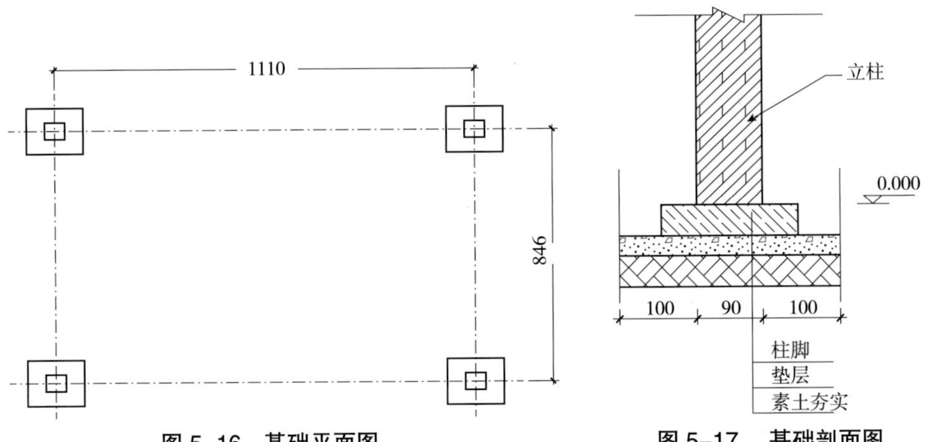

图 5-16 基础平面图

图 5-17 基础剖面图

这部分的施工主要分以下三步：

（1）先将基础（4个立柱）的平面位置准确放出来，开挖好基坑（若需要），并对基坑进行夯实，以防止沉降。然后在基坑内放置块石或砖块作为柱脚。柱脚安装要平整，其标高要严格控制，准确调整标高到预定标高。

（2）将裁剪好的立柱和龙骨连接好，安放到基础上。按图纸设计要求调整位置，安装好以后对立柱和龙骨的标高进行复核。

（3）位置和标高都复核好以后，对基坑进行回填并夯实，从而保证立柱的稳定，使基础更加稳固。然后对基础场地进行平整，保持施工场地干净整洁。

4. 裁剪及安装面板

面板的裁剪安装如图 5-18 所示。

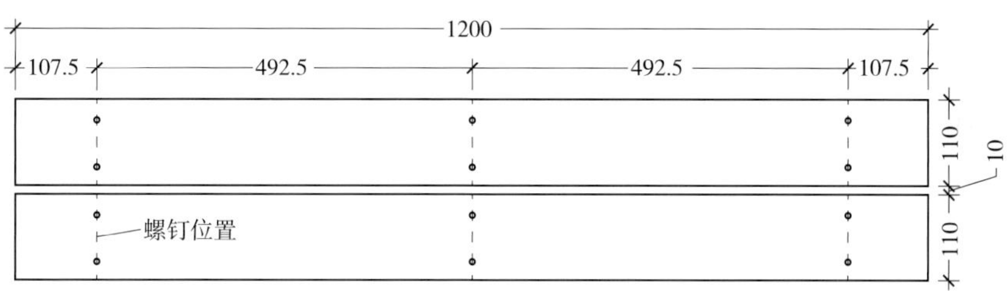

图 5-18 面板尺寸图

安装面板时应注意：

（1）面板裁剪时尺寸准确，每块面板都是矩形，如果切成平行四边形，则安装后桥面两边边缘部分会不整齐，呈锯齿状，影响美观。

（2）螺钉位置的划线应和横梁的中心线对齐。

（3）打螺钉时，一定要使螺钉在一条直线上，并且与面板平齐或略下陷。为了避免打螺钉以致木板开裂，可先用小的钻头在螺钉位置引孔。

小技巧：根据设计尺寸进行计算，面板之间的缝隙为 8mm。在安装面板时，可事先做两片 8 mm小木片，安装面板时将其放置于两块面板之间，这样不仅能使缝隙均匀，还能提高安装的速度。

5. 复测

制作安装完成后，要对构筑物的位置、尺寸、标高等数据进行复测，如果数据有偏差，必须调整准确。

6. 清理施工现场

将施工现场的工具、剩余材料等整理归类，并将垃圾清理干净。

有些大型的木制构筑物，上部距离地面有一定的高度，制作和安装都有一定的难度，严格按照制作安装程序进行施工显得尤为重要。

二、木栅栏制作安装（2007 年第 39 届世赛园艺项目赛题）

图 5-19 是第 39 届世赛园艺项目木作模块赛题，是一个很有特色的木栅栏。木栅栏由

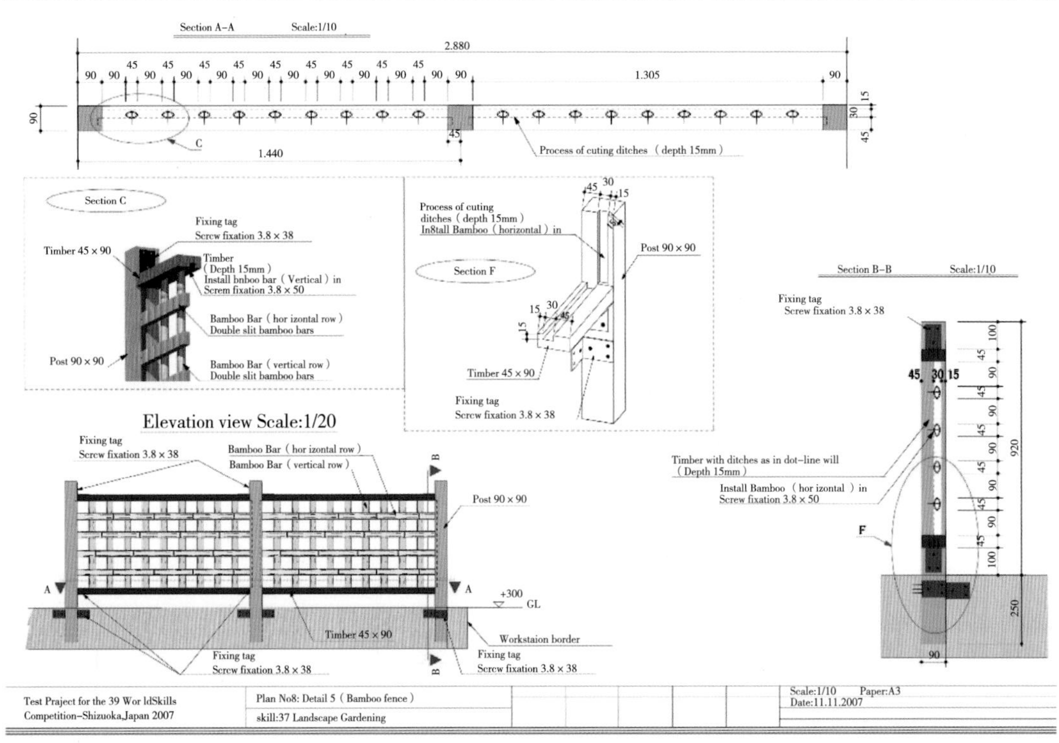

图 5–19 木栅栏施工图

立柱和横梁组成外框，竹片填心。立柱由角码固定在木质的工作站上，立柱和横梁之间也是通过角码连接。

本题的难点是要在立柱和横梁上开槽以安装竹片。开槽的位置是重中之重，一旦位置出现了误差，就会造成竹片无法安装。

（1）拟定物料清单（表 5–5）：

表 5–5 木栅栏构件材料清单

序号	构件名称	规格尺寸（mm）	数量（片）	备注
1	立柱	90 × 90 × 1170	3	
2	横梁	45 × 90 × 1305	4	
3	竹片 1 竹片 2	长 1335 长 950	8 18	嵌入 15mm
4	角码		14	

（2）根据物料清单表下料：对提供的材料进行挑选后，将立柱、横梁、竹片按表 5–4 中的数据裁剪，并分类码放。

（3）构件加工：本题构件加工点较少，主要是在立柱和横梁上进行开槽。加工之前，要在立柱和横梁上画出开槽的位置如图 5–20、图 5–21 所示。

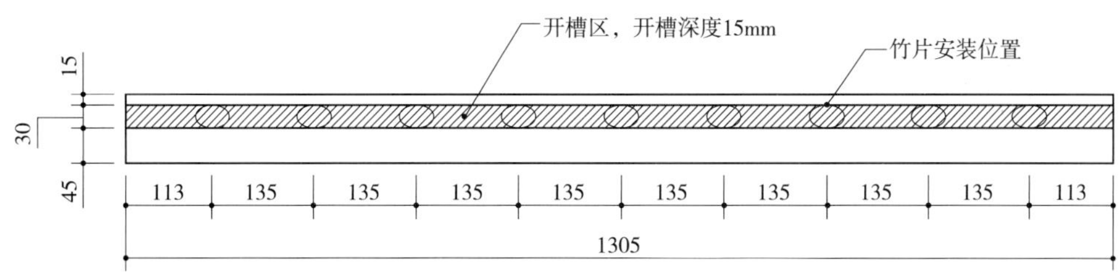

图 5-20　横梁加工尺寸

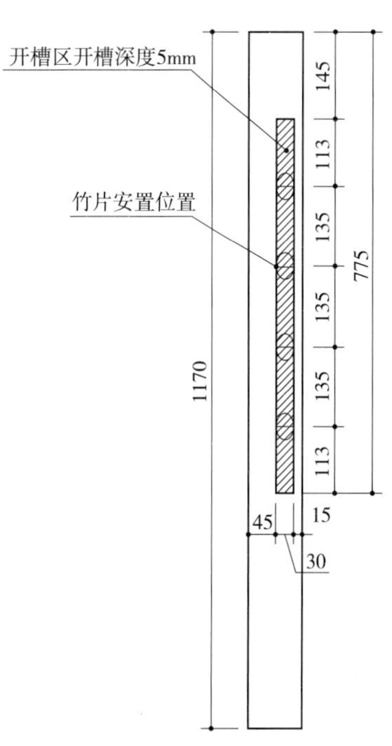

图 5-21　立柱加工尺寸

开槽位置及深度是整个栅栏制作安装的重点。构件加工时，需要用夹具将立柱以及横梁固定在工作台上，以保持加工过程中加工对象的稳定，从而保证加工尺寸的准确。

（4）构件打磨：立柱、横梁以及竹片裁剪加工完毕后，要对所有构件进行细致打磨，消除毛刺，使构件表面更加平整光滑，从而使栅栏更具表现力。

（5）构件安装：加工好的构件核查无误后，进行构件的安装。安装时要按照一定的顺序进行，一般从下往上，先地下后地上，先结构后装饰。本栅栏的安装过程中，应该先安装立柱。

①在木质工作站上标定立柱的安装位置，然后用角码将立柱固定在工作站上。安装时，要保证位置准确，并保持立柱垂直。

②立柱安装好以后，安装下面的两片横梁。用角码将横梁与立柱连接起来，安装时注意保证横梁高度准确，还要保持横梁水平。

③安装竹片。先安装横向的竹片，从下往上，将竹片的中心线对齐立柱上竹片位置的刻线，待 4 片横向竹片安装好后再安装 9 片纵向竹片。

④安装上面两片横梁，同样通过角码将上面横梁和立柱连接，连接时保证位置准确和保持水平，并调整纵向竹片，使纵向竹片位置准确。

⑤全部构件安装完毕后，检查各部件安装尺寸是否准确，核查误差是否在允许的范围之内，并对超限误差进行调整。然后检查安装是否稳固，确认无误后，栅栏安装项目最终完成。

三、木平台木桥制作安装（2017 年欧洲技能大赛园艺项目试题）

图 5-22 是 2017 年欧洲技能大赛园艺项目试题，中间区域是一个木平台并连接木桥。选手的任务是根据设计图纸，根据提供的材料将木平台及木桥制作并完成安装。

图 5-23 是木平台和木桥的施工详图，是木平台及木桥施工的主要依据。

木平台的主要施工工艺流程如下：

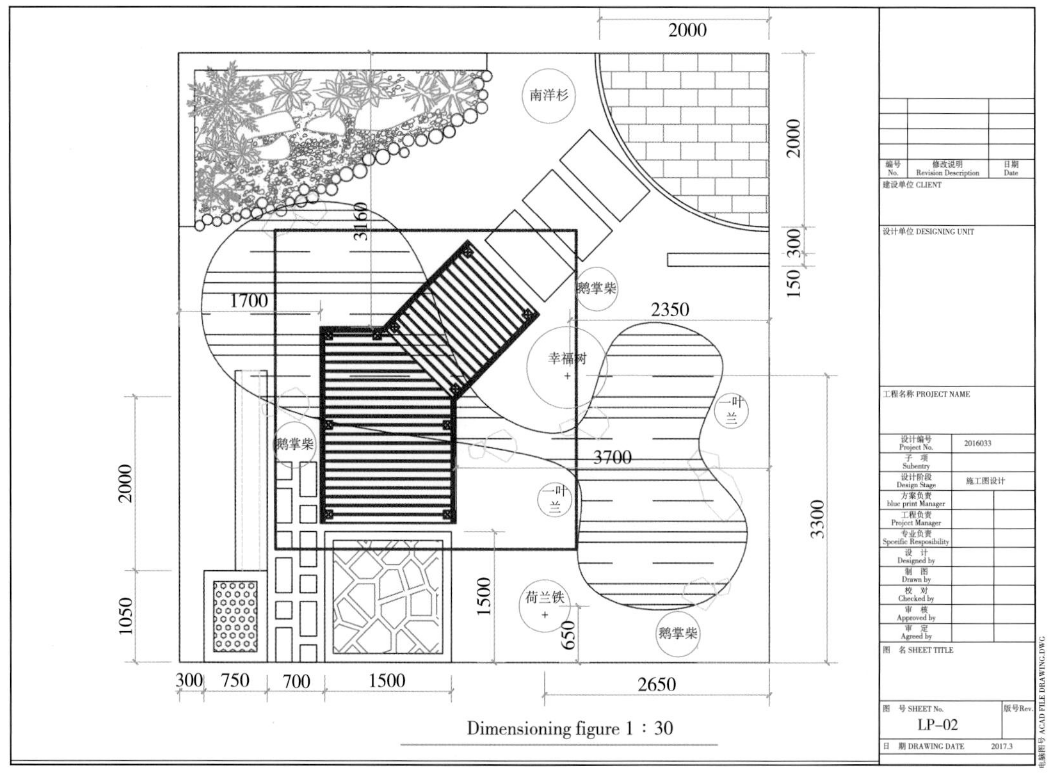

图 5–22　木桥位置图

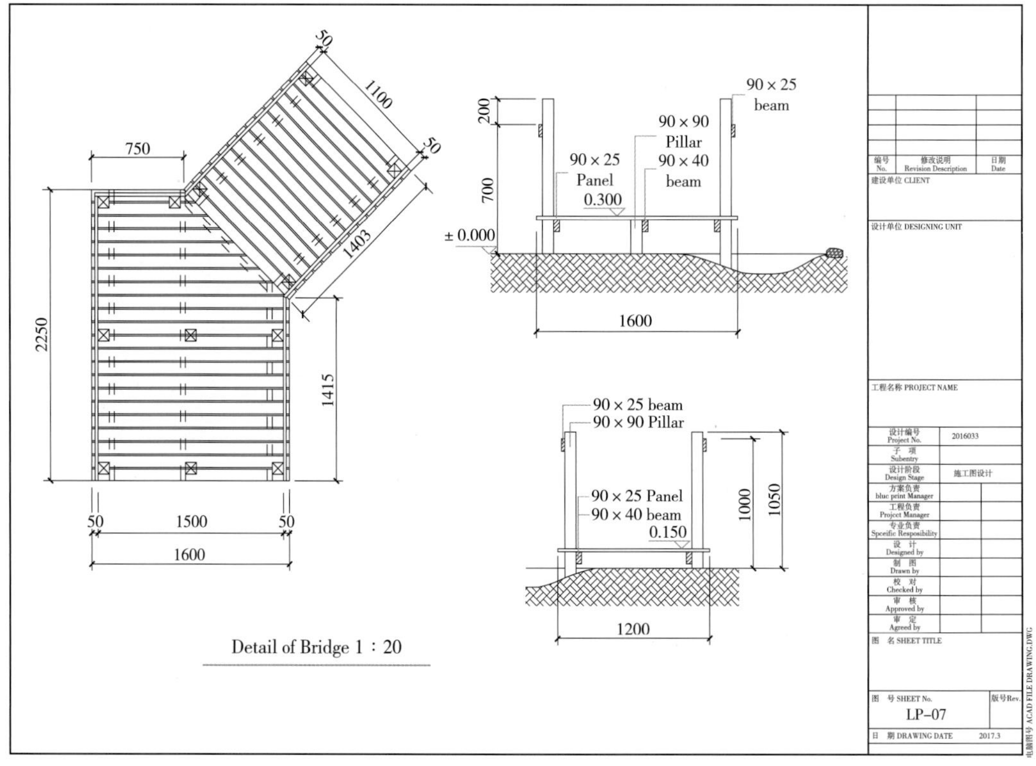

图 5–23　木桥详图

（1）研读图纸：置整套试题中，在平面尺寸图上标注有木平台和木桥的平面位置，这是安装木平台和木桥时放线的依据（因不是本节重点，此处略）。在竖向设计图上，木平台和木桥不是同一高度，两者高程相差 150mm，是室外一步台阶的高度。

（2）在研读图纸的基础上，制作材料清单（见表 5-2）。

（3）选材下料：根据材料清单尺寸及提供的材料，将清单中构筑物的不同构件切割归类。

（4）打磨：对切割下来的材料进行全面打磨，尤其是切口部位。这部分施工建议由两人配合完成，一人负责切割，另一人对切割下来的木材进行打磨。

（5）构筑物组装：连接龙骨和立柱，可以在场地内进行，也可以在场外进行，连接完安装到基础上。连接时，龙骨位置应从立柱顶端向下放样，立柱的切割误差可以通过调节基础标高进行调整。为保证结构物的稳定，龙骨和立柱的连接应参照图 5-24。立柱和龙骨在预定位置安装完毕后，对位置和标高进行一次复核测量，如有误差及时消除。位置和标高复核无误后，回填基础并夯实。

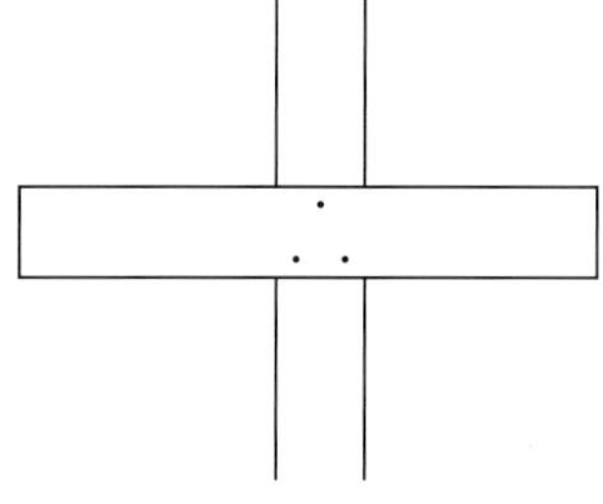

图 5-24　立柱与龙骨的连接

（6）安装木平台面板：将切割的面板整齐地安装在龙骨上。安装面板时应重点掌握以下几点：

①木平台两侧必须对齐，保证木平台外观整齐。

②缝隙大小应均匀。为了做到这一点，应先根据木平台的长度和木面板的宽度进行计算，算出缝隙的大小，作为安装面板的依据。

③在龙骨上安装螺钉时，螺钉应成一条直线，且螺钉不应高于面板表面。

（7）安装扶手：本赛题中木平台和木桥都设计有扶手，按设计高度将切割好的扶手安装在立柱上。

（8）复核：安装完毕后，对木平台的位置和标高进行复核，对误差做最后的调整。

木桥的安装施工流程与木平台的基本一致。在标高上，木桥的高程比木平台低 150mm，在木桥的基础施工时必须加以注意。

安装木平台和木桥时，需要特别注意的是：落在水池中的立柱一定要注意不要破坏防水膜，以免造成水池漏水。可以通过加大柱脚的尺寸以及在防水膜上垫上一层防护软垫来加强对防水膜的保护。

四、绿墙施工（第 46 届世赛园艺项目淘汰赛赛题）

绿墙施工在园艺项目竞赛中十分常见。绿墙施工一般主要包含 3 个方面内容：木质墙体制作安装；植生袋铺设；植物种植。

图 5-25 和图 5-26 为第 46 届世赛园艺项目集训队第一阶段淘汰赛绿墙施工详图。

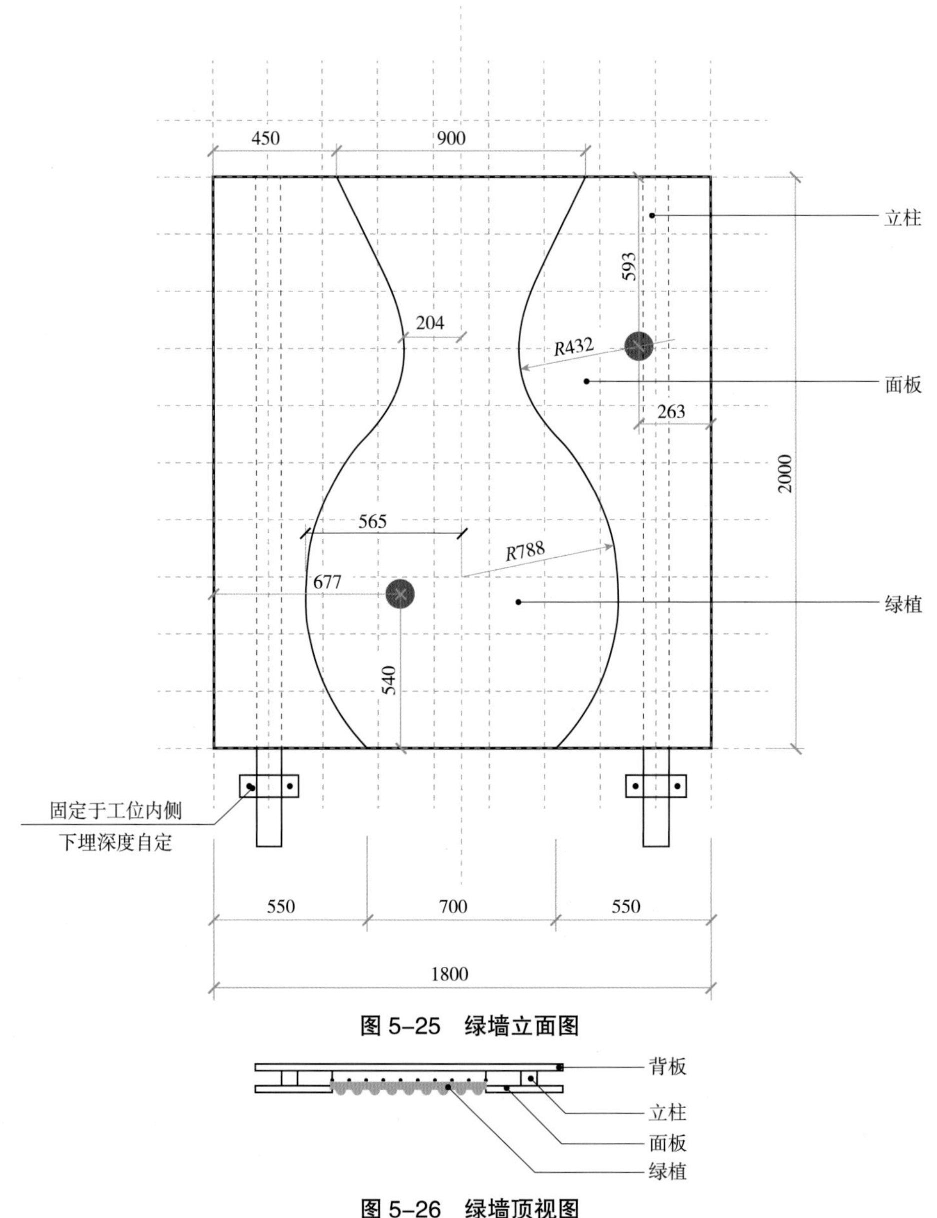

图 5-25　绿墙立面图

图 5-26　绿墙顶视图

(一)木质墙体制作安装

(1)研读图纸，制作材料清单：木质墙体的主要部件及尺寸见表 5-6 所列。

表 5-6　绿墙部件及尺寸清单

部件名称	尺寸(mm)	数量	备注
立柱	85 × 85 × 2250	2	埋深 250mm
背板	85 × 30 × 1800	7	
面板	85 × 30 × 696	44	缝隙 6mm
角码	50 × 50	4	

在下料之前，先对材料进行尺寸复核，计算出到场材料和设计标称材料尺寸上的误差，然后对各部件加工尺寸进行计算并复核。

（2）下料：按表 5-5 中所列尺寸，将各部件切割并归类堆放整齐。

（3）打磨：用 200 目的木砂纸或角磨机对切割的部件进行打磨。

（4）组装：先装背板（图 5-27）。背板的安装间距要根据植生袋的固定孔眼间距而定。本次植生袋固定孔眼间距约为 30cm，背板的间距也应该为 30cm，以方便植生袋的安装。

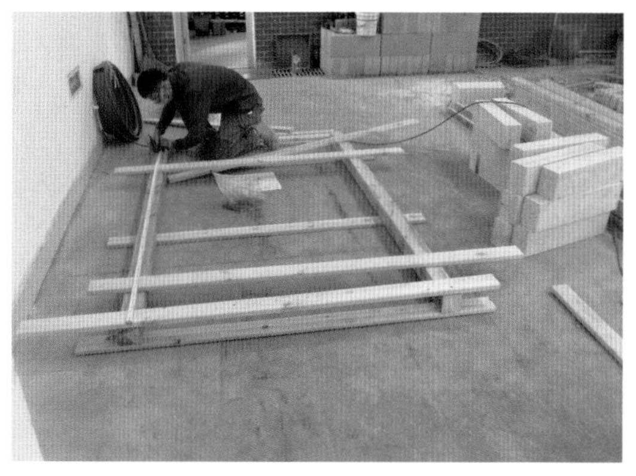

图 5-27　安装景墙背板和面板

（5）面板安装及弧线切割：将切割好的面板安装在立柱的另一侧。如果提供的面板材料充裕，也可以用整块面板。安装面板时，要保证面板缝隙均匀。面板安装完以后，按照设计图，画出两侧的曲线，用曲线锯将曲线切割出来（图 5-28）。

图 5-28　圆弧曲线的放样与切割

（6）将木质景墙安装在工作站边框上：在工作站上将固定景墙的位置放样出来，根据立柱的尺寸，分别将两组角码用自攻螺钉固定在边框上，然后将景墙立柱安装在角码中间，调整高度，用木螺钉固定（图 5-29）。

图 5-29　景墙的固定

（二）植生袋铺设

在安装好的木质景墙上铺设植生袋。图 5-30 是用来制作绿墙的植生袋。施工时，将植生袋用木螺钉固定在背板上。植生袋的规格有多种，本次比赛用的是 100cm × 50cm 规格，两侧固定孔的间距约为 30cm。为了使植生袋很好地固定在背板上，背板的间距也可以设定为 30cm。为了防止生袋脱落，安装时加一片垫片压在孔眼上。

（三）植物种植

在植生袋里装入选定的植物。植物的种植通常有两种方法：一种是连同营养袋一并装入植生袋中；另一种是先在植生袋中装入营养土，再将选好的植物种植在营养土中。

在工程实践中，为了保证植物的后期生长，给植物的生长补充水分和营养，还要安装灌溉设施，通常会选用滴灌系统。

图 5-30　植生袋

图 5-31　绿墙的种植效果

在种植植物前，如果选用了若干种植物，还要设计植物配置方案，以期能达到某种效果，形成特定的预设景观（图 5-31）。

训练作业

1. 制作漏窗

根据图 5-32，制作 3 种样式的漏窗各一个，具体要求如下：

（1）制作物料清单。

（2）按清单下料（每位选手只有一次下料机会，必须计算正确，切割准确）。

（3）打磨并组装。

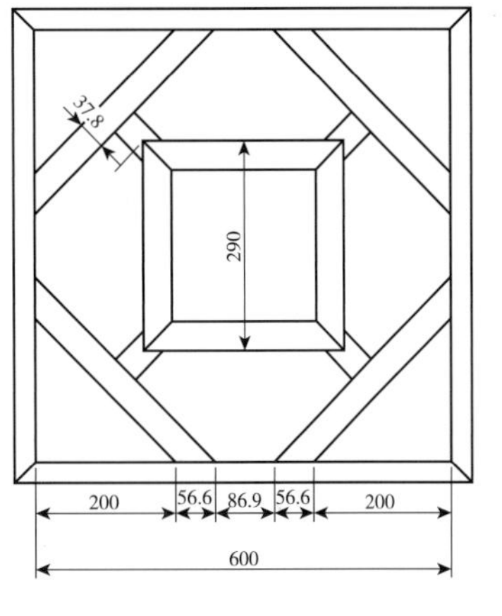

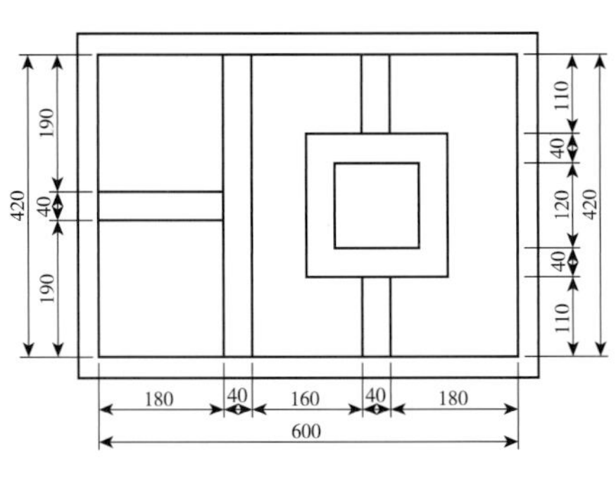

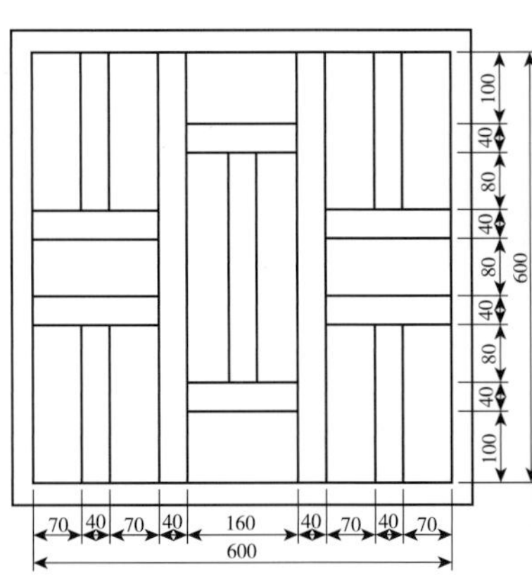

图 5-32　漏窗样式及尺寸

（4）结果评价：总分 100 分，其中，测量漏窗的外观尺寸以及各部位的拼接缝隙，占 70 分；对漏窗的外观表现进行评价，占 30 分。分为 3 个等级：好，一般，较差。

2. 制作景墙与花架的结合体（图 5–33 至图 5–35）

本训练是制作一个砖砌景墙和木制花架的结合体，要求选手将两种构筑物结合在一起进行施工。

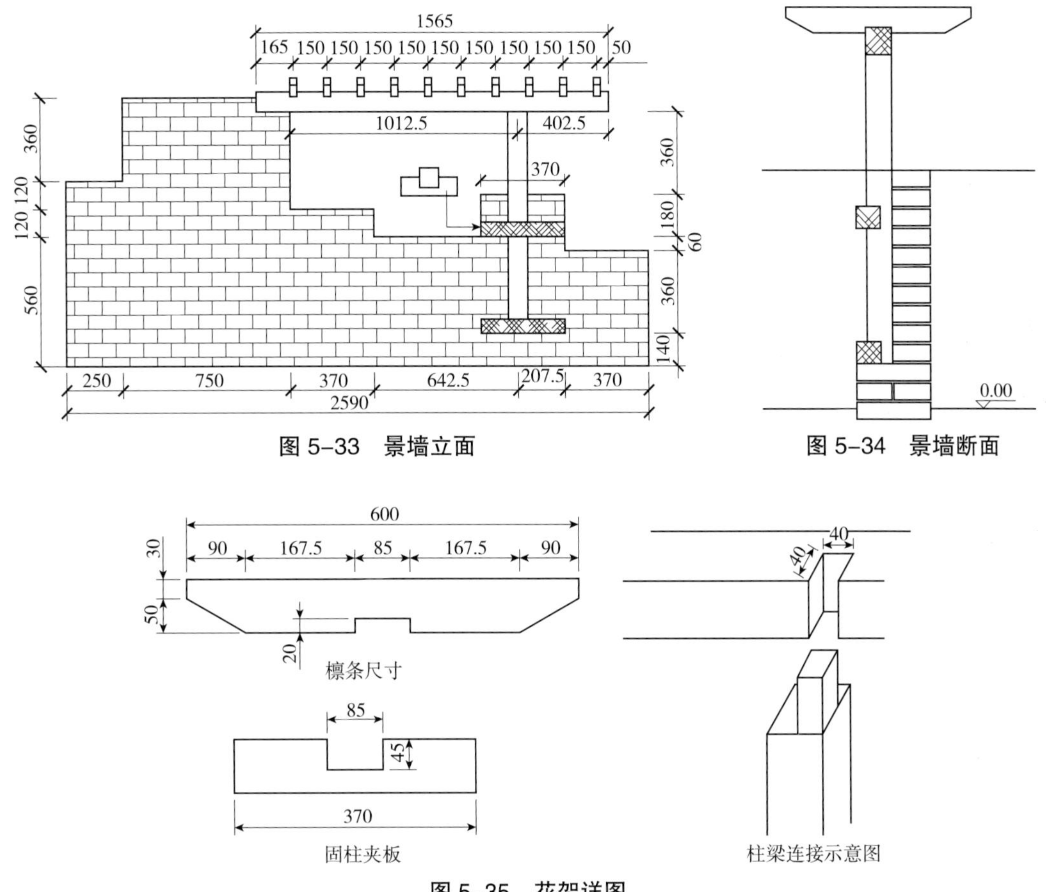

图 5–33　景墙立面

图 5–34　景墙断面

图 5–35　花架详图

本训练由两名选手共同完成，可以由一名选手完成 24 墙的砌筑，另一名选手完成木作的加工与安装。在砌筑过程中，一名选手应根据设计图准确预留木花架的安装位置；另一名选手根据木作详图，按照木作的施工流程进行花架的制作安装。具体要求如下：

（1）制作材料清单（参照并填写表 5–7）。

（2）下料制作木作各部件（参照并填写表 5–7）。

（3）在砖砌景墙上安装花架（参照并填写表 5–7）。

（4）数据测量及质量评价（评分表参照表 5–3 自行拟定）。

3. 制作花箱廊架

按图 5–36 至图 5–38 制作廊架和花箱组合。

表 5-7　木作各部件加工尺寸表

<table>
<tr><td colspan="5">构筑物名称：</td></tr>
<tr><td>部件名称</td><td>加工尺寸</td><td>数量</td><td>特殊切割示意图及尺寸</td><td>备注</td></tr>
<tr><td></td><td></td><td></td><td rowspan="2"></td><td rowspan="2"></td></tr>
<tr><td></td><td></td><td></td></tr>
<tr><td>辅材品种数量</td><td colspan="3"></td><td></td></tr>
<tr><td colspan="2">尺寸计算（签名）：</td><td colspan="3">尺寸复核（签名）：</td></tr>
</table>

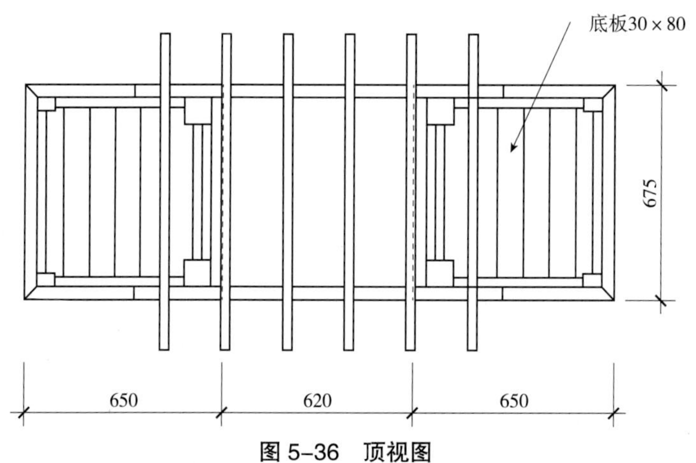

图 5-36　顶视图

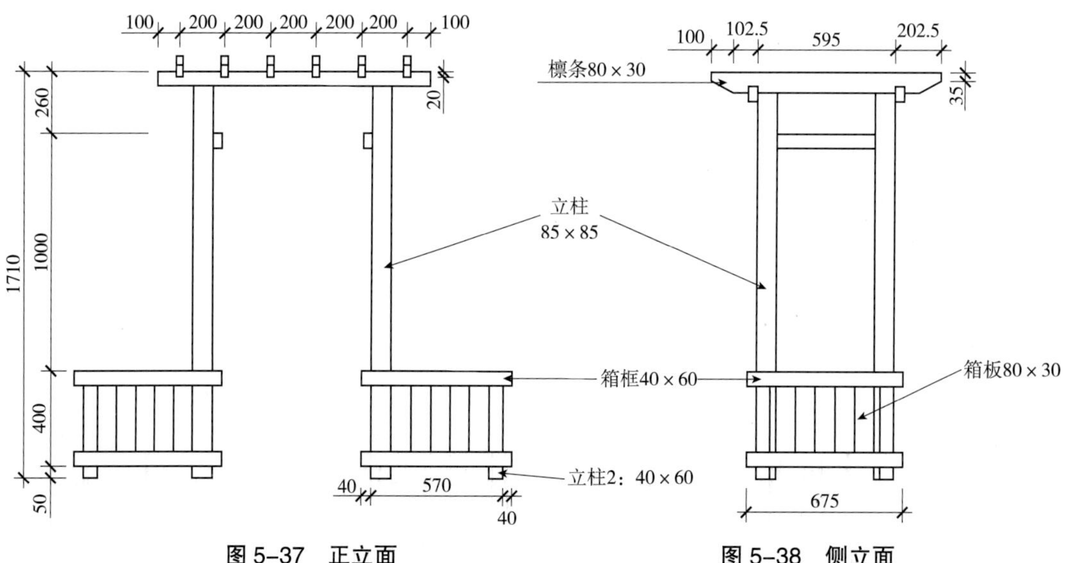

图 5-37　正立面　　图 5-38　侧立面

具体要求如下：

（1）制作物料清单。

（2）下料准确，一次性将所有部件切割完毕。

（3）组装精细，连接缝隙控制在 0.5mm 以内。

铺装施工

第一节　概述

园林铺装是指在园林中运用各种材料对园林场地（主要是广场和道路）进行铺砌装饰。园林铺装在园林中应用十分广泛，是造园的重要组成部分。主要为游人提供游览通道、集散和提供游人休息、活动的场所。

铺装模块，是世界技能大赛园艺项目中的重要内容。它作为整个园艺作品的基本元素出现，包括园路、平台、台阶、各类装饰地面等硬质面层。优秀的铺砌装饰不仅可以实现功能上的使用需求，还可以打造优美的场地景观，增强园林的艺术效果，给游人带来美的享受。因此，铺装模块除了要对作品的位置和尺寸的精准度进行客观上的考核以外，还要对选手主观把控艺术效果的能力进行考核。

园艺项目中铺装模块的施工，除了要求选手能够按照施工图纸进行实操外，很多时候还要求选手对某些特定铺装专项进行一些深化设计。因而，铺装模块不仅可以锻炼和提升选手完成模块实施的能力，还可以提高选手的思维素养，让选手更加理解铺装的功能性和艺术性。

一、根据面层的特性分类

（一）整体面层

道路或广场最上面的一层大多以一次性连续浇筑的方式构筑而成，因而形成一个大面积的、块状的整体比较一致的表层。根据使用材料的不同，常见的整体面层大致有以下几种：

1. 混凝土面层

表层是以混凝土浇筑而成。这是一种最常见的道路和广场的铺装形式。为了满足功能和造景上的需求，会切割出伸缩缝，表面还会拉毛或刻纹，也有的会在混凝土中加入一些颜料，形成彩色混凝土，以增加视觉上的变化。

2. 沥青混凝土面层

将不同粒径的骨料按一定的配合比，在常温下与沥青拌合，经摊铺碾压形成的面层。相比混凝土面层，沥青混凝土面层比较有弹性，行走（车）的舒适性较好。现在也有在沥青混凝土的拌合中加入一些不同的颜料，形成彩色沥青混凝土，通过色彩上的变化区分不同的功能分区。

3. 塑胶面层

将塑胶颗粒通过黏合剂拌合，经摊铺压实以形成的整体面层。这种面层在儿童活动中心或体育活动场所较为多见，对人体有一定的保护作用。

4. 透水混凝土面层

将一定粒径的石子经水泥（黏合剂）拌合，经摊铺碾压形成的面层。这种混合物和混凝土的不同之处是不加入砂子，也称无砂混凝土。因为混合物中没加入细砂，因而形成的面层具较多的孔隙，使得表面的雨水能快速渗出，保证路面干燥。透水混凝土也可以通过加入颜料而形成彩色图案，丰富视觉效果。

（二）块料面层

道路和广场的表面是以块状材料铺设而成的，称为块料面层。

1. 规则块料铺装

使用的块料经加工切割成规则的形状，如长方形、正方形、正多边形等。这种块料铺装的地面比较整齐，适用于较大的空间。

2. 不规则块料铺装（块料拼花）

可以展现地面铺装艺术，同时把工程实施过程中产生的板材边角料充分利用起来。主要有冰裂纹和碎拼铺装两种：

①冰裂纹铺装　其意是用锤敲击冰面，产生无数个裂纹，故名冰裂纹。面层块料每块虽然是不规则形状，但边角通常是用机械切割出来的，因而比较齐整；面层上的相邻块料之间缝隙大小均匀，总体上会呈现机械性的重复（图 6–1）。在中国古典园林中，有“梅花香自苦寒来”的寓意，应用十分广泛。

②碎拼铺装　与冰裂纹不同，碎拼的块料虽然也是不规则的，但边线不那么齐整，边角也不规则，显圆润，块料看起来自然。在铺装效果上，碎拼追求的是块料之间的分布要呈现一定的节奏和韵律，变化自然，不能像冰裂纹一样呈现出较强的规律性，是一种有规则的“乱”（图 6–2）。

图 6–1　冰裂纹铺装

图 6–2　碎拼铺装

3. 碎料拼花铺装

与不规则块料铺装不同，碎料拼花的颗粒更小，如雨花石、砾石、瓦片等。因为碎料的颗粒小，拼出来的图案更精致、更逼真，更能清晰地表达设计创作的意图，在古典园林中采用更多（图 6–3）。

“松鹤延年”（苏州网师园）

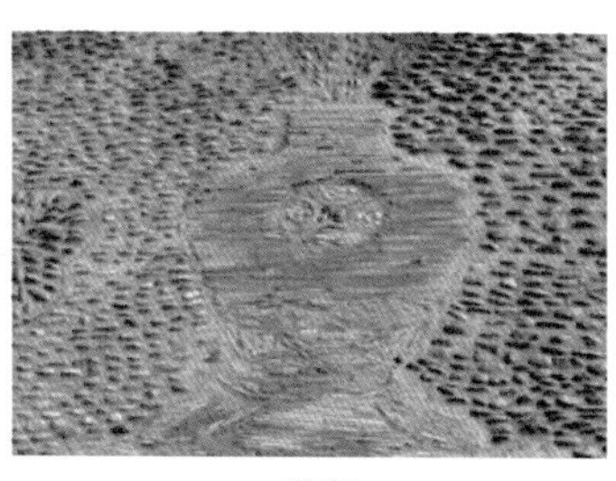
花瓶

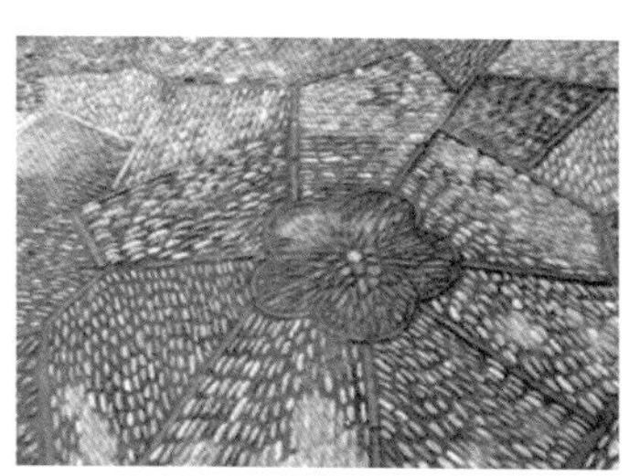
寒梅

图 6–3　碎料拼花铺装

二、根据块料铺装时是否使用砂浆结合层分类

（一）浆铺

铺装施工中，块料面层是通过砂浆（黏合剂）与基础层粘合，称为浆铺。这是园林工程施工中普遍采用的方法，稳定可靠，经久耐用。缺点是由于基础层（一般是混凝土结构）和砂浆结合层的存在，透水性能差，如果铺装面不够平整，雨天容易积水。

（二）干铺（砂铺）

铺装施工中，不使用砂浆结合层，在基础层上铺砾石（粗砂）找平层，然后直接铺装块料面层的施工方法，称为干铺（砂铺）。由于干铺（砂铺）不使用砂浆结合层，因此，稳定性比较差，工程上为了提高其稳定性，会通过加大加厚块料的尺寸，使块料变得比较厚重，甚至使用大块的厚度超过 10cm 的整石等。块料干铺的优点很明显，就是透水性能好，在重视城市建设的生态、环保、绿色等要求的今天，应用也很多。

三、根据块料铺装施工时面料之间是否留有缝隙分类

（一）密缝铺装

块料面板之间在铺装时密切结合，不留缝隙，称为密缝铺装。密缝铺装多见于规则面板，也较多用于大面积的铺装空间。但由于是密缝铺装，故对面板的加工尺寸要求很高。

（二）留缝铺装

铺装施工中，面层块料之间留有缝隙，而且缝隙一般会进行勾缝（浆铺）和扫缝（干铺）。留缝铺装会使地面更有质感，更具艺术性，应用广泛，图 6–1 的冰裂纹铺装和图 6–2 碎拼铺装都属于留缝铺装。

留缝铺装对缝隙的要求是大小均匀，深浅一致，有时还要注意不同大小面板的搭配排列，因而对铺装的技术要求比密缝铺装更高。

在园艺项目的训练与竞赛中，受场地和时间以及其他诸多因素的影响，铺装模块的实施主要是块料干铺，少量有一些碎料拼花铺装。

四、常用面层材料

铺装模块用到的面层材料有很多种，主要有步道砖、石材、砾石、卵石等，规格也多种多样。表 6–1 是园艺项目技能竞赛中常用步道砖的规格尺寸。工程实践中，应视不同的功能及景观要求选择，相应的面层材料及规格。

表 6–1 常用步道砖的规格尺寸

序号	面料形状	规格尺寸（mm）	备注
1	正方形	200 × 200 × 50 300 × 300 × 50 400 × 400 × 50	
2	长方形	200 × 100 × 50 240 × 120 × 50 300 × 150 × 50 400 × 200 × 50	

（一）常用块状面层材料

1. 步道砖

步道砖是用砾石、砂和水泥按一定配合比拌合后经压制成型的一种用于铺地的砖块，也有用黏土经烧制而成。步道砖的规格尺寸多种多样，如长方形、正方形，颜色也很丰富，因主要用于广场和道路的铺装，统称步道砖（图 6–4、图 6–5）。

表6–1为常见步道砖的规格尺寸。除此以外，设计上的一些特殊形状和尺寸，可由厂家定制。

有些步道砖在生产的时候边上部分有些凸起，造成相邻的砖块之间会产生一条很细的缝隙，以便于雨水能快速渗透，故也称透水砖（图 6–6、图 6–7）。

2. 石材

（1）规格板材：经加工而成的厚薄一致、形状规则的板材。规格尺寸依设计而定，石质多种，常见的有花岗岩、砂岩、青石等。

图 6–4 步道砖铺装

图 6–5 烧结砖

图 6–6 透水砖铺装

图 6–7 透水砖

根据板材表面特性，通常分为光面、机切面、火烧面、荔枝面、拉丝面等几种。

①光面　板材主面经打磨抛光形成光滑面。因沾水易滑，主要用于室内地面的铺装（图 6–8）。

②机切面　板材从原石上锯下以后，表面再未进行其他的加工，保留切割时的加工痕迹，稍显粗糙。

③火烧面　板材主面经高温烧烤，因膨胀而崩裂，形成粗糙面。这种粗糙面较不规则，深浅也不一致（图 6–9）。

④荔枝面　板材主面经手动专用工具（尖头铁凿）凿出麻面。这种麻面分布均匀，深浅较为一致（图 6–10）。

⑤拉丝面　在板材主面上用专用设备开出均匀的浅槽。

以上几种板材除光面外，都可以用来进行室外铺装。

（2）自然板材：未经加工或较少加工，形状不规则或表面不平整的一类石材。这类石材大多取自页岩，层理清晰，如青石板、黄木纹片岩等（图 6–11）。

规格板材和自然板材厚度一般不会超过 10cm。如果浆铺，板材的厚度一般在 5cm 以内；干铺时，为了保证铺装的稳定性，厚度一般在 5~10cm。

（3）料石与小料石：

①料石　园林设计中，在一些特定的部位和为满足某些特定的需求，会使用大块的整石，厚度上通常会大于 10cm，这类石材统称为料石（图 6–12）。如汀步石、台阶石、路缘石等。

②小料石　为了展现某些特定的铺装效果，如异形图案等，需要用一些小块的料石，尺寸较小，通常会小于 20cm，但厚度不小于 8cm，这类石材称为小料石（图 6–13）。

图 6–8　黄锈石光面（花岗岩）

图 6–9　芝麻灰火烧面（花岗岩）

图 6–10　芝麻白荔枝面（花岗岩）

图 6–11　黄木纹

图 6–12　青石板整石剁斧面（侧石）

图 6–13　小料石蘑菇面

（二）碎料面层

碎料面层是各种石片、砖瓦片、卵石等碎料拼成的面层。碎料面层效果丰富、图案多样，同时要求做工细致。其中卵石是园艺项目中较常用的面层材料，一般用于次园路或小庭院中的小径。中国古典园林中很早就开始用卵石铺路，并且还发明了许多带有传统文化的图案。在园艺技能训练和竞赛中可以充分利用这些碎料，进行拼花铺装，锻炼选手的想象力。主要包括以下几种：

1. *砾石*

砾石就是碎石，通常粒径不大于 2cm，使用广泛，透水性强，常用来填充铺装块料之间的间隙，也有少量单独使用的。

2. *卵石（雨花石）*

粒径较小，2~5cm，常为白色、五彩、本色等，作用与砾石相近，但由于卵石（雨花石）圆润光亮，造景效果优于砾石。

3. *水洗石*

黄色、褐色等，粒径小于 1cm，常用于微小空间填充、扫缝。

4. *彩色玻璃石*

湖蓝色、群青色等，粒径 2~3cm，常用于拼制图案。

5. *瓦片*

灰色等，常用于园路或平台的波打线和装饰图案。

（三）其他材料

表 6–2　常用铺装材料及规格

名称	单位	规格（长宽厚，mm）	备注
路沿石	块	500 × 120 × 100	花岗岩、红砂岩等
小料石	块	100 × 100 × 80	自然面、芝麻黑等
花岗岩板	块	600 × 300 × 30 500 × 250 × 30	芝麻白（火烧面）等
砂岩板	块	600 × 300 × 30 500 × 250 × 30	青色、灰色等
透水砖	块	200 × 100 × 50	尺寸误差 2mm
火山岩	m^2	ϕ ≥ 300（厚 20）	机切面、自然边
汀步	块	600 × 300 × 30 500 × 250 × 30	芝麻白（机切面）等
黄木纹片岩	m^3	厚 40~100mm	自然面等
小筒瓦	个	110 × 110 × 50（厚 10）	深灰色等
雨花石	包	粒径 2~3cm	50kg 袋
白石子	包	粒径 1~2cm	
彩色玻璃石	kg	粒径 2~3cm	颜色多种，常用于拼装图案
砾石	m^3	粒径 1~2cm	常用于铺装垫层、钢板花池面层

不能用机器进行切割，可使用特定的工具，如锤和凿子进行手动加工。加工时要注意观察石材的纹理，充分利用纹理的走向，这样会提高加工的效率。

2. 缝隙处理

铺装完成后，块料之间的缝隙必须要进行填缝处理。填缝的方法主要有勾缝和扫缝两种。

（1）勾缝：与清水墙砌筑一样，用调制好的水泥砂浆填埋缝隙，做成凹缝，缝隙深度不大于 1cm，深浅一致。一般在浆铺施工中采用勾缝。

（2）扫缝：用拌合好的含有少量水泥（$<5\%$）的砂灰进行扫缝，砂灰量基本和面层持平。扫灰完毕后洒少量的水，然后将缝隙捣实，形成凹缝。在园艺项目技能训练和竞赛中，扫缝时一般不加水泥，直接用细砂扫缝。

（三）小料石铺装

小料石的铺装多见于欧洲一些国家，在世界技能大赛园艺项目的竞赛中很常见，多用于道路及广场的铺装，因为尺寸较小，可以铺装出精美的图案，如图 6–15、图 6–16 所示。

图 6–15　波纹形小料石铺装

图 6–16　扇形小料石铺装

小料石铺装基本上采用留缝铺装的施工方式，留缝宽度在 8~10mm。用小料石进行异形铺装时，需要对小料石进行加工，使图案线条更清晰。如图 6–15、图 6–16 中的图案，在边角处都进行了小料石的形状加工。

三、铺装模块重点难点

“对缝”技术是铺装模块中的难点，也是关系到整个赛况的重要技术。

园林铺装的外在观感除了材料质地、色彩、形状之外，还要看对缝细节能否处理得当。好的铺装在对缝的处理上应互相关联，缝隙间隙不差分毫。

（一）广场铺装接缝

铺装所用的块料大小往往与所铺装的面积、形状密切相关。大型广场的铺装块料一般面积稍大，形状规则。一个广场通常都会用不同材质、不同颜色的块料作为线条将广场分割成若干小块。线条的缝隙和广场主要块料之间的缝隙处理就显得十分重要。

图 6–17 是一种常见的斜拼铺装方式，主要块料是边长为 a 的方形块料，用作线条收边的块料的长度应为$\sqrt{2}\,a$，以使块料连接显得顺畅自然。

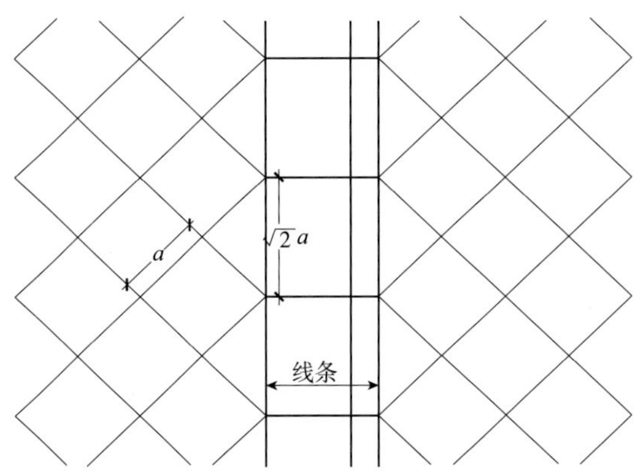

图 6-17　广场铺装中的主料和线条

（二）道路铺装接缝

园林道路的面层结构一般有路牙（侧石）、铺装收边、路面等部分，如图 6-18 所示。

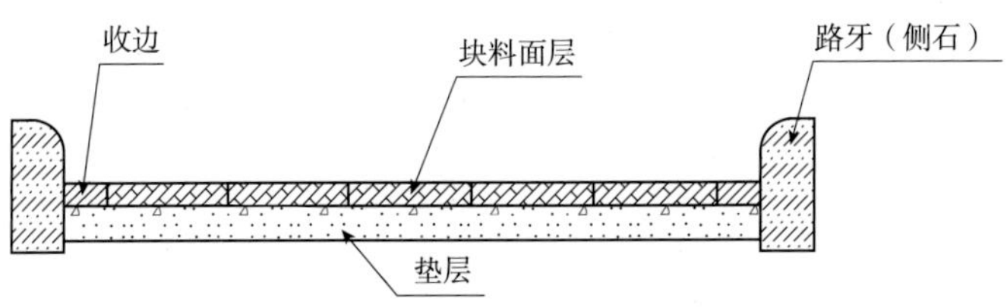

图 6-18　铺装园路一般结构

在园路结构中，侧石、收边和块料面层所使用的材料大多不同或表面经过不同的处理，以充分展示道路的线条。

这些不同的材质组合成路面时，比较常见的接缝处理如图 6-19 所示。

同建筑材料一样，铺装用的块状面料也要符合模数，以使接缝自然得当。

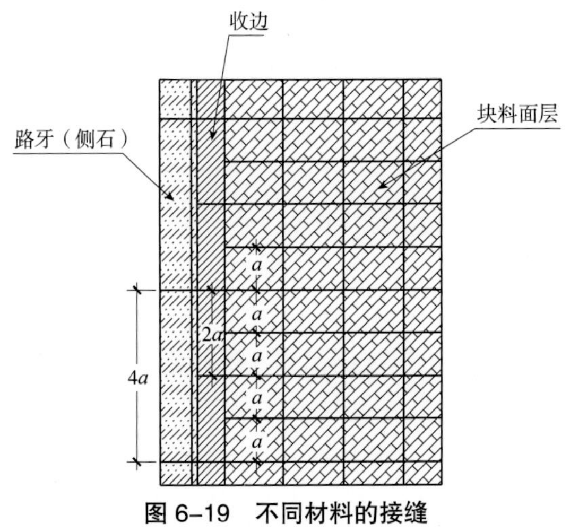

图 6-19　不同材料的接缝

第四节 质量评价

铺装工程的设计和施工在行业内都有国家、地方标准，铺装结构应严格按照相关设计规范进行施工，设计应兼顾质量与成本，在保证结构安全的前提下力求节约。行业中具体的设计和施工标准不在本节赘述。

园艺竞赛铺装模块的标准大体上与国家标准、行业标准看齐，但因为竞赛场地、设备、工具、时间等方面的限制，在实际评价中存在差异。

世界技能大赛园艺项目赛项说明中，对参赛者铺装部分的知识考核要求为：知道用于园艺景观中的园路、平台和场所的种类；铺装的选择和安装；铺设的流程；植物与铺装的合理搭配；铺装的清理和维护。技能要求为：能阅读平面图和相关图纸，并按照尺寸进行测量；安装基础和制作园路；安装所有类型的铺装材料；按照规定安装水平或倾斜结构件；通过铺装地面的放坡和周围地形起伏的营造，适应地面排水的需要；在铺装外合理搭配各类植物；持续维护和养护铺装。

全国第一届职业技能大赛园艺项目比赛对铺装的考核要点包括轮廓尺寸、间距尺寸、面层水平和标高、缝隙的设置、材料的计算和切割、面层的清洁和美观、铺装整体效果。

从以上内容看，铺装模块对参赛者的要求比较全面，涉及图纸识读和测量、施工操作和成品保护等。

对照世赛标准，结合我国园林行业的相关标准和要求，铺装模块的测评方法和过程见表 6–4。

表 6–4 铺装模块评测方法及过程

测评项目	测评点	评价方法	评价标准或要求
路沿石建造	基础工艺	过程评价	观察选手在基础施作工程中是否按图施工，基础是否经过开挖、夯实等流程
	内侧尺寸	结果测量	路沿石内侧尺寸，误差 2mm 以内得满分，误差 2~4mm 得一半分数
	水平	结果观测	路沿石上部水平
	标高	结果测量	路沿石的标高达到设计要求
	内侧顺直	结果观测	路沿石内侧统一在一条直线上，误差 2mm 以内，以确保内部铺装的完整和细致
	密缝铺装	结果测量	路沿石间缝隙容差≤ 2mm，可以得分；＞ 2mm，扣除全部分数
机器加工类材料施作	路基础工艺	过程评价	观察选手在基础施作工程中是否按图施工，基础是否经过开挖、夯实等流程
	面层选择	结果观测	根据所在位置功能不同，选择正确的面层，选择错误扣除全部分数

（续）

测评项目	测评点	评价方法	评价标准或要求
机器加工类材料施作	轮廓尺寸	结果测量	轮廓尺寸，误差 2mm 以得内满分，误差 2~4mm 得一半分数
	水平	结果观测	面层上部水平，交叉十字测量
	标高	结果测量	标高达到设计要求
	密缝铺装	结果测量	材料间缝隙容差≤ 2mm，可以得分；＞ 2mm，不得分
	错缝铺设	结果观测	按图纸要求进行错缝处理；一般长方形材料常采用工字铺，正方形材料常采用通缝铺设
手工打凿类施作	路基础工艺	过程评价	观察选手在基础施作工程中是否按图施工，基础是否经过开挖、夯实等流程
	轮廓尺寸	结果测量	轮廓尺寸，误差 2mm 以内得满分，误差 2~4mm 得一半分数
	水平	结果观测	面层上部水平，交叉十字测量
	标高	结果测量	标高达到设计要求
	转角加工	结果观测	按图施工，打凿加工；未加工，扣除全部分数
	缝隙均匀	结果测量	缝隙 10mm 左右，大小均匀；缝隙大小不均，不得分
	错缝铺设	结果观测	按图纸要求进行错缝处理。一般长方形材料常采用工字铺，正方形材料常采用通缝铺设
冰裂纹类施作	平台基础工艺	过程评价	观察选手在基础施作工程中是否按图施工，基础是否经过开挖、夯实等流程
	边缘加工	结果测量	对原材料进行修边处理
	水平	结果观测	面层上部水平，交叉十字测量
	标高	结果测量	标高达到设计要求
	缝隙均匀	结果测量	缝隙 10mm 左右，大小均匀；缝隙大小不均，不得分
	错缝铺设	结果观测	按图纸要求进行错缝处理。一般长方形材料常采用工字铺，正方形材料常采用通缝铺设

第五节 未来发展趋势

铺装作为园艺项目的重要模块，反映着行业发展的趋势。尤其在生态环保方面，铺装的重要性更加突出。近年来的环保砖、透水砖和生态砖都在影响着环境保护的发展。如何更好地让花园排水和储水，发挥海绵城市的功能，是铺装模块未来重要的发展方向。

铺装作为海绵式花园的主要部分，除了常规功能外，还要完成排水透水等任务。海绵城市是指城市能够像海绵一样，在适应环境变化和应对自然灾害等方面具有良好的“弹性”。

未来园艺项目竞赛对选手的要求会越来越全面，技能要求会扩展材料向多元化发展，素养必将包括学习能力、创新能力、团队合作、环保安全等能力。

在实操训练中，往往过于注重铺装施工的速度等客观测量点，而忽视了铺装的艺术表现性，影响了园艺作品的整体效果。施工操作的简单粗糙、对缝隙等施工细节的随意处理、竞赛过程中的面层保护不到位，都会直接影响铺装效果，也是竞赛选手亟待解决的问题。

第六节　施工实例解析

一、规则式花岗岩铺装（图 6-20 至图 6-23）

图 6-20　铺设侧石

图 6-21　铺设面板

图 6-22　校对标高点

图 6-23　水平和尺寸校对

本例是一条L形园路。侧石和面层均为花岗岩石材。由于铺装外轮廓线顶着工位，要在最开始时注意放线空间，以免无法放置铺装或铺装与工位距离较大未能按图施工。在施工准确的基础上，要注意铺装的美观程度、面层选择和工字缝设置。

二、异形步道砖铺装（图6–24、图6–25）

本例是一个梯形平台。面层为步道砖，侧石是花岗岩石材。由于是异形，放线对铺装的要求较高。需要进行编号切割，并确保每块砖与侧石的缝隙小于2mm。在施工准确的基础上，要注意铺装的美观程度、面层选择和错缝设置。

三、曲线步道砖铺装（图6–26至图6–31）

本例是一条S形园路。侧石为小料石，面层为步道砖。由于铺装外轮廓线由几个弧线组成，要在开始时注意放线准确，以免无法放置铺装或铺装与工位距离较大未能按图施工。面层选择人字铺，步道砖与小料石波打线相交处要进行编号切割。在施工准确的基础上，要注意铺装的弧线美观。

图6–24 接口计算和编号切割

图6–25 复测及清洁

图6–26 工位放线摆砖

图6–27 按图纸尺寸划线

图 6-28 编号切割

图 6-29 安装波打线

图 6-30 修边填缝

图 6-31 清洁面层

图 6-32 校对轮廓线

图 6-33 铺设火山岩板材

四、长方形火山岩碎拼（图 6-32 至图 6-37）

本例是一条长方形平台。波打线为步道砖，面层为火山岩板材。平台被周围园建围合，铺装的轮廓线是否准确将影响其他园建施工。火山岩以碎拼方式进行铺设，错缝是此处的施作难点，另外要确保水平和标高准确。

图 6-34　碎拼方式摆放

图 6-35　校对标高和水平

图 6-36　扫缝

图 6-37　整理清洁

图 6-38　夯实基础

图 6-39　铺设花岗岩板

五、三角形花岗岩铺装（图 6-38 至图 6-45）

本例是一个三角形平台。每条边都与其他园建相靠一线。由于铺装外轮廓线顶着花池，要在最开始时注意放线及收口，计划好铺装的顺序及方向。在施工准确的基础上，要注意铺装的美观程度、面层选择和错缝设置。难点在于与工位线贴合的区域，切割技术将影响最后的效果，石材边缘是否是一条线。

根据施工要求及详图示意，先进行放线，然后开挖土方，校准放线后根据自行设定的标高进行基础下夯。由于波打线为水泥砖，下埋最深，应先将其安装。

由于本例的考核点包括面层间的缝隙和面层与钢板、工位间的缝隙，适度的扫缝可以弥补切割时的一些缺失。整体的整洁度受选材的影响，应最大程度展现此种花岗岩面层的美观效果。

图 6–40　计算切割

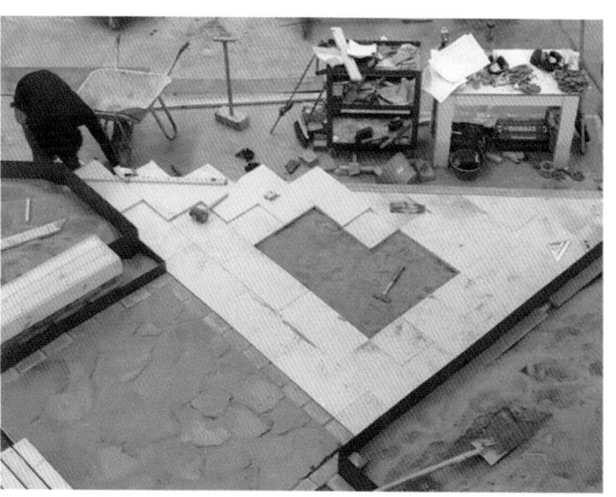

图 6–41　预留中心铺装

图 6–42　主体面层完成

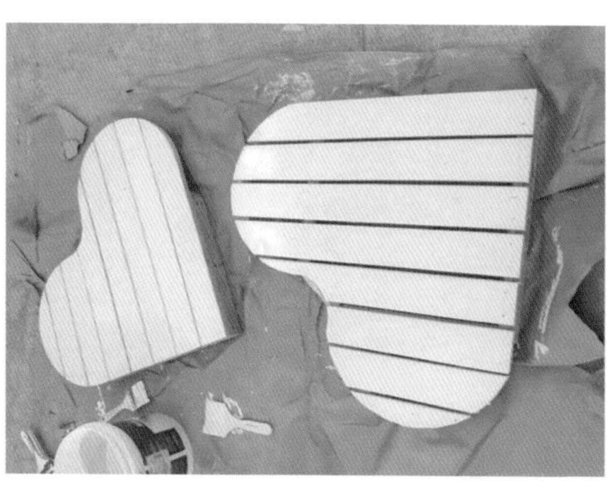

图 6–43　加工中心位置小件

图 6–44　整体完成

图 6–45　整理清洁

六、路沿石与花岗岩铺装（图 6-46 至图 6-51）

本例是一条两个园建节点间的园路。一边是木平台，另一边是钢板铺装。由于标高差异，要注意放线方式，安排好工序，使操作过程规范，符合操作流程。

图 6-46　开挖下埋侧石

图 6-47　侧石内侧一条线

图 6-48　校对侧石

图 6-49　铺设花岗岩石板

图 6-50　扫缝碎拼

图 6-51　整理清洁

根据施工要求及详图示意，先进行放线，然后开挖土方，校准放线后根据自行设定的标高进行基础下夯。由于路沿石下埋最深，应先将其安装。根据图纸信息，保证路沿石内侧顺直及尺寸标准。

素土夯实后，经过找平，从两侧路沿石开始铺设。

可以先完成单边路沿石的铺设，也可以双边同时进行，再做接口的切割安装。一边要与木平台平齐，另一边要与冰裂纹平台的钢板对接。

两条路沿石的铺设要不停校正上部的标高和水平，同时保证内侧顺直和切角与钢板间缝隙符合要求。

路沿石铺设完成后，开始进行花岗岩铺装。如果有找平层的要求，须均匀洒铺后，才能安装面层物料。

石材的铺设方向材料要进行细心选择。看清题目是否要求按铺装图样式进行制作。如果没有强制要求，选手要根据自己的工序设计及节省材料为出发点进行安排。例如，选手根据材料尺寸，选择横向的工字铺设，这样能更好地安排物料，节约成本，加快效率。

七、半圆形花岗岩与钢板（图 6–52 至图 6–59）

本例是一个相对独立的平台。有一个角靠着已有花池，其他部分与绿化相接。由于铺装外轮廓线顶着花池，要在最开始时注意放线及收口，计划好铺装的顺序及方向。在施工准确的基础上，要注意铺装的美观程度、面层选择、弧线的美观和错缝设置。由于此铺装相对独立，受其他园建影响较小，需要充分发挥选手对半圆的把控能力。注意钢板的下埋和垂直度，这会直接影响最后的完成效果。

由于本例的考核点包括面层间的缝隙和面层与钢板间的缝隙，适度的扫缝可以弥补切割时的一些缺失。整体的整洁度受选材的影响，应最大限度展现此种花岗岩面层的美观效果。

图 6–52　开挖基础

图 6–53　下埋钢板

图 6–54　校对尺寸

图 6–55　处理基础

图 6–56　铺设面层

图 6–57　切割加工接口材料

图 6–58　留点复测

图 6–59　整理清洁

八、扇形小料石与水泥砖铺装（图 6–60 至图 6–65）

本例是一条园路的端点。一边是步道砖园路，另一边是工位的边缘。由于铺装外轮廓线顶着工位，要在最开始时注意放线空间，以免无法放置铺装或铺装与工位距离较大，未能按图施工。在施工准确的基础上，要注意铺装的美观程度、面层选择、弧线的美观和错缝设置。

根据施工要求及详图示意，先进行放线，然后开挖土方，校准放线后根据自行设定的标高进行基础夯实。由于波打线为水泥砖立铺，下埋最深，应先将其安装。

素土夯实后，经过找平，铺设扇形波打线。此时注意圆心到水泥砖的两个交点距离要符合图上尺寸。水泥砖之间要设置均匀的缝隙，以保证完成效果美观。波打线完成后，再由外向内进行小料石的弧形铺装。

扇形小料石每圈都要进行基础的找平，标高也要实时把控。

两条小料石要进行错缝，出现通缝的情况时，要手工打造小料以达到错开缝隙的效果，同时保证缝隙均匀一致。

此处铺装完成后要进行尺寸复测，然后进行填砂扫缝。扫缝后要及时再进行复测。复测时两个选手互检能更有效地把控细节。

施工程序上，要注意承上启下。对相邻的铺装进行复测和修正。面层的清洁度，会影响对选手主观分的评价。

绿化种植时要考虑与铺装的搭配。这考验选手对花园整体效果的把控能力。一些园建无法处理的缺失也可以通过绿化手段进行补救。清洗面层时要注意标高的沉降现象。

图 6–60　铺设波打线

图 6–61　铺设小料石

图 6–62　小料石错缝铺设

图 6–63　校对半径尺寸

图 6-64　扫缝整理

图 6-65　清洁并进行绿化搭配

以 2020 年第一届全国技能大赛园艺项目为例，其竞赛题目的铺装模块比较丰富，考核的内容也比较多。整体的构图类似于 2019 年俄罗斯世赛的平面构图，阶梯式的台地从工位一边走下去，来到一片湿地水池。沿水池走出画面构图，整条交通路线经过了火山岩铺装、小料石铺装、碎石铺装、木平台、汀步、步道砖平台等多处铺装，是对铺装非常有挑战的考核题目（图 6-66）。

除木作平台外，还有五种铺装材料需要选手使用、处理，使材料在整个工位中相得益彰，既富有特性又柔和的存在于框架之中。

火山岩、小料石、碎石三种材料并不是独立作为铺装内容出现的，它们是和钢板组装共同呈现的，可以看作是铺装模块和砌筑模块的结合。如果钢板之前没有组装成功，或者

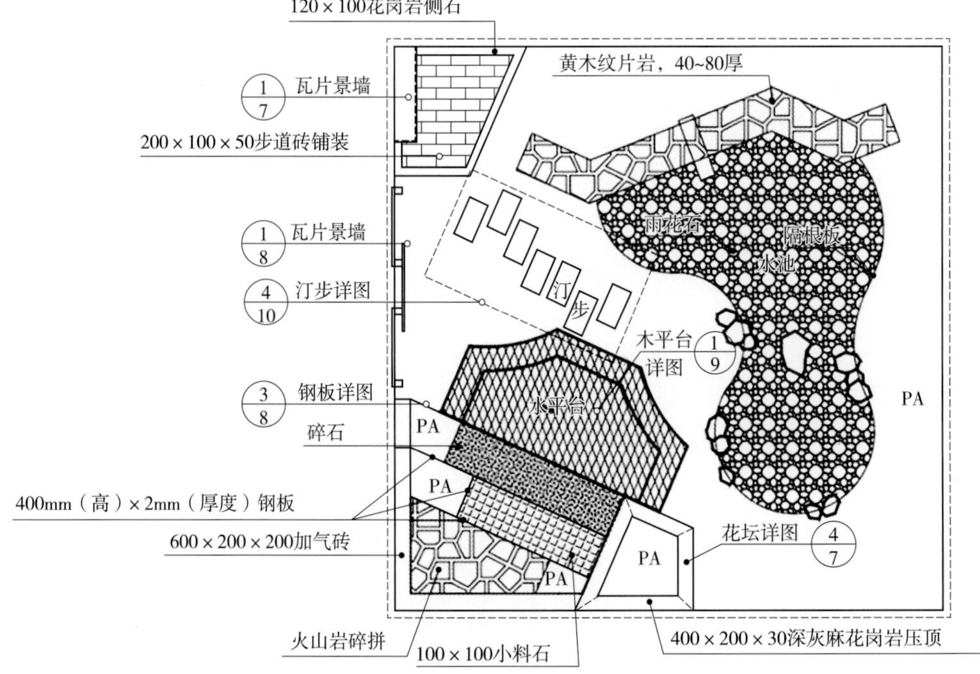

图 6-66　第一届全国技能大赛园艺项目平面图

没有搭建好，将直接影响三种材料的铺装效果。且铺装过程也可能破坏钢板组装的平直效果，考验着选手的综合处理能力。火山岩部分的测量分评测点并不多，评测点在于标高和水平，由于是碎拼铺装，此处的尺寸没有考核，而更倾向于选手如何把碎拼效果做好，很好的呈现火山岩这种石材的自然效果。小料石和碎石部分也同样在于完成的主观效果，客观测量分较少。小料石的铺装需要考虑缝隙的均匀、扫缝后是否饱满。碎石在于填充的是否平整和美观。园路部分，花岗岩汀步主要考核汀步面板的标高、水平和汀步间距。选手要有效地按图施工，准确的摆对汀步的位置，矫正汀步与周围环境的距离。在图上有尺寸的一侧，要保证顺直一条线。小平台节点的铺装，主要是由路沿石和步道砖组成。路沿石的下挖及转角处的倒角切割，都考验着选手的动手能力和计算能力。步道砖要错峰铺装，根据路沿石的形状进行切割，通过怎样的先后顺序进行施工，将影响这个节点铺装的效率。除了基本的尺寸测量外，还要考虑路沿石内部的顺直，是否在一条线上。同时要保证所有拼接处的缝隙，要不大于 2mm。步道砖的切割相对稳定，花岗岩容易破角，选手的切割技术在不同材质的物体上将有所差别，效率高的、质量好的将显现出优势。

训练作业 1　连接木平台的透水砖和小料石铺装

完成图 6–67 中红线区域内的铺装施工，基本要求见表 6–5 所列。

表 6–5　基本要求情况表

类型	时长	训练内容（红线范围内）	考评点
单人操作	3h	小料石、透水砖、花岗岩侧石	尺寸、标高、水平、缝隙等

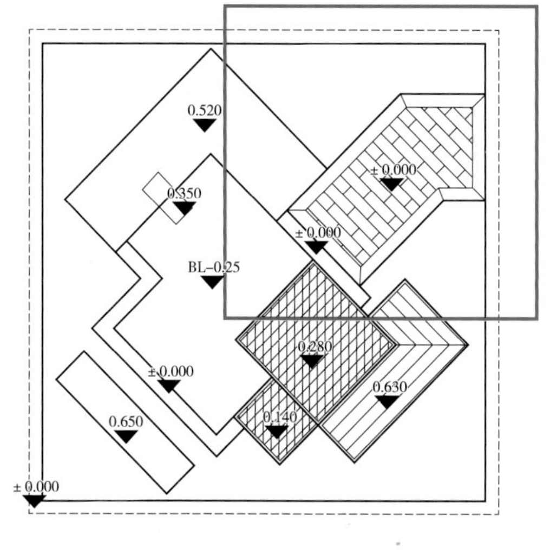

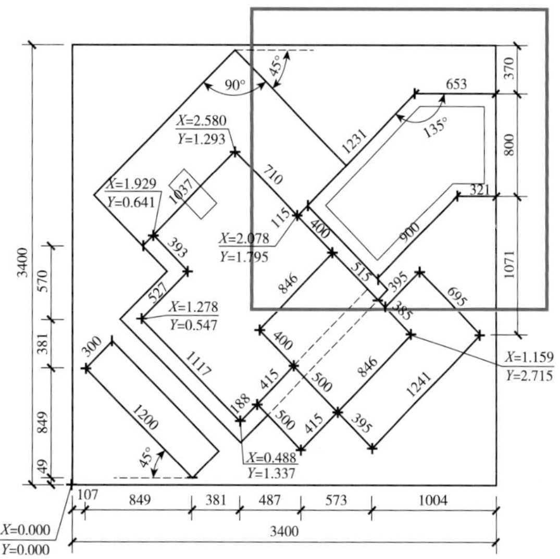

图 6–67　铺装设计图

训练作业 2　红线范围内的铺装施工

完成图 6–68 中红线区域内的铺装施工，基本要求见表 6–6 所列。

表 6–6　基本要求情况表

类型	时长	训练内容（红线范围内）	考评点
双人操作	3h	小料石、透水砖、花岗岩侧石、汀步石、火山岩	尺寸、标高、水平、间距、缝隙等

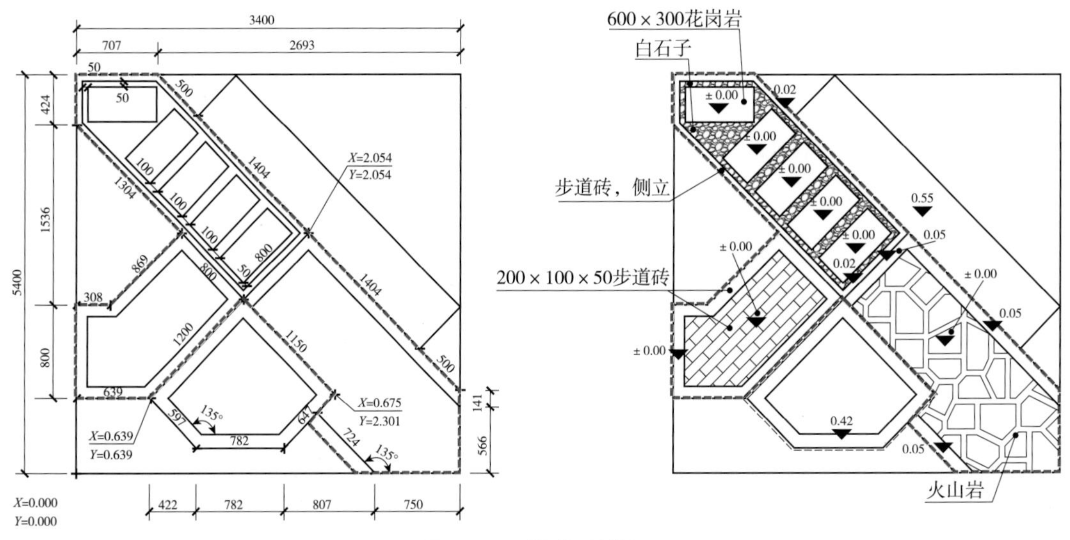

图 6–68　铺装设计图

训练作业 3　红线范围内的铺装施工（标高自定）

完成图 6–69 中红线区域内的铺装施工，基本要求见表 6–7 所列。

表 6–7　基本要求情况表

类型	时长	训练内容（红线范围内）	考评点
双人操作	6h	钢板、鹅卵石、透水砖、花岗岩侧石、花岗岩石板	尺寸、标高、水平、间距、缝隙等

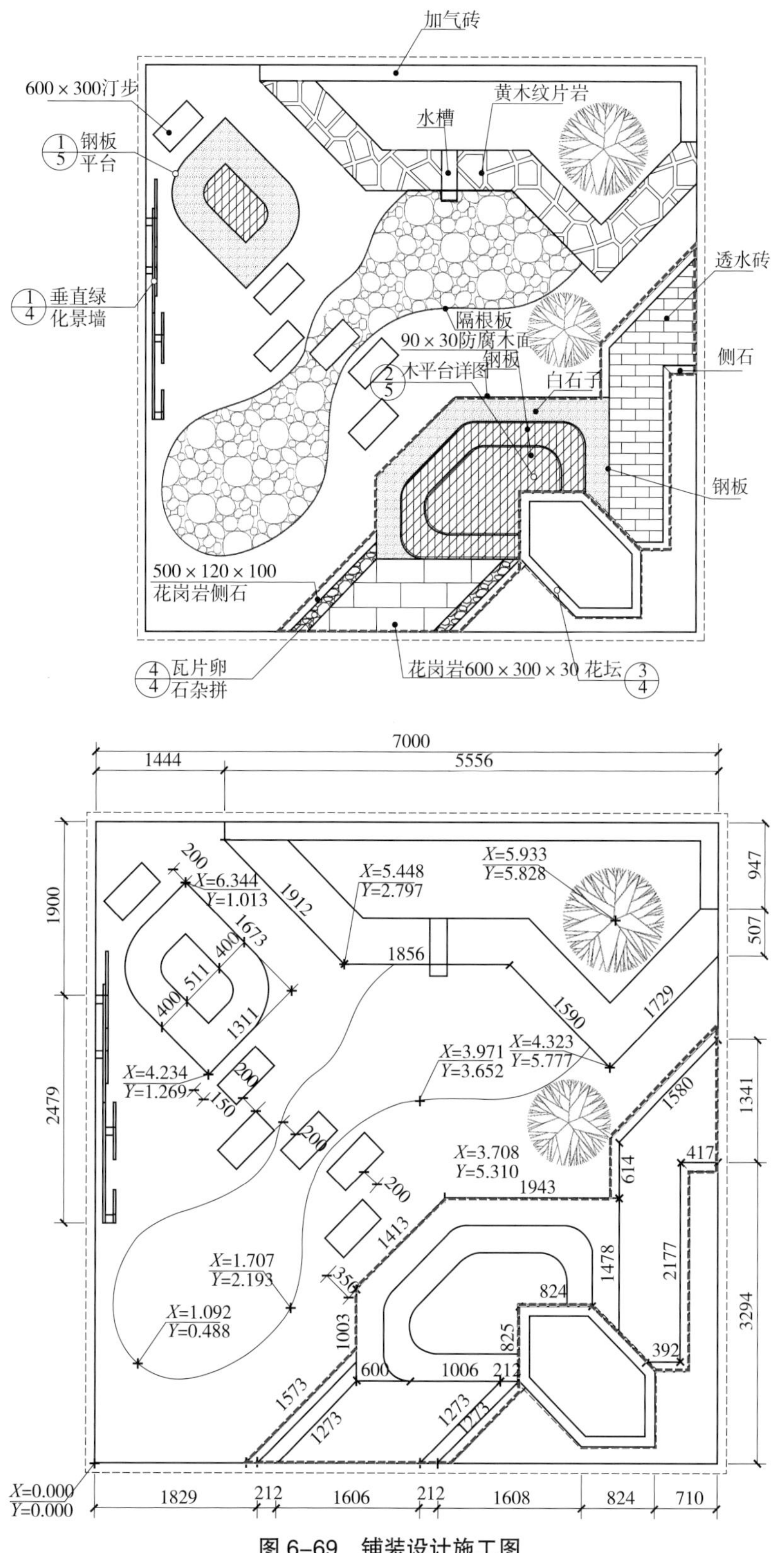

图 6-69 铺装设计施工图

第七章

水景施工

第一节　概述

水景是建筑空间和环境创作的一个组成部分，主要由各种形态的水流组成。水流的基本形态有镜池、溪流、叠流、瀑布、水幕、喷泉、涌泉、冰塔、水膜、水雾、孔流、珠泉等，若将上述基本形态加以合理组合，又可构成不同姿态的水景。水景配以音乐、灯光形成千姿百态的动态声光立体水流造型，不但能装饰、衬托和加强建筑物、构筑物、艺术雕塑和特定环境的艺术效果和气氛，而且有美化生活环境的作用。水景工程建设的根本目的是供人欣赏、观看、游玩，所以园林水景的初衷必须考虑如何体现景观的艺术感、美感，景观成型以后要给人赏心悦目的感觉。水景是园林景观的灵魂，有画龙点睛之妙。添加水元素，使园林景观具有水的活性。

在园艺项目比赛中，水景的施作是考核选手技能和审美的一个重要模块，此模块更侧重于考核选手的审美、造型能力。水岸线的美感，与地形的衔接，与植物、石头及其他园林小品的搭配与衬映关系等，直接决定水景的效果，并影响园艺作品的景观质量。

一、园林水景特点

（一）虚实相伴

由于水景四周围绕着各类人文景观、自然景色等，实体的景观映射在水体中间，会产生一种虚实相间的视觉效果，这就需要水景施工前把握好虚实变化，水景施工同时要把握好周围、景观等的设计。为了营造良好的虚实效果，要科学设计水体深度、范围大小等。

（二）变化灵动

水体自身就是流动变化的，水体的流动为园林带来了无限的生机，是对自然风景的净化，也是对园林景色的装点。河流作为大自然中的一部分，要体现其自然之美，因此，要形成弯曲的形状，维持水体弯曲、蜿蜒的效果，打造出灵动变化的美景。

（三）和谐共生

水景向来不是孤立的，而是要同其附近景观遥相呼应，彼此衬托，打造出一幅绿色生态、和谐的园林图景，要充分发挥水景的作用，发挥其优势功能，进而从整体上打造出良好的景观视觉效果。

（四）形态合理

水景是园林景观中不可或缺的部分，为园林景观注入了生机和活力。然而，水景面积的大小、形态与结构等都要把握科学的比例，在小庭院景观设计中水景面积一般不能超过园林景观面积的40%，而且要同附近建筑景观高度相衬托；要根据园林工程的地貌特征、地形条件等来布设水景的形态、位置等。

二、常见水景分类

（一）按形态分类

按照水体的形态，可分为静态水景和动态水景。

1. 静态水景

静态水景是指静止的水面，主要表现为湖泊、池塘、水洼等形式。静态水景主要展现静谧的生态空间，同时，水景周围的构筑物、树木等倒映在水中，形成一幅美丽的画卷，更能显示出环境的幽静祥和。常见的静态水景大致有以下五种表现形式。

①下沉式　局部地面下沉，形成汇水空间，并限定水域范围。水面低于地面，作俯视观看，可视水面较为完整。影映关系清晰，因此成为城市水景最为常用的一种形式。

②台地式　水景（池）高于地面，其主要作用是丰富立面景观。分为高台式、低台式和多功能式三种。

③镶入式　将水景从外部环境引入建筑内部，或者穿过建筑空间，成为连接室内外环境的纽带，使水体灵活地发挥带系作用。

④溢满式　是下沉式和低台式水景形式的延伸。

⑤多功能式　是一种传统的造景形式。在农耕时代，水池是集观景、消防、饲养、灌溉功能为一体的生活设施，而在今天的城市环境中，水景也经常沿用这种形式，只是功能要求有所改变，将水池的观赏功能与游泳、冬季溜冰、养殖水生植动物等功能结合，增强其景观作用和生活作用。

2. 动态水景

动态水景是指流动的水体。动态水景强调对水的自然性的展示，也是最富有个性的水景形式。

（1）动态水景的表现形式：根据动态水景的外在表现不同，动态水景可以分为溪水、落水（瀑布、跌水、溢流等）和喷水（喷泉、涌泉等）。

（2）动态水景的运用：自然流水景观是在水域岸畔环境中，依据设计总体思路，找出其中干扰视觉的物象因素进行优化设计，对水岸线、护坡、河道、桥梁、建筑、观景平台、道路、植被等环境因素进行适度整治和建设，虽受已有河道、沟渠、深浅、高差等方面的限制，但自然的景色与无修饰的流水动态，足以体现出最佳的风景表现力。

人工水景则是在无自然河流的城市环境中进行水景设置。需根据设置场所的地形、地貌、空间大小和周边环境情况，考虑水景设计的规模、流量、缓急、河道、形态、植物配景以及其他景观设施的相互对映等形式内容。

（3）动态水景附属设施设备：为了能让动态水景呈现出设计师所要表达的意境，除了正常的水循环外，动态水景还会综合运用声、光、电技术，营造出一种水色灯光交融、虚实交替、动静相承的优美意境，构建三维流动水景空间，丰富园林景色的表现性。这就涉及喷泉（包括涌泉、雾泉、跳泉等），灯光、声音控制系统等的安装。

①喷泉　这是一种将水或其他液体经过一定压力通过喷头喷洒出来具有特定形状的组合体，提供水压的一般为水泵。

喷泉景观概括来说可以分为两大类：一是因地制宜，根据现场的地形结构，仿照天然水景制作而成的水景，如壁泉、涌泉、雾泉、管流、溪流、瀑布、水帘、跌水、水浪、旋涡等。二是完全依靠喷泉设备的人工水景。这类水景在建筑领域广泛应用，发展速度很快，种类繁多，有音乐喷泉、程控喷泉、摆动喷泉、跑动喷泉、光亮喷泉、游乐趣味喷泉、超高喷泉、激光水幕电影等。

②灯光及控制系统的安装　水下的照明灯具和彩灯是水景设计中的又一个亮点，是现代水景中常用的设备。灯具的安装包括灯具本身及控制系统的安装。

目前我国园林景观使用最广泛的是类似飞利浦水下灯具的塑料支架水下照明灯，但这种照明灯存在很多问题。其结构强度差，如果喷泉里面的池水波动强烈，或者受到其他外力作用，容易损坏。除此之外，这种灯具的密封性很差，在阳光的照射下，会加速它的老化。如果在使用过程中，灯具损坏或者密封性失效，那么它将会漏电从而使水体带电，因此，这个问题成为水景安全的最大隐患。现在园林水景灯一般选择 LED 光源的灯具，LED 灯具有体积小、造型特别、隐藏性好、光源寿命长、色彩可变化且工作电压低等优点。如小功率的 LED 水下灯、装饰灯、音乐喷泉灯、装饰投射灯、地埋灯、七彩亲水型的光柱灯等都能营造一个色彩多姿、动静相承、水色优美的光环境，尤其是 LED 光源光角小，方向性强，可作为局部或重点的定向照明，满足水景灯光个性化的需求，并能达到传统光源的灯具无法实现的良好效果，完成灯光环境的水文化营造。在环保与节能方面，LED 灯还可以得到合理的利用，如绿色照明的普及有利于照明环境和减少环境污染。

（二）按水池防水结构分类

按照水池防水结构的不同，可以分为刚性防水材料水景和柔性防水材料水景两种。

1. 刚性防水材料水景

水池的池壁和池底是以钢筋混凝土、砖、石等主要材料构建而成，然后在建筑主体上进行防水处理，防水材料包括防水砂浆、防水涂料和粘贴防水膜等。

（1）刚性防水做法：刚性防水的通常施工方法如图 7–1 所示。

（2）刚性防水材料的优缺点：

①在刚性防水基础上设防水层，防水效果较好，稳定可靠；

②刚性防水由于温差应变，易开裂渗水，维护比较困难；

③基础不均匀沉降造成的底板断裂导致整个防水体系遭到致命破坏；

④施工周期长，成本高。

2. 柔性防水材料水景

柔性防水是不建造整体板块结构，在基础层上直接铺设柔性防水垫，以达到防水的目的。常用的柔性防水垫有各种改性橡胶防水卷材、高分子防水薄膜、膨润土防水垫等。

（1）柔性防水做法：柔性防水的一般做法如图 7–2 所示。

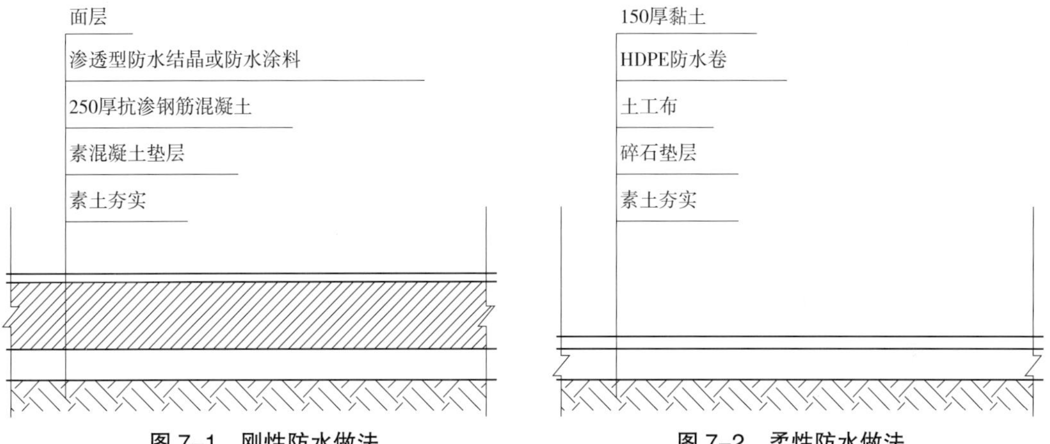

图 7–1　刚性防水做法　　**图 7–2　柔性防水做法**

（2）柔性防水材料的优缺点：解决了刚性防水中池底不均匀沉降造成的池底（池壁）断裂而使水池渗（漏）水的问题；施工简单，可缩短施工工期，降低施工成本。

防水卷材质量参差不齐，柔性防水材料拉伸强度高、延伸率大、质量轻、施工方便，但操作技术要求较严；耐穿刺性和耐老化性不如刚性防水材料，易老化、寿命短。

（三）按水池驳岸建造形式分类

按照水池驳岸的建造形式，可以分成浅碟形驳岸、垂直驳岸和混合式驳岸三类。

1. 浅碟形驳岸

驳岸以斜坡的方式和周围地形自然连接，形似浅碟状，故称为浅碟形驳岸。浅碟形驳岸可以使水池融入自然环境中，使得景观更富田园野趣，因此，在园林景观的设计施工中广为应用。在浅碟形水池的池岸线上可以设计布置石块、卵石等，如图 7–3 所示。

图 7–3　浅碟形驳岸

2. 垂直驳岸

垂直驳岸是指水体的驳岸呈垂直或近似垂直的状态。这类驳岸通常是通过混凝土浇筑、石材或者砖砌体砌筑而成，可以有效地防止土体崩坍，保证水体周围构筑物的稳定，增大水体面积，如图 7–4 所示。

图 7–4　垂直砌筑驳岸

3. 混合式驳岸

一个水体的驳岸，一部分是垂直驳岸，另一部分是浅碟形驳岸，这类水体称为混合式驳岸。

（四）按水体岸线外观形状分类

按照水体岸线的外观形状，可以分为规则式水体、自由式水体和混合式水体三种。

规则式水体：水体岸线呈规则的几何图形。这类水体的驳岸大多是垂直驳岸。

自由式水体：水体岸线一般不是规则的形状，呈自由的曲线。这类水体的驳岸可以是垂直驳岸，也可以是浅碟形驳岸。

混合式水体：水体岸线一部分呈规则的几何形状，另一部分呈自由的曲线。

在园艺项目的技能训练和竞赛中，受场地、时间和其他条件的限制，水景一般都会采用柔性防水材料，岸线的外观形状以及驳岸的建造方式可以视不同的造园风格和造景需要而多种多样。

（五）枯山水

枯山水是一种特殊的水景表现形式。枯山水庭园是源于日本本土的缩微式园林景观，多见于小巧、静谧、深邃的禅宗寺院。枯山水庭园一般由细砂碎石铺地，再加上一些叠放有致的石组构成缩微式园林景观，偶尔也包含苔藓、草坪或其他自然元素。枯山水并没有水景，其中的“水”常用砂石表现，而“山”通常用石块表现。有时也会在砂子的表面画上纹路来表现水的流动。传统庭院中的山和河流在这里是以抽象和静止的形式存在的，这就形成枯山水庭园，即“干泉水庭”。

现在，枯山水庭园的造景技术被广泛用于城市景观的营建上，对各国的园林发展都产生了深远的影响，形式与材料都更加新颖，更趋向于展示现代艺术与传统内涵的互通互融，以表达一种理性的思考与探索。

1. 枯山水庭园的基本特点

（1）有明显的边界限定：一般枯山水庭园都建在平坦的长方形地面上，而且通常由一道篱笆、泥墙或高高的树篱与外界隔开。它们追求的是一种永恒不变的东西，与其他种类的日式庭院不一样，枯山水庭园给人一种超凡脱俗的感觉，而这种感觉就是通过周围的围墙加以突出的。

（2）一般不能进入：传统的枯山水庭园是专门供人从寺院的楼阁或高处观看的。除非是为了打扫，否则是不准许进入庭院的。

（3）植物修剪严格：枯山水庭园里按设计种植的乔木和灌木，必须严格地加以修剪，以使其形状保持不变。而在日本的传统枯山水庭园中，植物与置石都充满佛教意义与内涵。

（4）含义深远：虽然有些枯山水庭园逐渐丧失了象征的意味，而且变得一丝不苟和抽象，最后只剩下砂子、岩石和苔藓。这种庭园看起来似乎非常简单。实际上，它是所有日式庭园中最抽象和最深奥的一类庭园，其意义取决于每一块岩石的质量、美感和形状。

2. 枯山水庭园的营建要点

（1）因地取势：枯山水庭园中未必需要平坦的地势，砂地中可以堆一些土丘代表小岛，其上可以置石，也可以在砂地中种植一些精心维护修剪的植物，如杜鹃花或针叶树。

（2）正确应用石料：在枯山水庭园中，用鹅卵石或细沙砾铺设一条小溪或河床。在用鹅卵石时，应该像鱼鳞一样交叠排列，以使它们看起来像流动的河流。选石时，应注意其色泽的统一。在这些“溪流”上可以架设石板桥梁。

（3）仔细选择植物：较大的枯山水庭园可以种植一些容易生根的竹叶草、黄叶冬青或者剪短的光叶石楠，也可以在布满苔藓的小岛上种植一些野花。而较小的枯山水庭园则尽量简化种植方法。

（4）合理分区，过渡自然：枯山水庭园可以通过小径或者植物种植来进行分区，在交界处应处理得曲折自然，使不同区域的过渡和谐。

（5）静心管理：在枯山水庭园中选用地被植物时，必须和砂地或者砾石的色彩形成鲜明的对比。砂地或砾石园区应保持洁净，而不应泥泞或泛绿。要经常用水管冲洗砂地，并将其耙平。

第二节 材料及工具

一、常用材料

水景模块用到的材料根据营建的水景种类不同会有较大的区别，主要有隔根板、防水PVC薄膜、鹅卵石、标准水泥砖、水泥砂浆、防压水管、水泵、喷泉头、不锈钢出水口等。

（一）防水材料

园艺项目受比赛时间、场地的限制，多采用柔性防水的施工方法。故防水材料一般采用PVC卷材、氯丁橡胶、HDPE土工布、三元乙丙等。因为这些防水卷材具有易获得、易施工、无养护周期等特点，在园艺项目训练与竞赛中是水景营造最主要的一项材料。

（二）水岸收边（岸线）材料

垂直驳岸多用标准水泥砖砌筑或者块石垒砌而成，浅碟形水体的驳岸因与周围地面衔接自然，因而岸线多为隐形。有直接用小卵石压边代替岸线的，也有用隔根板代替岸线的。在园艺项目的训练和竞赛中，为了获得流畅、稳定的岸线，同时便于测量岸线的位置，大多采用隔根板作为水岸收边的做法。

隔根板大多是由PE聚乙烯塑料制成的，一般有三种规格：10cm宽、15cm宽、20cm宽。隔根板可以起到隔离作用，在绿化种植中用隔根板将花境中的各种植物进行合理分隔，一方面是隔水，保证给树木浇水时不往外流，起到节水作用；另一方面是在园林景观中为不同的浅根植物划分区域，阻止根系间混乱生长。隔根板还可以用于将鹅卵石和草坪隔离，使其界限清晰，视觉上更加整齐美观。

由于隔根板是塑料的，可塑性强，可以根据设计围出任意造型，养护单位使用起来方便，成本也不高，所以现在应用比较广泛。在小型自然式水景的水岸收边中也会使用。目前较为常用的隔根板是15cm宽、20cm宽两种规格，绿化人员通常将其埋进土里10~15cm，地面上留出5cm。

（三）池底材料

柔性防水施工中，防水膜上需要覆盖一层黏土层，对防水膜进行保护。在园艺项目的训练与竞赛中，一般在池底覆盖一层细砂或卵石，除了起到保护防水膜的作用外，也避免了外露的防水膜对园林景观产生影响。需要注意的是，施工中对镇压的材料要轻拿轻放，以免损伤防水膜，造成水池渗（漏）水。有条件的可以分别在防水膜的下面衬垫和上面覆盖一层无纺布，对防水膜进行保护。

（四）其他材料

水景营造中，有时为了营造动态的水景，需要建立水循环。建立水循环需要的材料有水管及卡箍、水口、水泵、电线等。

园艺项目的训练与竞赛中一般不会使用镀锌钢管或PPR管，因为这会给管道的连接带来困难，同时为了解决因镇压造成的水管供水不畅，常用的水管是透明软管，内衬钢丝，该软管耐温、质轻、柔软、弹性好、耐腐蚀、耐水解、透明度高、弯曲半径小、耐覆压能力好，同时加工安装简便。

为了营造瀑布、跌水等动态水景，在园艺项目的训练与竞赛中都会设置水口。水口的形状和安装要求会根据造景和设计的需要因时因地而异。一般有两种情况，一种情况是定制产品安装，即将提供的水口安装在合适的位置上；另一种情况是要求选手在施工现场自行加工并安装。后一种情况需要选手有一定的知识储备，了解和掌握常见出水口的形式以及加工安装的方法。安装过程中要注意设计要求的出水口的位置和标高。

二、常用工具

在园艺项目技能训练及竞赛水景模块中，水景营造与园林工程项目施工实践稍有差别，选手可能会用到激光投线仪、水准尺、尖头铲、平头铲、钢卷尺、夯实锤、平整刮板等。

第三节　工艺流程和施工技术

园艺项目技能训练与竞赛中，通常采用的是柔性防水来营造水景的方法，本节主要介绍这种方法的施工流程及技术。浅碟形驳岸和垂直驳岸在施工流程和施工技术方面略有不同。

一、浅碟形驳岸水体

（一）施工流程

浅碟形驳岸一般都用来营造自由水体，其施工流程主要包括以下几个步骤：

施工准备→定点放线→土方开挖及基础施工→防水膜铺设→水岸线埋设→层底覆压→池岸线修饰。但由于不同设计方案中的水体形式存在一定差异，因此施工的具体过程也会有调整。

（二）施工技术

1. 施工准备

施工准备包括图纸识读、放线数据计算、工具和材料准备等。

图纸识读、放线数据计算：对平面图进行仔细阅读，计算出水体的平面位置；对竖向设计图进行仔细研读，计算出水体的池底、水面、溢水口、出水口等点位高程；通过断面图的识读，了解和掌握水体结构组成以及不同结构层的厚度、材料及施工要求。

工具和材料准备：通过对设计图的识读，确定水体建造需要的材料种类、规格、数量以及种类材料在场内的堆放位置，设计材料进场路线等。将水体建造需要使用的工具（设备）按使用的先后顺序进行摆放，以保证使用方便，提高工作效率。

2. 定点放线

根据计算出的放线数据，使用钢尺、水准仪（激光投线仪）等工具和设备将水体从设计图测设到施工场地。规则水体通过设点埋桩确定水体关键点位；自由水体往往通过测设若干关键点位后，用光滑的曲线（白灰线）对水体进行标定。

自由水体也有使用网格法进行放线的。从基点开始，按一定间距（通常 0.5m）在场上放出网格，对照设计图纸，依照网格，标出曲线经过的点位，再依次用光滑的曲线连接起来（白灰线标定）。由于要先放出网格线，因此只有在场地比较空旷时适用，如果周围已有若干构筑物，而且构筑物的存在对网格线的放样产生影响，则不建议采用。

3. 土方开挖及基础施工

放线完毕后，即进行土方开挖。土方开挖时一般先从池底最深位置向岸边推进，根据两者高差均匀放坡。标高需要严格控制，在设计标高的基础上考虑土壤的松散系数，适当预留标高。

土方开挖施工时，还要考虑场内土方的搬运路线和土方量，是回填花坛还是堆坡营造微地形等都要事先确定，一定要争取一次性将土方回填到位，避免土方在场地内多次搬运。

土方开挖完成后，要进行池底夯实。经过夯实，池底结构稳定，可以避免沉降带来防水膜损坏，造成渗（漏）水。夯实过程中，发现土壤中有大的颗粒（硬）物，一定要清除干净，避免对防水膜造成损伤。如果营造动态水景，还需要在水池合适的位置预留泵坑。为了更好地保护防水膜，有条件的还应该在池底均匀洒铺一层细砂，并修坡，使池底均匀一致。

营造溪流景观，开挖土方时，注意溪流宽窄及深浅的变化。

4. 防水膜铺设

防水膜品种、规格多样，防水性能也有很大差异，造价成本相差也比较大。在园艺项目技能训练与竞赛中，最简单的就是使用加厚薄膜代替专业防水膜，不仅施工方便，还可以降低成本。

基础施工完成以后，在水体上铺设裁剪好的防水膜。防水膜在裁剪时要比实体水面稍大。铺设时要松紧适当，留有一定的伸缩空间，不能太紧。岸线边缘部位留有足够的余量，沿岸线开槽，在埋设岸线（隔根板）之前，将多余的防水膜埋在隔根板的下面。如果不使用隔根板，也要把防水膜余量埋在沟槽里。

防水膜强度较差，很容易被损坏，造成渗（漏）水。有条件的可以在防水膜下面衬垫一层无纺布（$150\sim200g/m^2$），上面再覆盖一层无纺布，以对防水膜加强保护，防止相邻构造分离滑动。

5. 水岸线处理（隔根板埋设）

开设岸线沟槽时，要准确控制水体的形状，沟槽的深浅要根据隔根板的规格以及池岸的标高来进行确定。埋设隔根板时，要将防水膜从隔根板的下面穿过去。

覆土填埋沟槽时，要进行夯实，并且填埋高度要适当，注意和周围地形顺接。隔根板的高度要控制好，不能高于池岸表面。

6. 池底覆压

防水膜铺设完成后，要在防水膜（无纺布）上回填一层细的黏土层，厚度一般为5~10cm，对防水膜进行保护，提高防水膜的使用寿命，增加防水性能。在园艺项目的训练与竞赛中，一般以小的卵石（粒径3~5cm）来进行防水膜（无纺布）的覆压。覆压时，卵石层不宜太厚，以不露出防水膜（无纺布）为宜。注意覆压均匀，使池底（河床）平顺。

7. 池岸线修饰

池岸线修饰就是沿池岸线进行园林景观的营造，主要包括置石、植物及其他。

（1）置石：岸边或水中的景石布置可结合周围环境、池底结构、岸线形态一起考虑。景石的大小、形态、材质和位置的把握必须遵循美学原则和自然规律。我国传统园林为我们提供了参照标准，“虽由人作，宛自天开”是其最高要求。

一般选择大石头、薄石头、小石头，三种石头各占1/3，这样对于后期石头造型很有帮助。置石的方法包括：

①平与正　在置石过程中，无论石头是圆是方，是直立还是横卧，都应该平正，不要出现歪斜的姿态。

②曲折变化　从平面上看，石头不应该是一条光滑的线条，要或前或后，不呈一条直线。从立面上看，石头应该是高低不平的，如果石头大小高矮一致，就用几块石头叠加，叠加的时候注意下面做底的石头要比旁边的矮些更好。

③疏密有致　疏密变化在置石中尤其重要，只要不是孤植的石头，就要注意与其他石头之间的位置关系，要疏密结合，不要出现平接或是全部散点的情况。疏密变化中，除了要注意平面中的疏密布局以外，更多的是要从人的视角度去调整，摆放石头的时候多从几个角度进行观察，力求每个角度都能有较好的视觉感受。

④大小搭配　石头的大小搭配在任何时候都是需要注意的，由变化产生美感，这种变化体现在石头的体量、高低、前后等方面。

⑤与其他元素相结合　与植物结合，适当围出小的种植池，可以让植物渗透进来，使水景更加生动。另外，把植物的叶子从石头上垂下来，也能修饰单调的石岸。

置石用的材料比较少，一般比赛要求置石在10块以内，结构比较简单，表面上看容易操作，但置石的特点是以少胜多，以简胜繁，量虽少而对质的要求更高。这就要求在水景放线开挖的时候，操作者就应该很明确造景的目的性，格局要严谨、手法要熟练，寓浓于淡，使之有感人的效果，有独到之处。可以说深浅在人，意匠在心。

（2）植物：植物配置是自然式水景工程的收尾阶段，也是最能体现“自然”特色的关键之一。水生、喜湿植物所在的临水空间，将水域和陆地的景观融为一体，极大地丰富了水体景观。

①驳岸的植物配置　岸边植物配置很重要，既能使硬质景物和水融成一体，又对水面空间的景观起着主导的作用。水岸有土岸、石岸、混凝土岸；水岸的形状有自然式或规则

式。我国住宅庭院中以山石驳岸和混凝土驳岸居多。

自然式土岸的植物配置：自然式土岸的植物配置最忌等距离，即用同一树种，同样大小，甚至整形式修剪，绕岸栽植一圈。应结合地形、道路、岸线配置，有近有远，有疏有密，有断有续，曲曲弯弯，自然有趣。自然式土岸的植物配置，多半以草坪为底色，为把游人的视线引导到水景上，常种植花卉。将起伏的草坪延伸到自然式的土岸、水边。

自然式石岸的植物配置：自然式石岸的岸石，有美，有丑。植物配置时要露美、遮丑，必要时还需要对山石做简单的修整，根据自然名胜景点的样式打造出类似造型。

②常用亲水植物

乔灌木类：这类植物的作用在于丰富岸线景观、增加水面层次、突出水体趣味。在北方，常栽植垂柳于水边，或配以碧桃、樱花，或栽几丛月季、蔷薇、迎春、连翘，春花秋叶，韵味无穷。可用于北方水边栽植的还有旱柳、栾树、枫杨、棣棠，以及一些枝干变化丰富的松柏类树木。南方水边植物的种类更丰富，如水杉、蒲桃、榕树类、羊蹄甲类、木麻黄、椰子、落羽杉、乌桕等，都是很好的水边造景植物。

在园艺竞赛中，由于场地比较小，一般用灌木代替水边的乔木，如含笑、九里香、南天竹、黄金香柳球等。

攀缘及悬垂类植物：园林水体驳岸的处理形式多样，植物的种植模式也有很多种。在驳岸植物的选择上，除了通过迎春、连翘等柔长纤细的枝条来柔化岩石、混凝土砖的生硬线条之外，还能在岸边栽植一些花灌木、地被植物、宿根花卉以及水生花卉如鸢尾、菖蒲等。另外，很多藤本植物都是很好的驳岸绿化材料，如地锦、凌霄等。

水生植物：水生植物是水体绿化不可缺少的植物材料。水生植物可细分为挺水植物、浮水植物、沉水植物等。浮水植物和挺水植物的栽植不宜过密，要与水面的功能分区结合，在有限的空间留出充足的开阔水面体现倒影及水中游鱼或其他水中配饰。浮水植物和挺水植物主要有荷花、睡莲、萍蓬草、菖蒲、鸢尾、芦苇、千屈菜、泽泻等。沉水植物以水藻类植物为主，如金鱼藻、狸藻、狐尾藻等。

总的来说，水边植物的配置应讲究艺术构图。大小水面的植物配置，与水边的距离一般要求有远有近，有疏有密，切忌沿边线等距离栽植，避免单调呆板的整齐形式。在构图上，注意应用探向水面的枝干，尤其是似倒未倒的水边大灌木，以起到增加水面层次的作用。水中景观低于人的视线，水中的植物配置要与水边景观呼应，加上水中倒影，最宜观赏。水中植物配置可选荷花、红萍或绿萍等多种植物，但配置一定要与水面大小呈比例、周围景观的视野相协调，切忌拥塞，尤其不要妨碍倒影产生的效果。

水景中还有其他装饰物件，均按照能体现自然式水景中的“自然”主旨的手法进行布置。

8. 调试

动态水景还需要水景中的水电能正常良好运转。连接好水管和电路，并进行试运转和调试。根据设备的使用说明，初步安装好水电设备。在预留的水电设备的安装位置放置水泵、喷头、电线、水管等设备和管件等。放置相关设备的时候做好防水材料的保护。布置完成之后，再次检查水景相关的水管、电路，检查完毕后，对水池进行注水，到达设计水位后，打开水泵、灯光的开关，进行水电调试。注意观察水池的水位变化，可了解防水膜是否漏水。在国内园艺比赛中，一般一小时内水位没有明显下降的，可判断为防水膜防水效果良好。

二、垂直驳岸水体

浅碟形驳岸需要有较大的场地，浅碟形驳岸容易受水流冲刷而崩塌，使沿岸的构筑物显得不安全，这种情况下，就需要建造垂直驳岸。

垂直驳岸的建造有多种方式，有钢筋混凝土现浇护坡、浆砌（干砌）块石护坡、砖砌体护坡等。园艺技能训练和竞赛中，受场地、时间等因素的影响，一般都采用干砌块石护坡或砖砌体护坡，也有其他材料营造的水体，如第 45 届世界技能大赛中，就运用了木材建造垂直驳岸。

（一）施工流程

测量放线→土方开挖与基础处理→防水膜铺设→驳岸施工→池底卵石铺设→水电安装及调试→岸线修饰与造景。

（二）驳岸建造与防水

与浅碟形驳岸水体相比，垂直驳岸水体在建造上增加了驳岸建造。但驳岸的存在对防水膜的铺设有很大影响，通常有两种铺设防水膜的方式，即在驳岸内壁挂设防水膜和把驳岸建造在防水膜内。

第一种方法是在驳岸内壁挂设防水膜，即水泥内壁。这种施工方法是先砌筑水池，然后在水池内壁铺设防水膜。施工简单易行，但防水膜挂在水池内壁上，无法被遮挡，外露的防水膜会对景观营造产生较大影响，同时，防水膜强度有限，极易受池壁的摩擦而破损，从而影响防水效果。

第二种方法是把驳岸建造在防水膜内，用防水膜把驳岸和水体都包裹起来。这种建造方法的优点是防水膜不外漏，不影响景观营造，但建造过程中，需要在防水膜上砌筑驳岸，施工过程中必须对防水膜加以很好地保护，同时对驳岸基础施工的要求更为严格，如果有不均匀沉降，对防水膜的防水效果将产生很大影响。

在园艺项目的训练和竞赛中，如果设计的水位低于地面，一般会采用第二种方法，即用防水膜将水池包裹起来，避免防水膜外露，不影响景观；如果高位水池，水位也比地面高，则采用第一种方法，即在水池内壁外挂设防水膜。

三、组装式水景

随着园林工艺的不断发展，园林行业出现了较多组装式的水景。如组装式的跌水、溢水等。这些水景大多体量较小如一个园林小品，安装便捷，景观配合水、电甚至声，比较生动有趣。此类水景不涉及施工，准备好水源、电源按照说明书安装即可。

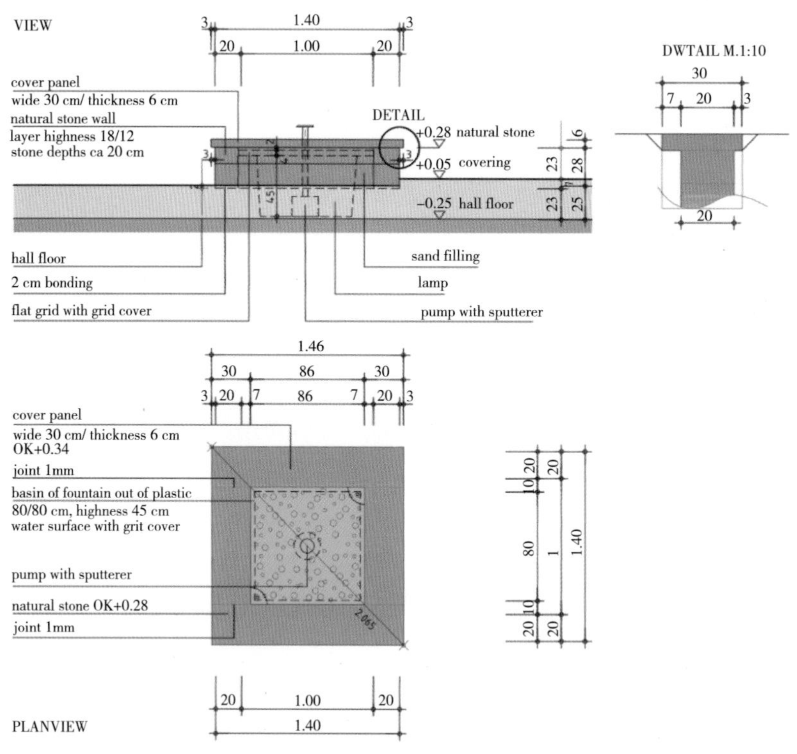

图 7–5　第 42 届世赛园艺项目水景制作图纸

如 2013 年第 42 届（德国莱比锡世界技能大赛）的园艺竞赛试题中的水景模块就要求选手完成一个组装式的水景，包含了水箱体和喷泉的安装（图 7–5）。

由详图得知，中央喷泉由内外两部分组成，水池的中间部位是塑料的水箱，基础深度为 –0.25m，水箱的中央放置水泵，水箱上方有网格状的盖板，高度为 +0.26m，盖板上铺满鹅卵石，喷泉口从盖板中间穿出立于水池中央，水箱外侧为自然石块围合而成，压顶板厚 6cm，横向压顶板与竖向压顶板之间留有 1mm 缝隙。

需要注意的是，组装式水景大多涉及喷泉的安装。

第四节　质量评价

水景设计和施工必须严格执行国家、地方规范中的强制性条文，水景结构方案应合理优化，设计应兼顾质量与成本，在保证结构安全的前提下力求节约，坚持成本最优原则。构件尺寸及配筋若不是计算和概念设计需要，应取最小值。具体的设计和施工标准可以查看相关规范，不在本节赘述。

一、国家标准

（1）《建设工程项目管理规范》（GB/T 50326—2017）
（2）《普通混凝土小型砌块》（GB/T 8239—2014）
（3）《砌体结构工程施工规范》（GB 50924—2014）
（4）《砌体结构工程施工质量验收规范》（GB 50203—2011）
（5）《建设工程工程量清单计价规范》（GB 50500—2013）

二、行业标准

（1）《园林绿化工程施工及验收规范》（CJJ 82—2012）
（2）《喷泉水景工程技术规程》（CJJ/T 222—2015）
（3）《建设工程施工现场环境与卫生标准》（JGJ 146—2013）

三、技能大赛标准

园艺竞赛水景模块的标准大体上与国家标准、行业标准看齐，但因为竞赛场地、设备、工具、时间等方面的限制，在实际评价中存在差异。

世界技能大赛园艺项目赛项说明中，对参赛者水景部分的知识考核要求为：知道用于园艺景观中的池塘、水景和喷泉的种类；知道如何安装和维护水景；知道安装游泳池和热浴缸的流程；知道池塘和水景植物的合理种植；知道持续清理和维护水景。技能要求为：能安装活动池塘衬垫和预制池塘；能在池塘和湖中种植水生植物；安装所有类型的水景；能安装游泳池和热浴缸；能安装和检查所有与水景相关的泵、管道、清洁系统和电气系统；能持续维护、养护水景和池塘。

全国第一届职业技能大赛园艺项目比赛对水景的考核要点是池底（含池底建造、防水膜安装、池底覆盖），水泵安装，景石安装；对测量内容及精度要求是各环节安装正确；对水景的评价要求是水面干净，出水口均匀，水景整体效果好。

从这些内容看，水景模块对参赛者的要求比较全面，涉及园林砌筑、园林构筑物搭建、机电设备简易安装、说明书解读、植物种植、园林管理等。

具体的水景模块测评方法及过程见表 7–1 所列。

表 7–1　水景模块评测方法及过程

评测点	评价项目	评测方法	标准或要求
池底建造	水池基础工艺	过程评价	观察选手在水池基础施作工程中是否按图施工，水池的基础是否经过了开挖、夯实等流程
	池底标高	结果测量	利用激光投线仪和水准尺，在水池底部随机抽取 2~5 个点，测量池底标高是否与图纸要求一致，有一个不一致则该项不得分
	水池底部覆盖物均匀铺满	结果观测	水池基础施作完成后，观测是否有裸露的防水结构或其他池底结构。观测到一处则该项不得分

（续）

评测点	评价项目	评测方法	标准或要求
防水结构施作	防水膜安装正确，不漏水	结果观测	水池基础施作完成后，选手对水池注水至设计的水面标高。比赛结束后裁判观察 2h，看水面标高是否有明显下降。有明显下降则该项不得分
水池形态营造	砌筑式水池的砌筑工艺	结果观测	按照砌筑模块的标准，对水池砌体进行测量和观测。详见砌筑模块的评价要求
	水岸线标高	结果测量	利用激光投线仪和水准尺，在水岸线上随机抽取 2~5 个点，测量水岸线标高是否与图纸要求一致，有一个不一致则该项不得分
	水池坐标	结果测量	利用卷尺及其他长度测量辅助工具，在水岸线上随机抽取 2~5 个点，测量水岸线坐标是否与图纸要求一致，有一个不一致则该项不得分。一般来说，坐标尽量从坐标原点开始计算，如遇其他构筑物阻碍测量的，方可考虑根据工位进行坐标距离换算
	出水口标高	结果测量	利用激光投线仪和水准尺，在出水口上随机抽取 1~3 个点，测量出水口标高是否与图纸要求一致，有一个不一致则该项不得分。因为出水口的面积比较小，通常选择出水口边缘的中心点进行测量
	出水口均匀	结果观测	出水口处全部被水覆盖的，得满分；2/3 以上被水覆盖的，得一半分；多于或等于 1/2 没有被水覆盖的，不得分
	水体能正常循环	结果观测	观测出水口出水是否连续，水体是否有设计中的流动感
	水景整体印象	结果评价	此项为评价分，按照水景整体的情况分为 0~3 档，其中： 0 档评判标准为：看起来不自然； 1 档评判标准为：一些地方看起来自然； 2 档评判标准为：大部分看起来自然； 3 档评判标准为：每个地方看起来都自然

第五节　未来发展趋势

园林景观作为城市自然生态环境的重要组成部分、城市中唯一的生命建设基础设施，必须首先承担改善自然生态环境的实质功能，而不仅仅是观赏功能。因此园林行业的节约型、生态型和功能性是园林发展的必然趋势，其内涵就是园林景观的可持续性、自持、循环、高效和低成本。以保护为导向的园林生态工程将逐步成为园林产业未来发展的主要方向之一。

世赛园艺项目要求向行业看齐，体现行业要求。园艺项目竞赛知识方面一直涵盖园林行业各知识领域，水景的形式必将越来越丰富，涉及的操作技能也将越来越多。可能包括数字水幕，灯光、色彩的电子控制，弱电安装调试，喷泉安装，灌溉系统、排水设备（排水口、滤污器、储水池）安装等。对环保的日益重视，可能会要求选手进行海绵式花园、自净式花园等的营建。

1. 海绵式花园

海绵式花园来源于海绵城市。海绵城市是指城市能够像海绵一样，在适应环境变化和应对自然灾害等方面具有良好的“弹性”，下雨时吸水、蓄水、渗水、净水，需要时将蓄存的水释放并加以利用（图 7–6）。顾名思义，“海绵式花园”也具备了此功能。

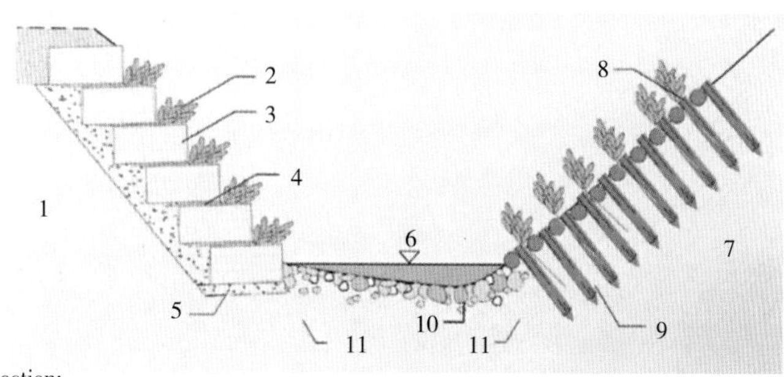

Section:
1. Gabions with brush layers
2. Brush layer
stone–filled wire–mesh
3. Gabion basket（100 × 100 × 50）
4. Selected fill material
5. Gravel（sub–grade course）
6. Assumed mean water lever
7. Log cribwall
8. Brush layer and/or rooted plants
9. Wood cribwall built from timber logs
10. Bed substrate
11. Undisturbed existing soil

剖面图:
1. 附有植被冲刷层的石笼
2. 植被冲刷层填石丝网
3. 石笼篮（100 × 100 × 50）
4. 选择的填充材料
5. 砾石层（路基）
6. 假设平均水位
7. 木质框架挡土墙
8. 植被冲刷层和/或生根固土植物
9. 木材建造的木质框架挡土墙
10. 河床基底
11. 未受干扰的既存土壤

图 7–6 海绵式花园结构示例

2. 自净式花园

自净式花园是自然形成的或人工挖掘的浅凹绿地，被用于汇聚并吸收来自屋顶或地面的雨水，通过植物、砂土的综合作用使雨水得到净化，并使之逐渐渗入土壤，涵养地下水，或使之补给景观用水、厕所用水等城市用水。是一种生态可持续的雨洪控制与雨水利用设施（图 7–7）。雨水花园也被称为生物滞留区域，是指在园林绿地中种有树木或灌木的低洼区域，由树皮或地被植物作为覆盖。它通过将雨水滞留下渗来补充地下水并降低暴雨地表径流的洪峰，还可通过吸附、降解、离子交换和挥发等过程减少污染。

未来园艺项目竞赛对选手的要求越来越全面，技能要求会扩展到水电、电子、管理等领域，必须具备学习能力、创新能力、团队合作、环保安全等九大能力。

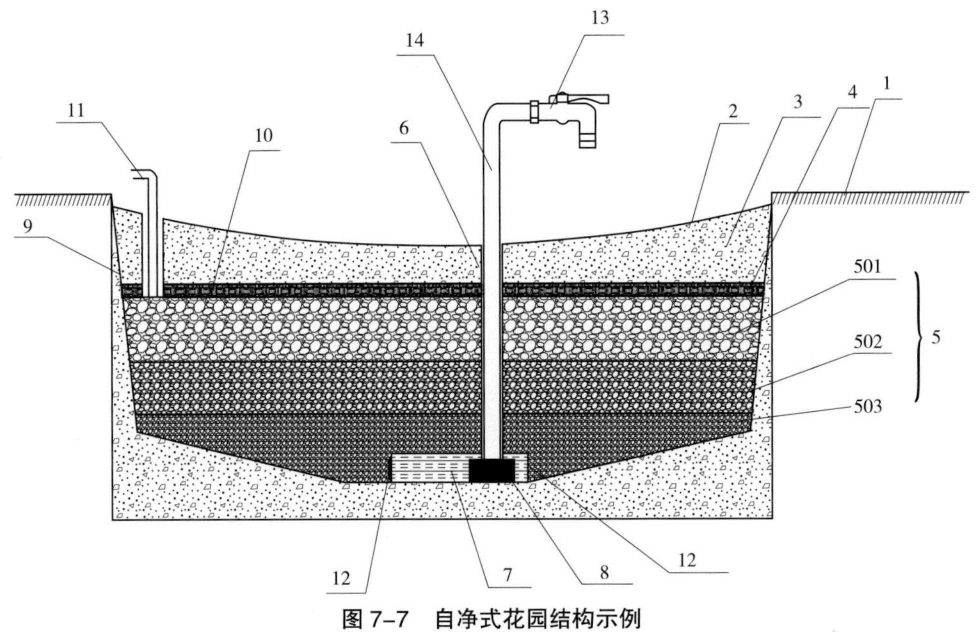

图 7–7　自净式花园结构示例

1. 基围　2. 覆盖层　3. 种植层　4. 碎石层　5. 玻璃轻石层　6. 窑井　7. 水泥管体　8. 潜水泵　9. 遮水膜　10. 透水布层　11. 通气管　12. 渗水膜　13. 水阀　14. 水管　501. 孔隙为 1~2mm 的玻璃轻石层　502. 孔隙为 0.5~0.9mm 的玻璃轻石层　503. 孔隙为 1~20μm 的玻璃轻石层

第六节　施工实例解析

一、隔根板组装的混合式水景

本例是一个依靠在木平台旁边的自然水景（图 7–8）。水池使用隔根板进行外形控制。由于水景较为独立，要注意水景放线的美观程度。最大的难点在于岸线的处理，一方面要设置好防水膜，另一方面要保证标高和坐标。

（1）根据施工要求及详图示意，先进行放线，然后开挖土方，校准放线后根据自行设定的标高进行基础下夯。水池的岸线走势将影响绿化种植和整个庭院的印象效果，如图 7–9 所示。

（2）由于开挖土方量较大，可选择两个选手协作开挖水池，深度达到设计标高后，夯实池底并放坡刮平。两个选手同时进行操作时，选手间的配合默契度将是一项重要的考核指标，如图 7–10 所示。

（3）隔根板下埋前，要进行沟槽开挖。选手可以选择自己的处理方式，如图 7–11 所示。隔根板的长度需选手自行裁剪并安装处置，如图 7–12 所示。

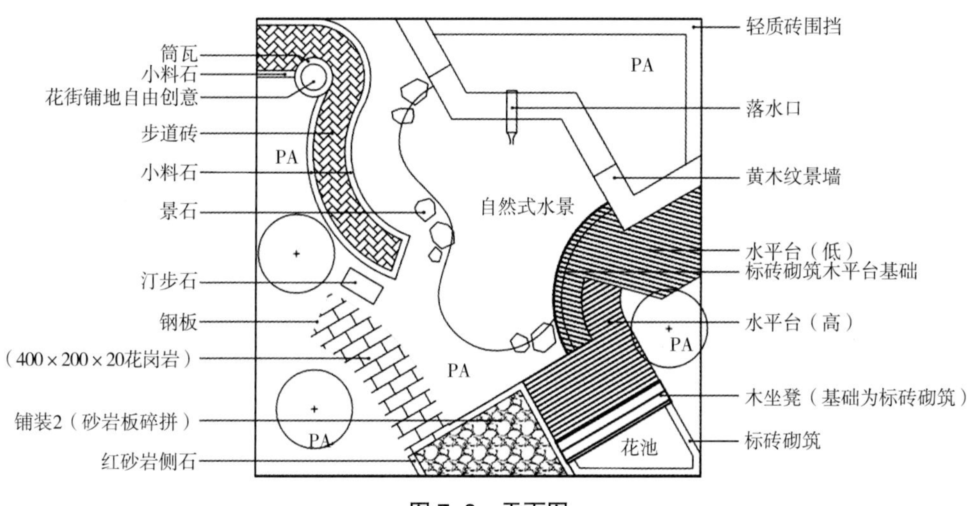

图 7-8 平面图

图 7-9 水岸线放线

图 7-10 土方开挖

图 7-11 隔根板沟槽开挖

图 7-12 安装隔根板

图 7-13　安装防水膜

图 7-14　放置潜水泵

图 7-15　试水

（4）隔根板的标高要全部达到图纸要求，涉及的坐标点要画点在隔根板上，反复校正。防水膜要先预埋在砌体下，并拉高防水膜做好反渗水处理，保护好防水膜，避免破损漏水，如图 7-13 所示。防水膜铺设完成后，放置潜水泵。要确保不堵塞，喷泉垂直洒水均匀，如图 7-14 所示。

（5）水池可提前放水，待其他园建陆续完成后水体污垢已沉淀（本案例未涉及卵石铺设），然后水泵插电调整水循环系统。此时要校正跌水口出水的效果。水景的操作是否标准规范，将影响漏水情况和水质的浑浊程度，后期如出现以上情况将难以弥补，如图 7-15 所示。

二、复杂造型的砌筑式水景

本例是一个心形全封闭水池（图 7-16）。水池壁均由水泥砖砌筑而成，上接黄木纹片岩等其他材料。由于水景的外轮廓线顶着各个铺装或园建，要在最开始时注意放线空间，以免无法放置其他园建或使其他部分间距离较大，造成未按图施工。在施工准确的基础上，要注意水池壁砌筑的美观程度，包括弧线的美观和错缝处理。最大的难点在于，水池将与上层园建交叉重合在一起，是否可以在图纸的垂直投影范围内完成，对于选手是个考验。

（1）根据施工要求及详图示意，先进行放线，然后开挖土方，校准放线后根据自行设定的标高进行基础下夯。由于心形有圆心及坐标，要耐心准确地放线，保留辅助线，以免放线失误，如图 7-17 所示。

（2）素土夯实后，经过找平，进行首层摆砖。此时注意圆心到池边水泥砖的两个角点距离要达到图上标注的尺寸，反复校正。水泥砖之间要设置均匀的缝隙，以保证完成效果美观。首层铺设较为重要，注意标高的计算，可两个选手互相检验。由于本套题工作量较大，需两个选手同时进行，选手间的配合默契度将是一项重要的考核指标，如图 7-18 所示。

（3）防水膜要先预埋在砌体下，并拉高防水膜做好反渗水处理，保护好防水膜，避

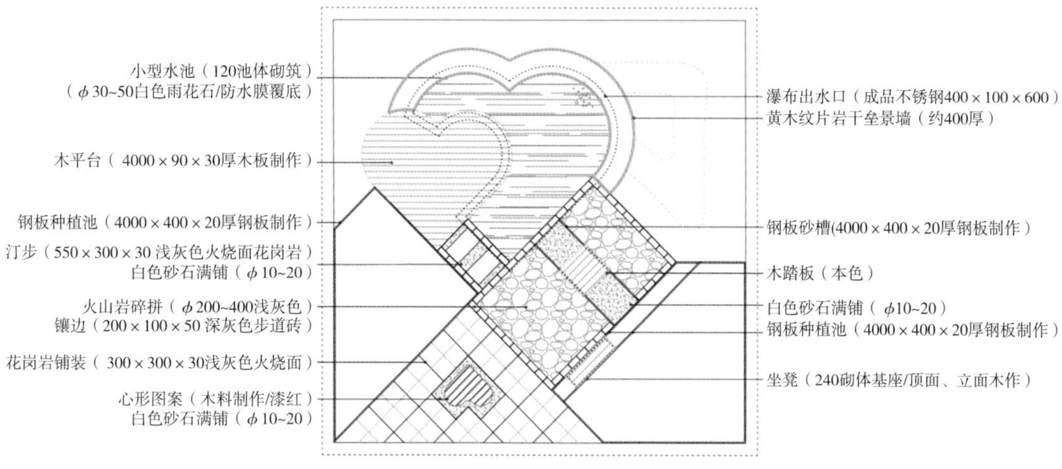

图 7–16　平面图

图 7–17　水池定点放线

图 7–18　池壁基础开挖

图 7–19　预埋防水膜

图 7–20　校正水池放线

图 7–21　池壁砌筑

图 7–22　防水膜保护

图 7–23　作品完成图

免破损漏水，如图 7–19 所示。

（4）不断校正水池的放线，承上启下，避免其他园建内容无法施工。砌体水池达到一定高度时，开始进行其他部分的建造，黄木纹片岩干垒景墙与水池交接，如图 7–20 所示。

（5）由于工作量较大，两个选手需分头施工。一人干垒景墙，要保证墙体的顺直与池壁一致，并达到图纸要求的高度；另一人专心砌筑。水池的尺寸和定位要十分准确，不仅水池本身需要测量评分，还关系到与水池相关的其他结构物的定位及施工，如图 7–21 所示。

（6）施工程序上，要注意承上启下。对相邻的园建坐标进行复测和修正。整个过程要保持水池干净和防水膜的安全，如图 7–22 所示。

（7）待其他园建陆续完成后，水池将呈现出它的魅力。水景的操作是否标准规范，将影响漏水情况和水质的浑浊程度，后期如出现以上情况将难以弥补，如图 7–23 所示。

训练作业

1. 自然式水池（木桥跨越类）（图 7–24）

训练要求：按照图纸要求完成水景部分的施工，操作精度需满足园艺项目竞赛要求，并填写表 7–2。

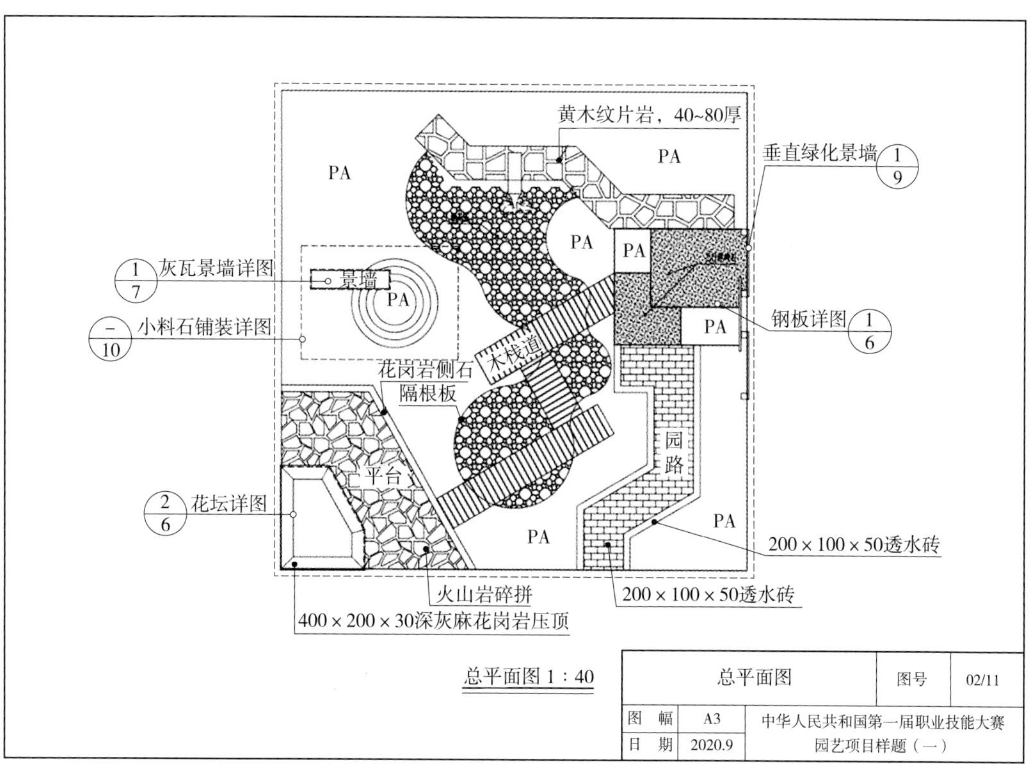
黄木纹片岩，40~80厚
PA
PA
垂直绿化景墙
1
9
PA
PA
1
7
灰瓦景墙详图
景墙
PA
—
10
小料石铺装详图
木栈道
PA
钢板详图
1
6
花岗岩侧石
隔根板
园
路
平台
2
6
花坛详图
PA
PA
200 × 100 × 50透水砖
火山岩碎拼
200 × 100 × 50透水砖
400 × 200 × 30深灰麻花岗岩压顶
总平面图 1 : 40
总平面图
图号
02/11
图 幅
A3
中华人民共和国第一届职业技能大赛
日 期
2020.9
园艺项目样题（一）

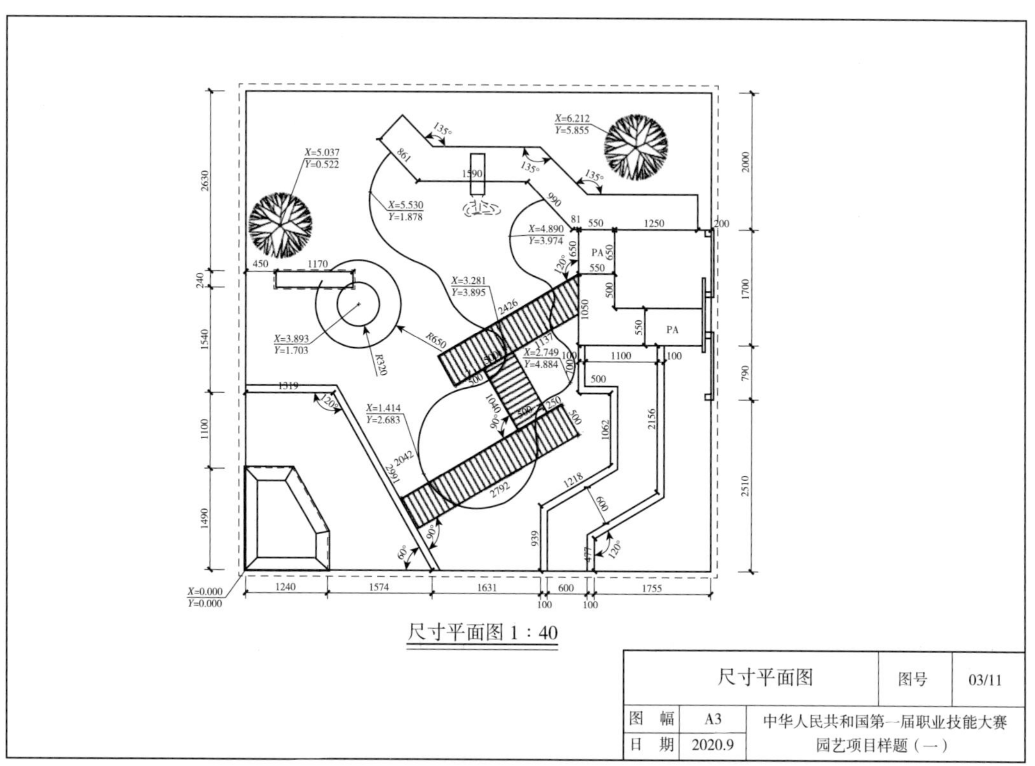
尺寸平面图 1 : 40
尺寸平面图
图号
03/11
图 幅
A3
中华人民共和国第一届职业技能大赛
日 期
2020.9
园艺项目样题（一）

图 7-24 习题一设计图

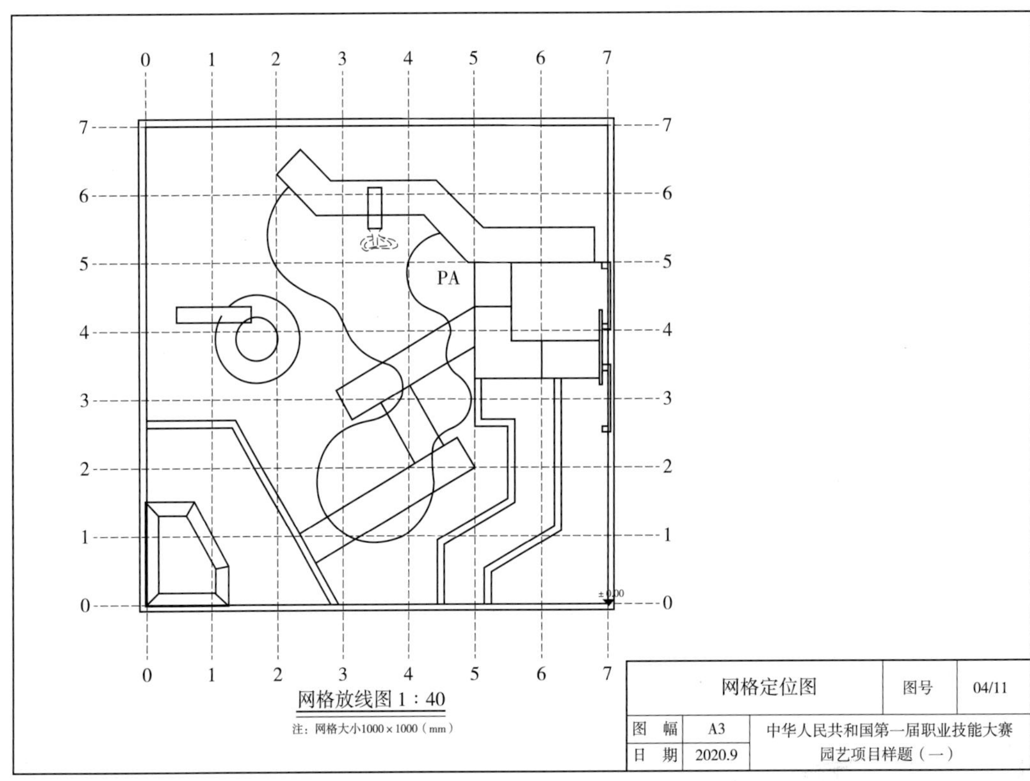
0 1 2 3 4 5 6 7
PA
±0.00
网格放线图 1：40
注：网格大小1000×1000（mm）
网格定位图
图号
04/11
图 幅
A3
中华人民共和国第一届职业技能大赛
园艺项目样题（一）
日 期
2020.9

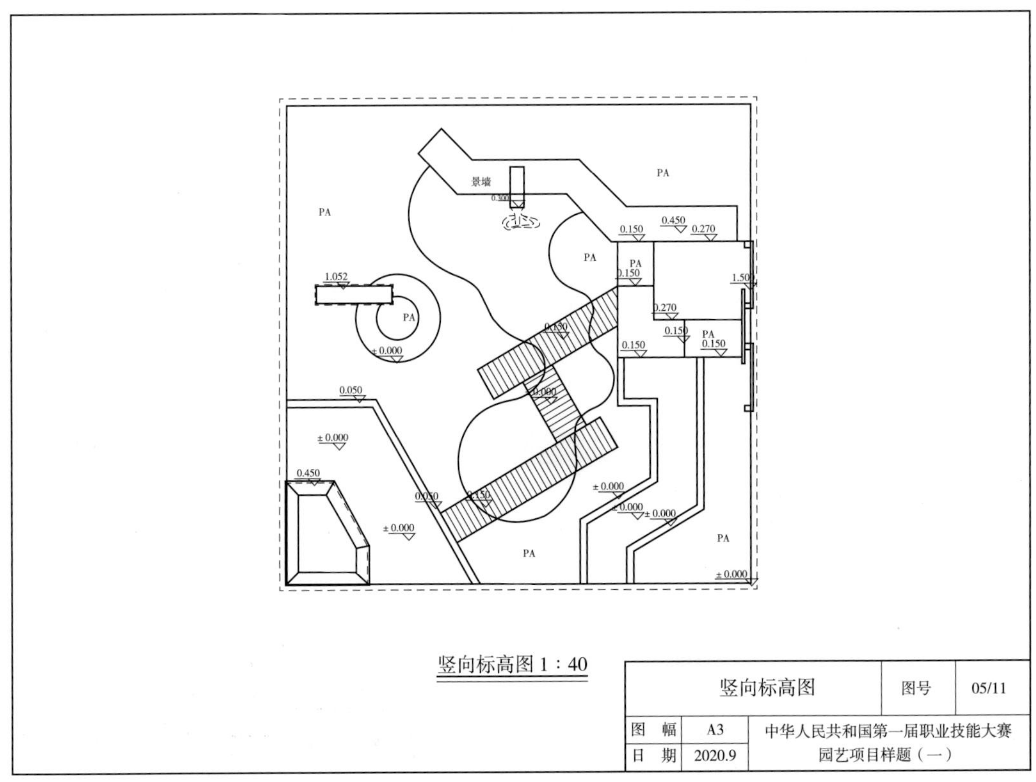
PA
景墙
0.300
0.150
0.450
0.270
1.500
1.052
±0.000
0.050
0.450
0.150
0.270
竖向标高图 1：40
竖向标高图
图号
05/11
图 幅
A3
中华人民共和国第一届职业技能大赛
园艺项目样题（一）
日 期
2020.9

图 7-24　习题一设计图（续）

表 7–2 训练记录及测评表

图纸名称			训练日期	
参训学生			指导教师	

材料及工具准备单

序号	名称	规格	数量	备注
1				
2				
3				
4				
5				
6				

图纸要点分析

训练方案

施工流程及顺序	训练重点	精度要求	起止时间

训练结果记录

序号	水景评测项目	评测细则	标准值	自评	教师评价
1	水池的基础	水池的基础经过了开挖、夯实等流程且按图施工	是 / 否		
2	鹅卵石均匀铺满	防水膜没有暴露	是 / 否		
3	水面上没有垃圾		是 / 否		
4	防水膜安装正确，不漏水		是 / 否		
5	水景中的水能正常循环		是 / 否		
6	出水口均匀		是 / 否		
7	水岸线高度 1	容差 0~2mm，1 分；3~4mm，0.5 分；＞5mm，0 分			
8	水岸线高度 2	容差 0~2mm，1 分；3~4mm，0.5 分；＞5mm，0 分			
9	水池坐标	容差 0~1cm，1 分；1~2cm，0.5 分；＞2cm，0 分			
10	水景整体印象				
		看起来不自然			
		一些地方看起来自然			
		大部分看起来自然			
		每个地方看起来都自然			
		总分			

注：水景训练试题第 1~9 项每项 1 分，第 10 项 2 分，共 11 分

2. 自然式水池（独立）（图 7-25）

训练要求：按照图纸要求完成水景部分的施工，操作精度需满足园艺项目竞赛要求，并填写表 7-3。

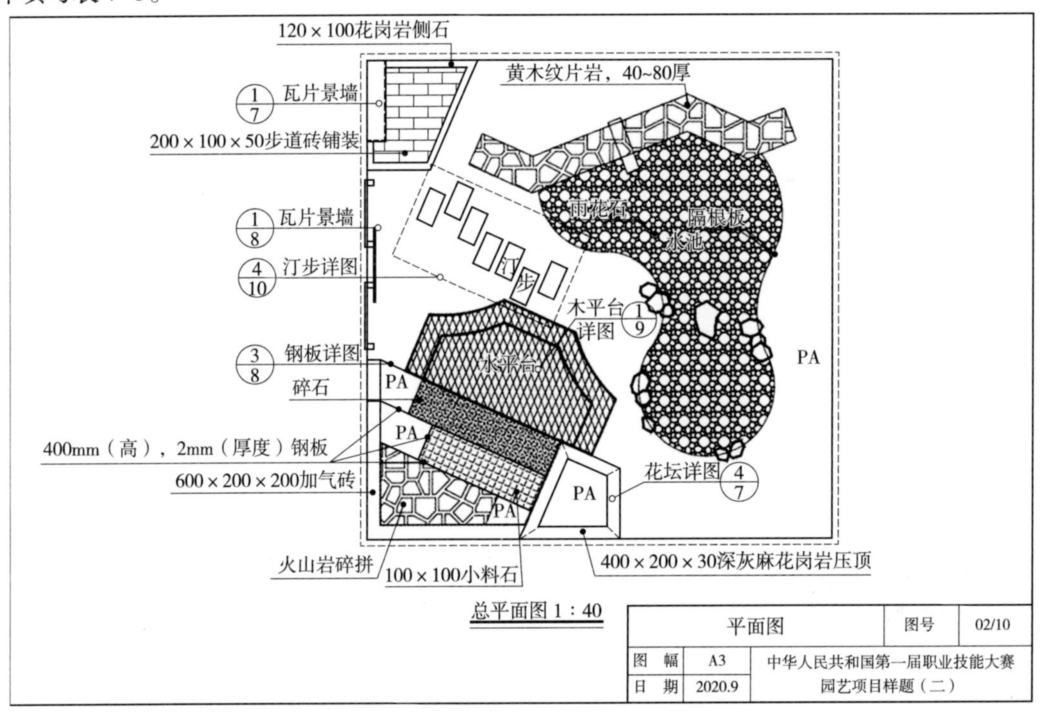

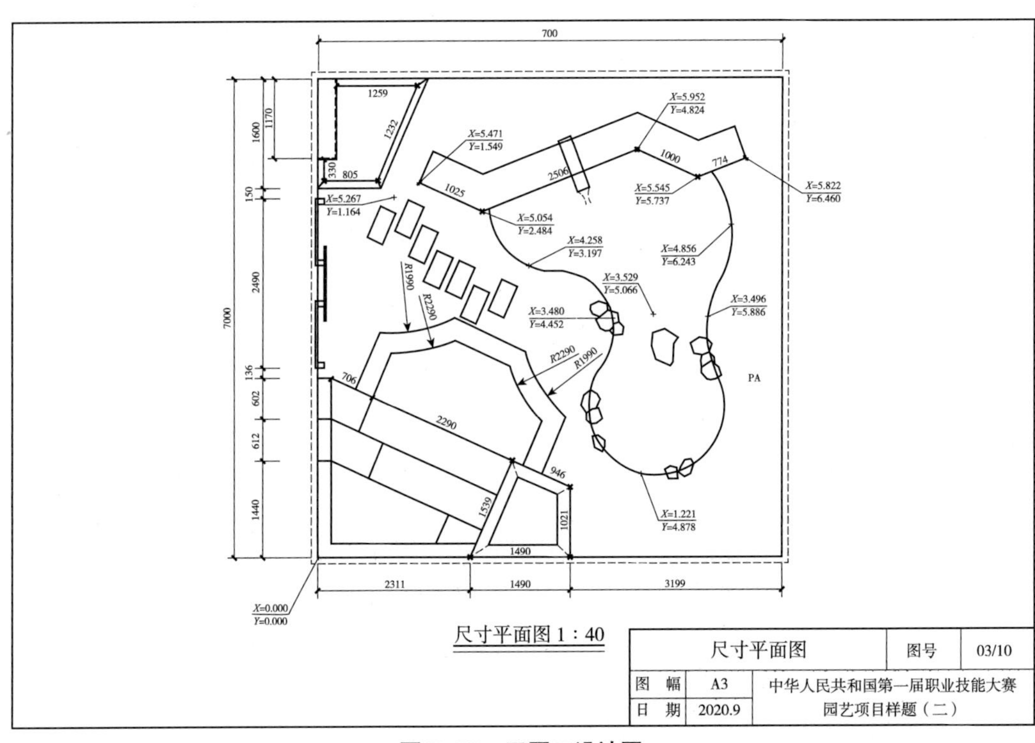

图 7-25　习题二设计图

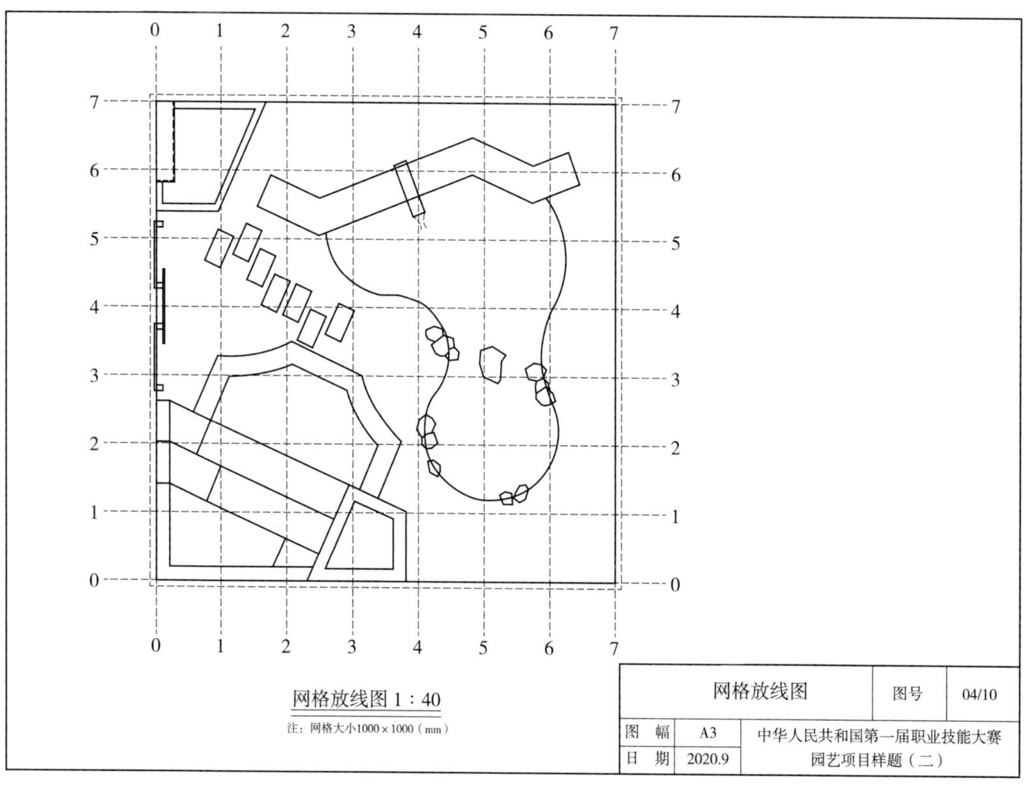

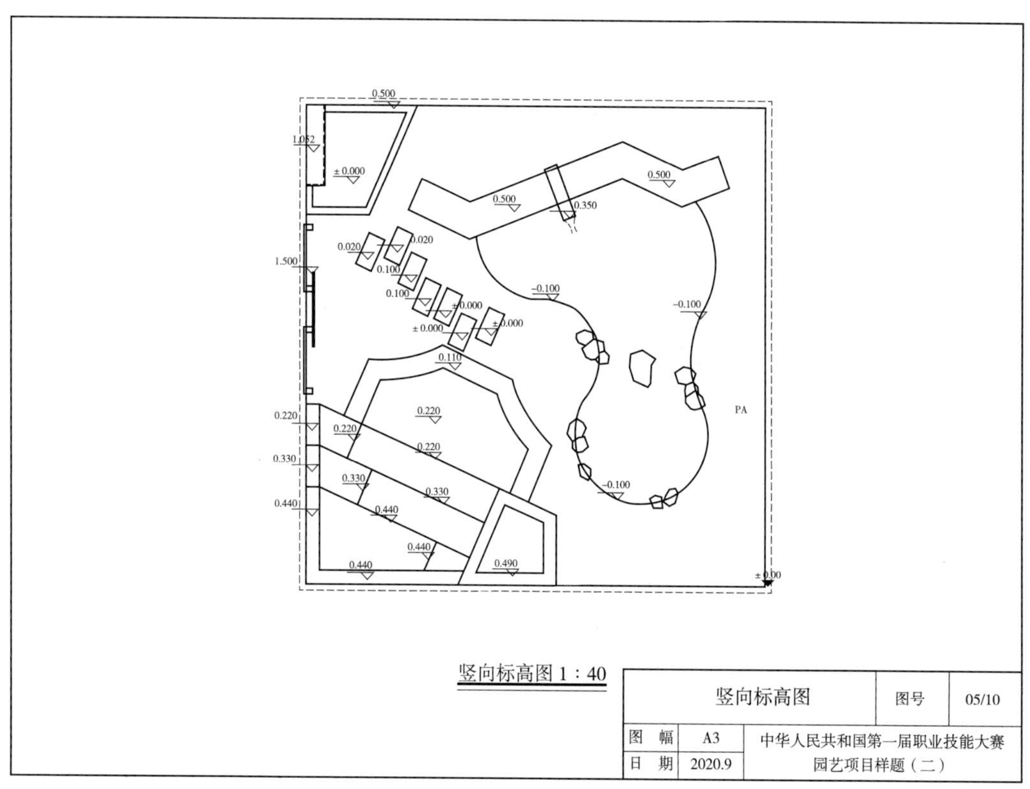

图 7-25　习题二设计图（续）

表 7–3　训练记录及测评表

图纸名称			训练日期	
参训学生			指导教师	
材料及工具准备单				
序号	名称	规格	数量	备注
1				
2				
3				
4				
5				
6				
图纸要点分析				

训练方案			
施工流程及顺序	训练重点	精度要求	起止时间

训练结果记录					
水景评测项目		评测细则	标准值	自评	教师评价
1	水池的基础	水池的基础经过了开挖、夯实等流程且按图施工	是 / 否		
2	鹅卵石均匀铺满	防水膜没有暴露	是 / 否		
3	水面上没有垃圾		是 / 否		
4	防水膜安装正确，不漏水		是 / 否		
5	水景中的水能正常循环		是 / 否		
6	出水口均匀		是 / 否		
7	水岸线高度 1	容差 0~2mm，得 0.5 分；3~4mm，得 0.25 分；＞ 5mm，得 0 分			
8	水岸线高度 2	容差 0~2mm，得 0.5 分；3~4mm，得 0.25 分；＞ 5mm，得 0 分			
9	水池坐标	容差 0~1cm，得 1 分；1~2mm，得 0.5 分；＞ 2mm，得 0 分			
10	水景整体印象	看起来不自然			
		一些地方看起来自然			
		大部分看起来自然			
		每个地方看起来都自然			
总分					

注：水景训练试题第 1~9 项每项 1 分，第 10 项 2 分，共 11 分。

3. 砌筑式水池（图 7–26）

训练要求：按照图纸要求完成水景部分的施工，操作精度需满足园艺项目竞赛要求，并填写表 7–4。

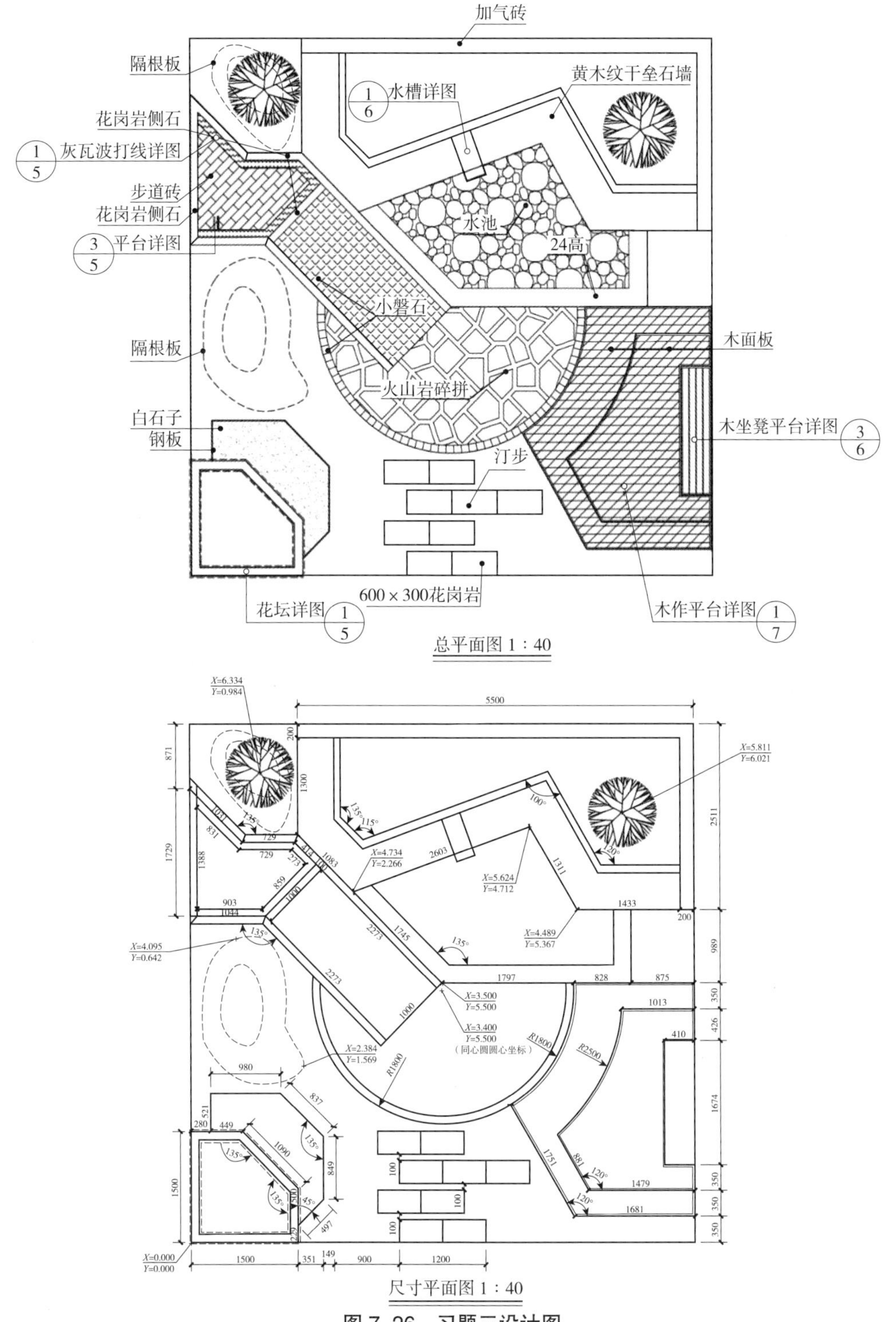

图 7–26　习题三设计图

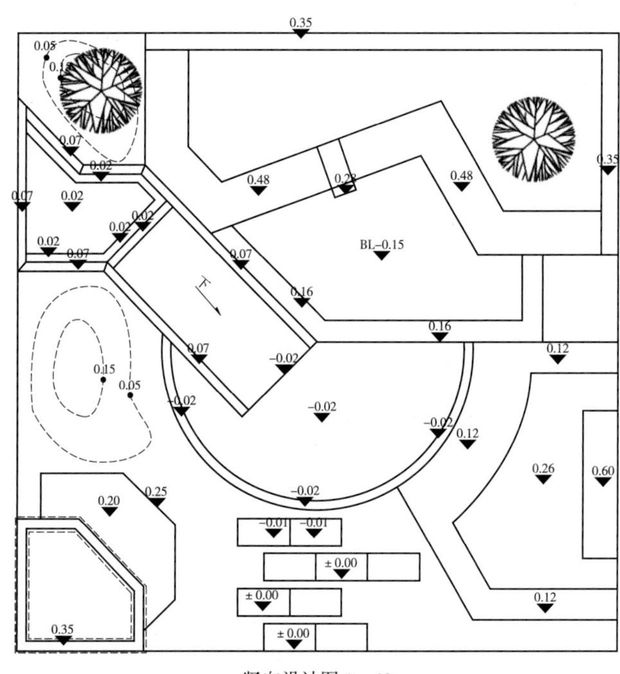

竖向设计图 1：40

图 7–26　习题三设计图（续）

表 7–4　训练记录和测评表

图纸名称			训练日期	
参训学生			指导教师	
材料及工具准备单				
序号	名称	规格	数量	备注
1				
2				
3				
4				
5				
6				
图纸要点分析				
训练方案				
施工流程及顺序	训练重点		精度要求	起止时间

（续）

训练结果记录

序号	水池驳岸砌筑评测项目	评测细则	标准值	自评	教师评价
1	水池尺寸	容差 0~2mm，1 分；3~4mm，0.5 分；＞ 5mm，0 分			
2	水池高度	容差 0~2mm，1 分；3~4mm，0.5 分；＞ 5mm，0 分			
3	驳岸基础	水池的基础经过了开挖、夯实等流程且按图纸要求施工	是 / 否		
4	错缝砌筑且均匀	错缝砌筑，并且最大缝隙和最小缝隙差值＜ 4mm	是 / 否		
5	无游丁走缝	上下对缝	是 / 否		
6	水池砌筑驳岸外观	缝隙明显，墙面污染面积达 50%			
		缝隙明显，墙面污染面积达 25% 且不足 50%			
		平缝水平，丁缝竖直，墙面污染面积不到 25%			
		平缝水平，丁缝竖直，缝隙填浆饱满，墙面无污染			
7	池底	池底经过开挖、夯实等流程且按图施工	是 / 否		
8	鹅卵石均匀铺满	防水膜没有暴露	是 / 否		
9	水面上没有垃圾		是 / 否		
10	防水膜安装正确，不漏水		是 / 否		
11	水景中的水能正常循环		是 / 否		
12	出水口均匀		是 / 否		
13	水景整体印象				
		看起来不自然			
		一些地方看起来自然			
		大部分看起来自然			
		每个地方看起来都自然			
总分					

注：水景训练试题第 6 项、第 13 项各 2 分，其余每项 1 分，共 15 分。

第八章

绿色空间布局

在世赛园艺项目的竞赛中，绿色空间布局是一个非常重要的模块。绿色空间是指所有种植植物的场地空间，包括地面种植空间、水域种植空间和容器种植空间等。绿色空间布局模块的考核内容，既包括针对赛项所提供的植物素材而做的整体及局部搭配方案，又包括各类种植空间内不同植物种类的栽种技术，同时还包括植物生长赖以生存的基底的塑造。绿色空间布局模块与砌筑、铺装、木作、水景等模块在空间上相对独立，在赛题考核内容上明显不同。绿色空间布局模块既有相对独立的地面种植空间，又有与水景、木作、砌筑等模块相互交叉融合的部分；既有赛题中已经明确的如定点植物坐标信息的考核，又有针对绿色空间布局方案设计能力的考核。

第一节　地形塑造

一、概述

（一）地形概念

地形在园林绿地中指地面高低起伏、陡缓变化的形态和样貌，它是植物、建筑、铺装、水体等景观元素的承载基础。在规则式园林中，地形表现为不同标高的地坪与层次；在自然式园林中，地形则表现为平原、丘陵、山峰、盆地等自然地貌的缩模。在园艺赛项中，由于铺装、木作、砌筑等模块已经明确了高程数值或坡向、坡度，且在各模块的考核中都有相应的权重进行考评，因此本章中的地形特指绿色空间中的地表形态。需要注意的是，地形塑造作为世界技能大赛园艺项目中少有的几处允许选手展现综合设计素养的板块之一（其他处为植物景观设计和给定主题的其他创意设计），在生态意识、审美价值、工程技术、规范标准等知识、能力、素养的主观考评中至关重要。

（二）园艺赛项中地形的功能

（1）平衡土方：园艺项目的赛训工作站多采用钢材、木材围合或砖砌围合的台地，台地高出地面 40cm，站内平填砂类。在赛训题目中，铺装、砌筑、构筑物、水景等景观元素及其附属设施的高程数据往往已经给定，而绿地的高程信息一般不在图纸上直接展现。这需要选手结合赛题的主题理念、元素的功能需求，做好绿地的竖向设计方案，结合其他模块的实施，统筹安排土方量的调配，达到土方平衡，实现工作效率的最高化和多种效益的最大化。

（2）营造生境空间：地形可以营造丰富的种植环境，改善植物种植的条件，提供在坡度、湿度、光照等环境因子变化的多样性种植场地，为不同生长习性的植物提供适合的生境，并且种植设计结合地形塑造会形成更加丰富的景观层次和更加优美的空间效果。园艺项目中的植物景观设计，除少量乔木（一般为 2~3 株）作为定点植物，标注了坐标位置外，其余的植物均不明确具体的位置和搭配的方式。这需要选手结合给定的植物清单，按照“适树适地”或“适地适树”的原则进行各类植物生境的选择或营造。

（3）满足排水需求：为实现更大的经济效益，在园林绿地中，雨水的排放常利用场地高程的变化，沿自然地表组织径流。结合“渗、滞、蓄、净、用、排”等海绵城市基本理念的贯彻，科学的地形竖向设计将提升园林绿地在生态环保方面的价值。园艺项目的赛训场地虽然多位于室内，一般不涉及天然降雨的直接影响，但作为竞赛，职业相关的生态觉醒、人文关怀等基本素养仍是世界职业标准说明和具体赛训评分标准中客观评价的重要组成部分。

（4）营造丰富的空间体验：绿色空间作为园林的基底，一般不允许游人直接进入，相对园路、广场、园林建筑等活动空间，其发挥着空间围合的作用。场地地形的高低起伏变化以及与其他活动场地的空间关系，形成或开敞或私密，或动或静的空间类型，直接影响游人在其中的感官体验。同时，地形可在场地中引导和控制视线，将不同的景观元素连贯成一个连续的景观序列。有时，也可利用地形实现如夹景、障景等造景效果。当然，丰富多变的地形自身也是重要的视觉景观元素，给人传递各种美的感受。由于园艺项目场地面积不大，要想获得丰富的空间体验，应充分利用地形设计，实现“小中见大”的空间艺术效果。

二、设计与表达

（一）地形设计

设计与施工虽然是园林工程项目建设流程的两个阶段，但两者并不绝对分离，而是密切交织、相互影响的。以地形塑造为例，在设计阶段应充分结合施工中土方的来源情况、施工的工具器械条件、与其他模块之间的衔接配合，以及每天应完成的工程进度考核标准等方面综合考量；同样，在施工阶段既要充分贯彻设计之初的立意目的，又不能墨守成规、一成不变，应结合现场的实际情况灵活调整设计方案，做到整体景观效益的最大化。

园艺赛训项目相对于常规园林工程项目，具有面积规模小、灵活程度大、工程效率和质量要求高等方面的特点。正式比赛中，图纸方案仅在特定的时间段发放给选手，这就要求选手在地形塑造的设计环节，赛前应充分考虑场地整体的竖向布局，做出大体的土方调配方案，重点是在比赛的具体实施中灵活处理，持续地深化、优化地形设计方案。

（二）地形表达

1. 等高线表示法（图 8–1）

等高线，即地面上高度相同的相邻点所连成的闭合曲线。场地中相同高度差的等高线，叠合在水平面上的垂直投影图，即为等高线地形图。在等高线竖向设计图中，场地原等高线用虚线表示，场地设计等高线用实线表示，高程数据居中标注在等高线上，有高程数据标注的地方，此段等高线应断开，空白处标注高程，字头指向高坡方向。在园艺项目中，自然起伏的微地形常用等高线地形图来表达。

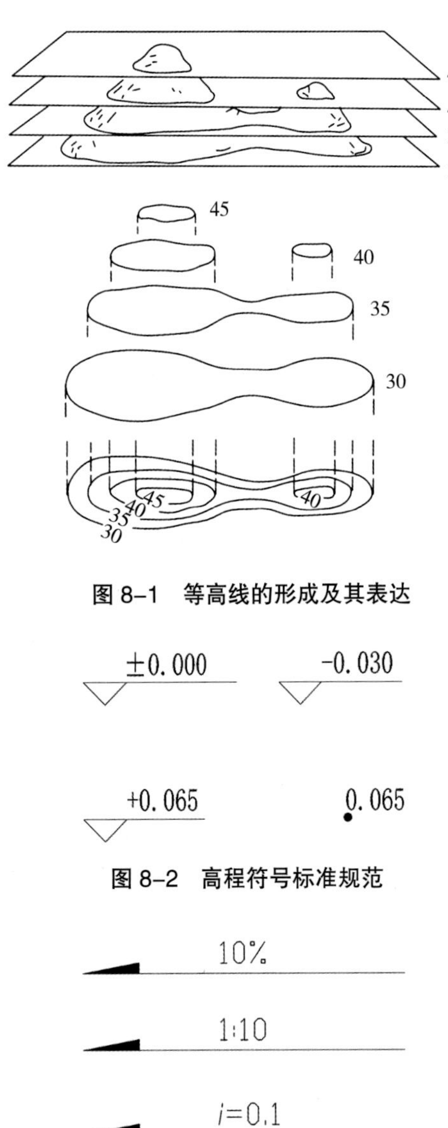

图 8–1　等高线的形成及其表达

图 8–2　高程符号标准规范

图 8–3　三种常见的坡度表达方式

2. 高程点标注法（图 8–2）

园艺项目赛题采用相对高程的表达方式，通常设定工作站左下角的高程为 ±0.000，场地内各构筑物及地面的高程均相对于此点进行标注。高程符号应以等腰直角三角形并沿斜边单向拉长表示，高程数据书写在斜边延长线上，高程符号的直角点所在的位置点、水平线或水平面即为该高程数据对应的位置高程。高程数据的单位为米，在实际标注中，省略不写。鉴于园艺项目的竞赛精度为毫米，因此高程数据应统一保留小数点后三位，且末尾数据为 0 时不省略。当高程数据为 0.000 或负值时，“±”及“–”均不能省略；当高程数据为正值时，“+”不用标注。除此之外，某一点高程的标注有时也会用一实心圆点和相应高程数据表示。水面、水平台面、特殊高程点（如微地形制高点）以及断面图上的某水平面高程通常用高程点标注法表示。

3. 坡度符号表示法（图 8–3）

针对一些直面坡场地，除明确两头起坡点的高程外，还应针对坡度（或倾斜度）进行标注。标注坡度时，通常采用一单向箭头加以坡度来表示，箭头应平行于坡向并指向下坡方向，坡度数据平行书写在箭头符号一侧，坡度数据可采用百分比表示法、坡度比例表示法或坡度代码表示法。

4. 断面法（图 8–4）

沿场地中剖切符号的剖线位置作虚拟的垂直方向切割，视线所指方向切割面的竖直方向垂直投影，即为该处特定方向的断面图（剖面图）。断面图能直观反映场地高低起伏、陡缓变化的竖向空间形态，在园艺项目中常用于表达复杂场地和重要地段的地形状态，多数情况结合高程点标注法和坡度符号表示法综合运用。

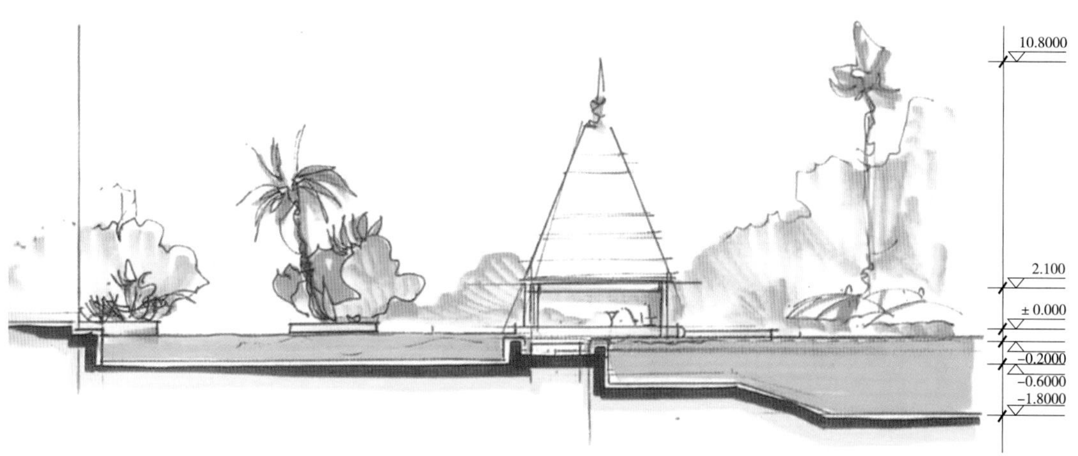

图 8–4　园艺景观断面图

三、常见材料

在正式的园艺项目竞赛中，硬质地面会回填级配碎石等作为基础层，种植区会回填种植壤土（泥炭）。而在园艺项目的日常训练中，为方便选手土方施工及赛训后工位复原，场地的基质多为各种类型的砂或砂壤土。按产地不同，砂可分为河砂、江砂、海砂、旱砂；按颗粒直径大小不同又可分为极粗砂（ϕ1~2mm）、粗砂（ϕ0.5~1mm）、中砂（ϕ0.25~0.5mm）、细砂（ϕ0.125~0.25mm）、极细砂（ϕ0.05~0.125mm）和粉砂（ϕ0.005~0.05mm）。各地赛训工位用砂应根据当地实际，就地取材，如黄山赛训基地使用河砂、广州赛训基地使用海砂。从劳动健康保护的角度来看，为避免扬尘、污染赛训场地空气，一般多采用砂壤土，并保持一定的湿度（湿度的把控以“手握成团，落地即散”为标准）。

与常规园林景观项目的基质（多为种植土、砂土、泥炭、壤土、黏土等）相比，园艺项目的基质具有密度较大、自然倾斜角较小、可松性程度大、压缩率和沉降量较大等特性，这要求选手在园艺项目的赛训中既要遵循土方地形处理的常规做法，也要注意因基质不同而产生的特殊之处。不同基质的自然安息角见表 8–1 所列。

表 8-1 不同基质的自然安息角

土壤土名称	壤土含水量			土壤颗粒尺寸（mm）
	干的土	潮土	湿土	
砾石	40°	40°	35°	2~20
卵石	35°	45°	25°	20~200
粗砂	30°	32°	27°	1~2
中砂	28°	35°	25°	0.5~1
细砂	25°	30°	20°	0.05~0.5
黏土	45°	35°	15°	0.001~0.005
壤土	50°	40°	30°	
腐殖土	40°	35°	25°	

四、施工流程

（一）绘制土方调配简图（图 8-5）

园艺项目中，砌筑、铺装、木作、水景等模块及其设施元素的标高往往在赛题中已经给定，选手可结合各设施具体构造明确场地的挖方区或填方区，粗算出各区块的挖填方

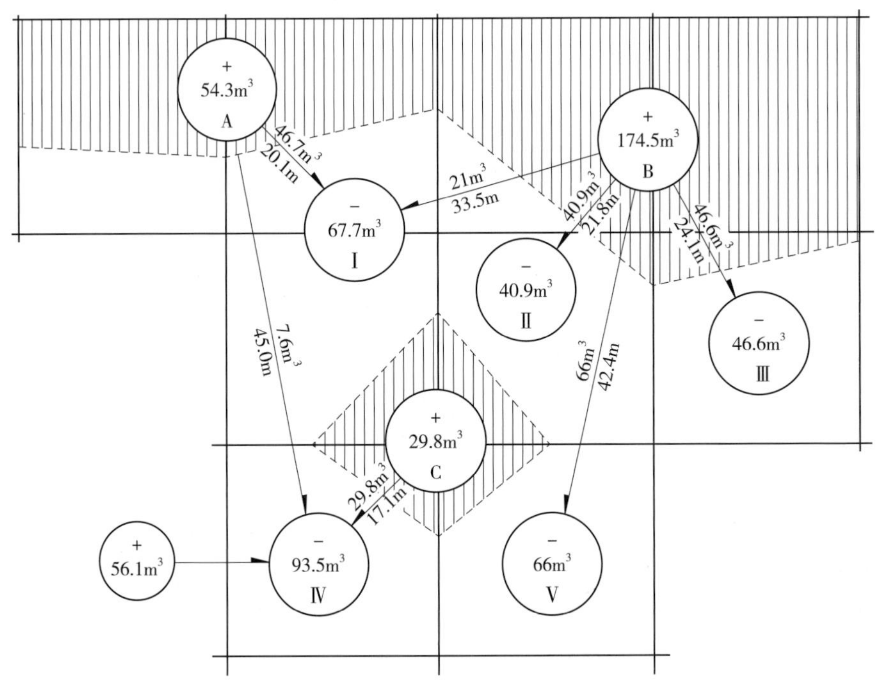

图 8-5 土方调配示意简图

量。结合每天的施工任务，首先满足当日模块的土方需求，做到随挖随填，避免土方的二次盘运，同时兼顾就近平衡的原则。若当天的挖填方量不平衡，需结合后续考评模块就近挖填方。需要注意的是，无论挖方还是填方，都要以不影响后续模块施工为前提。相对于铺装、木作、砌筑等模块拥有明确的高程信息，种植空间地形高程及水景空间的挖填均有较大的调整空间，在项目实施中应充分利用这两类场地的特征，做好整体土方的协调、利用工作。在园艺项目中，土方工程对选手的体能消耗是最大的，科学有序的土方调配方案将会大大节省选手的体力，提高土方施工的效率，为其他模块的高质量完成提供保障。因此，园艺赛项的土方调配方案不仅要体现土方整体的空间调配信息，时序调整信息也应充分考虑。

（二）粗造型

结合赛题图纸，在明确了挖填方区域后，测量现状标高，复核设计标高，得出施工标高。在具体挖填方时，应充分考虑基质的可松性、压缩性以及种植空间浇灌后带来的自然沉降，结合后续土方夯实的工艺要求，适当调整实际施工标高。一般情况下，若场地为挖方区域，实际施工标高数值应减少 10% 左右；若场地为填方区域，实际施工标高数值应增加 10%~20%。

园艺项目种植空间的地形主要分为两类，即有起伏变化的微地形和平坦的地形。微地形的美学特性主要体现在地形空间类型丰富、主次分明，地形轮廓平顺流畅、饱满有弹性。平地形的美学特性则主要体现在肉眼感官上的绝对水平，局部无坑洼的既视感。

在粗造型阶段，塑造微地形时需要在场地上标记出首层等高线轮廓和所有制高点位置，具体可结合网格放样法，用木条等棍状物在地面划线，在制高点位置插上木桩，木桩之上标记出设计标高位置线。一般情况下，微地形空间多为填方区，施工时应从制高点开始沿着脊线位置不断堆填土方，随着土方的自然滑落，两条脊线之间自然形成谷线。需要注意的是，为保证土方稳定，在堆填方的过程中，应有分层压实的工艺，通常每填高 100mm 左右，用刮耙推平，用木夯夯实 2~3 遍，夯实的过程中用力应先轻后重。

在粗造型阶段，塑造平地形时需要在场地上标记出地形的边界轮廓线，具体方法同上。若场地为填方区，通常使用铁锹先从中间向四周均匀堆方，达到一定高度后，用刮耙推平，用木夯夯实，夯实的次数可根据填方深度灵活调整。当场地为挖方区时，如果施工标高数值不大，则可以直接用刮耙推土降低标高，直至达到理想的标高，进而完成夯实工艺。需要注意的是，平地形的营造过程需要对多个位置点进行标高的控制，控制位置点越密，场地效果越明显。

（三）细塑形

在粗造型的基础之上，先运用工兵铲对微地形进行局部挖补调整，然后运用刮尺将地形表面整体刮平顺，当场地规模较小时，也可运用抹刀对其表面进行修整、抹平。针对平地形的细塑形，则主要使用刮尺、抹刀对其进行修整、抹平。由于平地形的设计标高常作为测评对象，因此在修整的过程中，要不断复核多处位置点的高程，并使用水平尺查验水平度。

地形塑造环节工作繁重，选手须充分重视工作效率及自我的劳动保护，具体体现在以下几个方面。首先，工具的选择要恰当，如挖方的过程使用尖头锹要比使用平头锹省力，但在转运土方或平整场地的时候，平头锹又比尖头锹高效；大范围的平整使用刮耙，小范围的平整使用刮尺，局部细节的平整则使用抹刀。其次，选手需要借助自身肢体，巧妙使用工具，为我所用，节省体力，如在使用铁锹的过程中，有规律地调整双手握铁锹柄的位置、方向及双手间的距离，轮换发力部位，避免单一部位长时间发力造成身体劳累甚至损伤。再次，选手在劳动时的姿态应符合工效学和人体工程学原理，尽量保护腰部免受劳损，一般情况下降低人体重心可以减弱腰部的负荷，半跪、全跪、岔开双腿等姿势均能降低腰部重心，保护腰部，减小动作幅度，节省体力。最后，在地形土方施工的过程中，选手会高频率、长时间地用手掌摩擦铁锹柄，同时场地会不可避免地产生飞沙或扬尘，这就要求选手除了做好穿工装服、劳保鞋、戴护目镜等基本劳动保护以外，还要戴好手套及口罩。

五、模块评价

（一）国家标准、行业标准

（1）《城市绿化条例》（2017 年修订版）。

（2）《风景名胜区总体规划规范》（GB/T 50298—2018）。

（3）《公园设计规范》（GB 51192—2016）。

（4）《城市绿地设计规范》（GB 50420—2007）。

（5）《园林绿化工程项目规范》（GB 55014—2021）。

（6）《城市用地竖向规划规范》（CJJ 83—2016）。

（7）《城市绿化工程施工及验收规范》（CJJ/T 82—2012）。

（二）竞赛标准（表 8–2）

表 8–2　地形塑造评测方法及过程

评测项目	评测点	评测方法	标准或要求
地形塑造	按照植物需求准备种植基底	结果观测	正确准备用于种植各种植物的地面，按照规定准备土壤区域、铺草皮、加固并处理平整
施工流程	按照合理的施工顺序进行地形塑造	过程评价	施工过程中，观察选手是否按照合理的施工工序进行操作，发现工序不对的，酌情扣分
场地清洁与安全	施工场地清洁有序	过程评价	特定的工具、材料只在工作区域内使用，所有的垃圾都被处理，所有的工作区域都是安全的
工作组织与团队合作	工作组织合理，团队合作有效	过程评价	工作流畅且选择任务时有明显的目的性，工作步骤顺序合乎逻辑，是事先计划好的。必要时有团队合作且配合默契
工具、设备与材料的使用	工具、材料、设备使用合理	过程评价	工具与设备使用合理且熟练，材料安装符合图纸要求
人体工程学	劳动动作和劳动习惯正确	过程评价	工作符合人体工程学标准，正确地抬举、转身和搬运，没有跑跳、投掷

（续）

评测项目	评测点	评测方法	标准或要求
安全与环保	操作过程有安全防护	过程评价	在地形塑造过程中，按照安全和防护表的要求佩戴护目镜、防尘口罩、手套等；按照工具设备操作规范进行工具和设备的使用。发现未按照要求进行防护或操作的，酌情扣分；明显有安全隐患的应立即让选手停止操作、暂停比赛；多次违反要求的可以取消比赛资格
	地面上没有垃圾及印痕	结果观测	观测地面上是否有落叶、草屑等垃圾和手、脚印痕。若有，则该项不得分
	施工过程环保	过程评价	在地形塑造的过程中，是否存在不环保的操作，如地形塑造过程中，一些碎石、砖块和木屑被埋入土方中，不做清理。若存在不环保的操作，则该项不得分

六、表格样例（表 8–3）

表 8–3　土方量调配统计表

序号	挖方区 / 挖方量	填方区 / 填方量	挖 / 填方时日	运方 A 路线、土方量及运距	运方 B 路线、土方量及运距	运方 C 路线、土方量及运距	运方 D 路线、土方量及运距	备注
区域 1								
区域 2								
区域 3								
区域 4								
区域 5								
总计								

第二节　植物造景

一、概述

（一）植物在绿色空间中的应用

绿色空间具有重要的生态价值和美学价值，对人居环境的影响巨大。植物对于生态系统的构建和功能效益的发挥起到基础性作用。同时，各种各样的植物在花、果、叶、枝、干、根、形体、色彩、芳香以及文化内涵等方面千差万别，四季更迭、生命轮回，更增添了植物的秀美、灵动。园林植物作为绿色空间的基本元素之一，是品种最多、数量最大的一类元素，对绿色空间的效益发挥起到不可替代甚至决定性的作用。相对木材、石材等无生命的建构材料，园林植物素材的运用并不简单。园艺选手需要掌握植物的生物学特性、生态习性和观赏特性，因地制宜地选择搭配植物或为赛项提供的植物创造适宜的生境，前者是“适地适树”的原则，后者则是“适树适地”的原则。同时，“以人为本”的思想又要求营造的植物景观应充分满足使用者的空间体验和行为心理需求。当前生态修复、植物康养、“双碳”目标等热点无不一一指向植物素材，植物景观必将是绿色空间永恒的主题和重点。

（二）植物在园艺技能竞赛中的设置情况以及表现形式

世界职业标准说明中，园艺项目各模板权重设置中有关植物种植和养护的权重高达25%。另外，在园艺设计与解读（权重 15%）中，也有分值用于考核选手植物配置的知识和能力，具体体现在以下方面。

（1）提供合理的植物景观设计方案；

（2）结合植物特性营造符合自然规律的生境；

（3）正确地准备和处理（含假植，去除包装，修剪病、残枝及枯叶等）草本植物（含蔬菜、草药；一年生、多年生及地被植物等）、木本植物、草坪；

（4）按规范要求（挖穴、种植、回土、扶正、浇水、捣实、修剪等）种植草本植物、树木和草坪（确保草坪的根系和土壤密接，平整、无缝隙）；

（5）种植时考虑植物的生长模式（留出生长空间）及视觉效果（单株的植物之间、植物组团之间以及绿色空间和整个花园之间的效果）；

（6）提供持续养护。

二、设计与表达

（一）主题定位与规划布局

1. 理解主题，呼应主题

纵观历年世界技能大赛园艺赛项的方案，几乎都有明确的主题定位，并且其定位多数会以竞赛举办国（地）的气候条件特点、自然景观风貌与人文历史景观、生活习惯或审美特征以及传统园林特色等方面作主题的立意来源。选手需要做足功课，对竞赛所在地的环境背景有所了解，进而在运用植物素材进行景观创造的过程中能够呼应主题，深化、细化、展现主题。

2. 注重科学性

植物素材是有生命的设计材料，选手应顺应它们的生理、生态习性方能营造出自然而然、可持续发展的景观。规划设计中，应充分分析赛项方案提供的苗木清单，根据植物生长对环境因子的需求特征作出排列，按照光照、水分、空间等主要因素进行分类。例如，对于阳生植物，则要结合其形体高度，要么置于复合群落的上层，要么位于不受光线影响的开阔处；对于湿生植物，则要种植在水景环境的周边，或在地形塑造的过程中创造出低洼场地供其生长；攀缘植物，要寻找场地内的景墙、构筑物等设施，为其生长提供恰当的生境。

3. 注重系统性

景观的感知既有个体、局部的，又有整体、系统的，但是人们对整体环境的感受信息是大于局部之和的。因此，在绿色空间的布局及营造中，要兼顾个体的植物、局部的群落与种群、整体的生态系统以及生命系统与其他环境景观整体的系统性。这就需要选手除了运用美学、工程学的知识外，还要充分结合美学的特征规律，最终营造一处生态稳定、赏心悦目的可持续景观。

（二）设计表达方法

1. 单体植物的表达

（1）乔木的表达：乔木的平面绘制，先以树干为中心作圆，然后用圆点代表定植点位置，圆的直径即为乔木的实际冠幅，乔木平面图的线条风格应能体现乔木自身在常绿或落叶、阔叶或针叶等方面的特征。乔木的立面绘制，则以该植物真实的钢笔写生画为基础，基本表达出植物的形体比例特征和质感特点即可（图 8–6）。

图 8–6　常见乔木平面表达

（2）灌木的表达：灌木的表达分为球灌木与色块灌木两种。球灌木的平、立面表达与乔木一致。色块灌木的平面绘制，首先应明确其种植范围，然后用能体现该植物质感风格特点的线条来绘制种植范围线，并在种植区域内用该风格线条适当点缀。色块灌木的立面绘制，则主要用其风格线条绘制出其立面轮廓关系（图 8–7）。

图 8–7　常见灌木平面表达

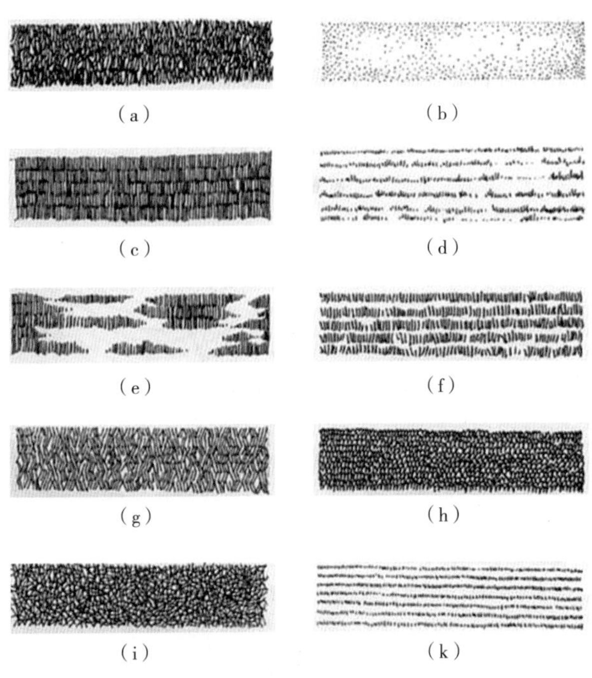

图 8-8　常见草坪平面表达

（3）草坪的表达：草坪的平面绘制，可用打点法、短线法、平涂法等方法在种植区域内表达（图 8-8）。

（4）其他植物的表达：绘制竹类植物的平面时，常用三五成丛的竹叶表示；竹子的立面绘制，则以其钢笔写生画为基础，表达出竹子的高度关系和竹竿、竹枝、竹叶特征即可。水生植物的绘制常用实物法来表达。花卉等地被植物的平面表达，常用钢笔线条结合彩色铅笔或马克笔平涂的方式，需要注意的是，彩笔的颜色选择应能呼应所种植的花卉颜色。

2. 种植设计的平面表达规范

（1）体现植物的高低层次关系：在遇到复合种植的植物群落平面表达时，按照从高到低的先后顺序绘制各个层次高度的植物，高的植物覆盖低的植物。有时候，低的植物被覆盖的区域也可用虚线来表达其位置线。

（2）烘托立体感和植物形态：针对各植物在平面上绘制其阴影，通过阴影的长度及形状来表达植物的高度和形体特征。需要注意的是，一方面，阴影应保持一定的透明度，保证能看清阴影之下的其他景物；另一方面，所有植物的阴影应保持方向的一致性。

（3）相互避让：当同一种植物的灌部相互郁闭的时候，交汇重叠的部分不必绘制，仅绘制出其灌部投影的外轮廓线即可。

（4）分层制图：在植物种类繁多、种植层次丰富的情况下，多层植物交叠在一起的平面表达方式不利于选手清晰传递设计意图，这时可采用分层制图的方式，即将乔木、灌木、地被植物分别绘制在几张比例相同的图纸上，若图纸选用硫酸纸，则能实现不同层次分合表现的效果。

三、材料

（一）植物材料

1. 乔木

乔木是指树体相对高大、主干明显的木本植物。在园艺项目中，乔木通常发挥植物空间骨架的作用，属于植物群落的上层植物，如桂花、单杆红叶石楠、柳叶榕等。用于定点测量和垂直度考评的植物通常为乔木。

2. 灌木

灌木是指树体矮小、主干低矮或无明显主干、分枝点低的木本植物。在园艺项目中，经常使用球灌木，发挥围合空间的作用，属于植物群落的中层植物，如黄金榕球、大叶黄杨球、水果兰球、鹅掌柴等。

3. 地被植物

地被植物是指用于覆盖地面的密集、低矮、无主干的植物，包括木本植物，多年生球根、宿根植物和一、二年生草花植物。地被植物多数花繁叶茂，在园艺项目中主要发挥点缀空间或构成植物群落下层植物的作用。

4. 草类

草类包括用于铺植草坪的草皮卷（块），多为禾本科植物，一般分为暖季型草和冷季型草，前者如狗牙根、结缕草，后者如黑麦草、矮羊茅等；还包括用于其他植物造景形式的观赏草，如兔尾草、粉黛乱子草等。在园艺项目中，草坪是重要的考评对象。

5. 竹类

竹类是禾本科竹亚科一类植物的统称，分为散生竹、丛生竹和混生竹。竹枝杆修长、挺拔，姿态优美，尤为符合中国传统植物景观的审美。在园艺项目中，常使用散生竹如刚竹、金镶玉竹、紫竹等，丛生竹，如凤尾竹等。

图 8–9　泥炭

6. 藤类

藤类又称攀缘植物，其自身不能直立生长，需依附他物，包括缠绕类、吸附类、卷须类披挂类以及垂悬类。在园艺项目中，常结合垒石景墙或木栅格造景。

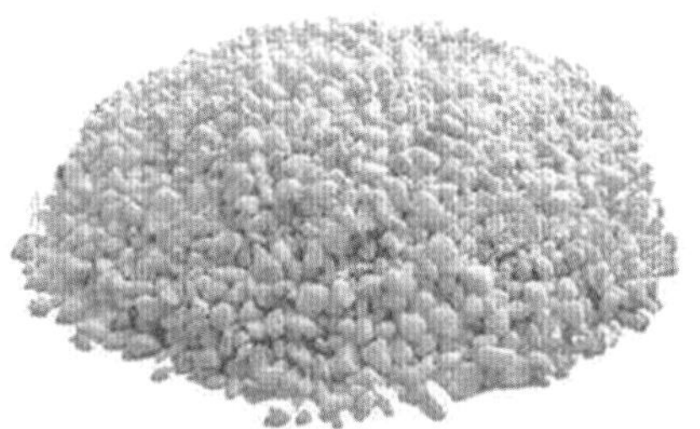

图 8–10　珍珠岩

7. 水生、湿生植物

水生、湿生植物是各类在水中生长或喜湿、耐湿植物的统称。园艺项目中常种植浮水植物，如睡莲；挺水植物，如荷花；湿生植物，如黄菖蒲、美人蕉等。

（二）辅料

1. 泥炭（图 8–9）

泥炭又称草炭，是指在山间、谷地、河湖等地积攒沉淀下来的土壤，泥炭层中含有很多没有分解完整的植物。泥炭可改良土壤的有机质含量，具有提升土壤的养分以及保水保肥能力。

图 8–11　蛭石

2. 珍珠岩（图 8–10）

珍珠岩是一种由火山喷发的酸性熔岩急剧冷却后形成的玻璃质岩石，含有硅铁等元素。它具有较强的吸水能力，可调节土壤板结；同时，珍珠岩质轻多孔，能改善土壤的透气性和排水性。

3. 蛭石（图 8-11）

蛭石是一种在高温下会膨胀的矿物，属于硅酸盐，富含镁和铁。蛭石的保水、导水性和缓冲作用都很强，可改良土壤。

4. 火山石（图 8-12）

火山石是火山岩爆发后产生的岩石。火山岩爆发后，在热胀冷缩过程中产生很多气泡，其内部为蜂窝状，具有轻质多孔、放射性物质少等优点。火山石排水性好，透气性比较好，同时含有丰富的矿物质和微量元素，可改善土壤的排水、透气性以及肥力。火山石也可作为树圈的覆盖物，用于保水、透气、防止杂草生长。

5. 树皮（图 8-13）

树皮一般为腐熟后的松树皮或桦树皮。树皮吸水快、挥发慢，常用作树圈的覆盖物，用于保水、透气、防止杂草生长。

图 8-12　火山石

图 8-13　树皮

（三）其他材料

1. 肥料

施肥对于植物来说，是汲取营养的一个过程。植物因品种、年龄、生长季节等不同，肥料的构成也不同。肥料包括有机肥、复合肥、水肥等种类，包含氮、磷、钾等主要营养剂。在园艺赛项中一般不直接使用肥料。

2. 药剂

药剂是为预防和治疗植物病、虫害而提供的药品。药剂的种类繁多，在使用时应严格遵循国家有害生物绿色防治及生态环境相关法规、标准的要求。在园艺赛项中一般不直接使用药剂。

3. 支撑材料

常用木棍、竹竿、钢丝等作为树木支撑的材料。在园艺赛项中一般不直接使用支撑材料。

四、施工流程

（一）乔、灌木种植施工流程

1. 试摆及放线定位

由于园艺项目赛训题目往往不提供完整的种植方案，选手需要结合赛题主题、空间特性和苗木清单预先作出大致的植物设计方案，具体还应在现场施工时根据植物的状况灵活调整，因此对植物的试摆是现场设计的一个重要环节。根据赛题图纸，若植物为定点测量植物，则按照标注的坐标尺寸拉尺确定种植中心点的位置；若植物为非定点测量植物，则可以采用网格放样法或目测参照法确定种植中心点的位置，位置确定后，可用木棍插入地面进行标记。在此过程中，应以一位选手为主导，另一位选手配合完成。

2. 挖穴

通常以植物土球直径为半径围绕种植中心点在地面画圆，使用尖头铁锹开挖种植穴，种植穴形状应呈倒锥台形状，挖深与植物土球高度一致或略深。在实际项目中，一般表土留存待用，多余的底土外运场地其他处。

3. 脱盆及修剪

将植物放入种植穴中，观察种植穴的深度是否恰当，并及时调整。若植物的冠部有捆绑物，则应剪开，待树冠散开后寻找植物的最佳观赏面，并将其朝向场地的主观赏方向（一般朝向场地的主入口）。若植株为容器苗，则应在覆土前脱盆，脱盆的方式视盆的材质而定，如为无纺布或软质塑料育苗袋，则可用剪刀直接剪开；如为硬质塑料育苗盆，则可用橡皮锤轻拍花盆，待盆壁与土球脱离后取出植株土球，此过程务必要谨慎，避免土球散碎。剪去植物标签。对植株进行第一次修剪，剪去枯枝、病植、弱枝、受损枝以及过密的轮生枝和下垂枝。

4. 改良土壤

若赛题提供了土壤改良的基质，则应将基质拌和砂土作为底土；若赛题未提供土壤改良的基质，则应将脱盆后的盆土倒入种植穴底部。实际项目会将挖穴时的表土翻入种植穴底部。

5. 定植

将脱盆、修剪后的植株放入种植穴中，复核种植深度、最佳观赏面朝向以及平面尺寸，调整乔木主干使其垂直地面。浇定根水。

6. 回填

回填土至 1/2 深度时，用木棒上下捣实土壤。浇第二遍水。继续回填土至种植穴被填平，进一步捣实、找平，确保种植深度与地面持平或略低于地面。结合实际种植深度，适当做出围水堰，围水堰直径常为植株冠幅的 1/3~1/2。用喷水壶对叶片进行喷水保湿。用洒水壶浇第三遍水。

7. 覆盖

水堰上覆树皮、火山石、石子等遮盖物，用于透气、保水、美化。

（二）地被植物种植施工流程

1. 放线定位

地被植物常呈片种植，具体放线定位是针对其种植范围线而言，种植形态风格不同，放线定位的方法有所差异。若地被植物种植形态为自然式，则采用网格放样法或目测参照法，找到种植边界曲线的控制点并作标记，利用木棒在地面上画曲线，将所有控制点串联起来，并保证曲线顺畅、饱满、有弹性；若地被植物种植形态为规则式，则利用卷尺和尼龙线测量后定出位置，用木棒画出种植范围线。

2. 试摆

由于园艺项目赛训题目往往不提供完整的种植方案，选手需要结合赛题主题、空间特性和苗木清单预先做出大致的植物设计方案，具体还应在现场施工时根据植物的状况灵活调整，因此对植物的试摆是现场设计的一个重要环节。需要注意的是，试摆不单单针对地被植物，有时候要结合其他类型植物的局部甚至整体进行试摆，以实现植物景观整体效果的最大化。在试摆的过程中，单个品种植物要着重考虑植株的种植密度、高矮苗位置和种植方式（一般情况下呈正三角形位置关系种植，高的植株靠近中心，矮的植株靠近边缘，彼此之间应预留出一定的生长空间），多种植物要着重考虑群落景观之间的空间层次、色彩搭配等，在必要的时候，可以灵活调整预先设计的种植范围线。

3. 种植

栽种植物时，一般从中央向四周种起，一个图样栽种完成后再进行下一个图样，当地被植物景观属于单面观赏的类型时，种植次序应由远及近开展。种植时应一株种植完成后，再种植下一株，一般情况下不采用整体挖种植沟后整排种植，避免单株植物根系裸露。单株植物挖种植穴时，可使用工兵铲或小铲子，挖穴深度应与植株土球深度持平或略深。剪去营养袋、包装物和一些干枯、残断、病弱的枝条。将土球放入穴中，调整植株的方向，使得片植效果整体均匀。若植株位于地被种植线的最外围边缘线上，还要考虑植株的种植角度，一般情况下会向外围倾斜 15° 左右。回填土壤，按压密实。

4. 改良土壤

若赛题提供了土壤改良的基质，则应将基质均匀地撒在种植场地内并适当翻耕土壤。在改良土壤的过程中，还应微调地形，结合种植范围及观赏角度，一般靠近中心位置和远离观赏位置的，其地形应适当抬高。

5. 浇水

用洒水壶对整个地被种植区域进行浇灌。有时也会待整个考核区域全部种植完成后统一洒水。

（三）草坪种植施工流程

1. 场地清理及放线定位

在塑造好的地形上，对大块的砾石、树枝等杂物进行清理。运用网格放样法或目测参照法，用木棒画出草坪的种植轮廓线（一般情况下，草坪的种植边界线即为其他植物、水体、道路、铺装或场地的边界）。有时为防止草坪蔓延，施工时会沿草坪与其他植物的边界埋置阻根板，阻根板在埋置时，一般露出地面 1cm 左右。

2. 翻耕

若赛题提供了土壤改良的基质，则应将基质均匀地撒在草坪种植范围内，然后用钉耙翻耕土壤，待基质与砂土充分融合后，再用刮耙修平。

3. 铺植草皮

园艺项目要求草坪的铺植采用满铺的方式，不允许土壤裸露。若提供的草皮为草皮卷，铺植时按照成排或成行的顺序依次铺开即可，但应注意局部位置要避免横向衔接处通缝；若提供的草皮为草皮块，则按照“工”字形铺法，避免通缝。铺植草皮时，应按照先中心后边缘、先远后近的原则开展，避免先铺的草坪被踩踏到。草皮在拼接时应避免露缝，尤其是当草皮附带的土较厚时，草皮衔接处容易翘起，这时可以用美工刀沿草皮四边做45° 切割，削薄周边的土层。铺植草皮时，应注意草皮颜色的一致性或变化过渡的均匀性，避免局部草坪色彩突兀、不协调。色彩不均匀的草皮可用于非主要观赏面处。当遇到曲线边界的草坪时，草皮铺植可能会超出边界范围，然后用美工刀切割，切割下的草皮用作其他小块场地。

4. 洒水及夯压

待草坪铺植完成后，用洒水壶对其均匀洒水，然后使用木夯夯压整个种植区域，确保草皮根系与土壤充分结合，同时保证草坪表面更加平顺。

（四）竹类种植施工流程

1. 试摆及放线定位

根据提供的苗木清单，明确竹子的类别（散生竹、丛生竹）及其数量，结合现场观察苗木实际规格，在预先安排的竹子种植区域进行试摆，以获得最佳的种植密度和观赏朝向。调整种植区域，用木棒在地面划出种植范围线。

2. 种植

栽种竹子时，一般从远及近逐排逐行开展，可整体挖种植沟后整排种植。开挖种植沟时，可使用工兵铲或小铲子，挖穴深度应与植株土球深度持平或略深。剪去营养袋、包装物和一些干枯、残断、病弱的枝条，为使植株种植后垂直、稳定，也可将竹梢剪去。将土球放入穴中，调整竹鞭的方向使其平行于种植沟方向，同时将竖向生长的竹鞭调整平顺。回填土壤，按压密实。

3. 改良土壤

方法同灌木种植。

4. 浇水

用洒水壶对整个种植区域进行浇灌。有时也会待整个考核区域全部种植完成后统一洒水。鉴于竹子极易失水，因此应用喷水壶经常喷水，保持叶片湿润。

（五）藤本植物种植施工流程

藤本植物的基本种植流程同乔木、灌木，主要植物在以下三个方面有所差异：一是藤本植物种类众多，要充分结合提供的苗木清单明确藤本植物的种类（缠绕类、吸附类、卷须类、披挂类、垂悬类），依据不同种类的生长习性以及现场环境资源，选择合适的附着物或支撑物进行组合搭配；二是多数藤本植物需要借助于牵引、绑扎手段使其与附着物或支撑物充分结合，牵引、绑扎时须注意避免对脆弱的枝蔓产生伤害；三是相对于其他植物，藤本植物一般不需要过多修剪，仅需要对枯枝、病枝、残断枝进行修剪。

（六）水生、湿生植物施工流程

1. 试摆及定位

根据提供的苗木清单，明确水生植物和湿生植物的种类及数量，结合现场场地的水分因子环境特征，为植物选择合适的种植区域。结合水岸线的线型、驳岸的类型进行具体搭配。一般在水岸线的转弯处、不同驳岸类型的交接处、较长岸线的中部种植水生或湿生植物；在水体的偏几何中心处种植水生植物。水生植物所占面积应小于水面的 1/2，水岸线边上的水生、湿生植物在种植时应断断续续、三五成丛、错落有致。

2. 种植

栽种时，水生植物一般不脱盆，若水深较深，直接置入水底；若水深较浅，则需要在水池或水塘的地形塑造时，在其底部需要种植植物的地方深挖，预留出水生植物种植容器的坑穴，然后再覆膜、置入水生植物及其种植容器。最后撒上卵石子覆盖水池底部。若种植湿生植物，其种植范围在水岸线（防水膜边线）以外，需要对湿生植物进行脱盆处理。

3. 覆池底遮盖物

使用卵石子或碎石子对池底进行覆盖，保证水池底部无防水膜裸露。

4. 放水

开通控制阀放水，注意水流速度的控制和入水口位置的选择，避免水流直接冲刷植物，导致植物倒伏或水质浑浊。

（七）绿墙种植施工流程

1. 试摆及定位

根据绿墙种植袋（箱）的数量，结合提供的苗木清单，确定可用于绿墙种植的品种。围绕场地方案主题，选择植物进行图案和色彩的搭配。一般情况下，当绿墙形态偏带状时，不宜采用曲线的线型作为不同植物种植的边界；当绿墙形态偏面状时，可采用曲线的线型作为不同植物种植的边界。不同植物进行搭配时，应注意相邻植物在色彩、株形、叶形等方面应有一定的差异性。同时，还应协调不同植物品种间的主从关系和统一关系。

2. 种植

栽种时，应先在绿墙种植袋（箱）底部放入垫布，垫布应透水、透气，并能阻挡基质流出容器。然后结合种植袋（箱）体积的大小，向其中填入部分基质。绿墙的种植基质多为有机质基质与珍珠岩的混合物。随时脱盆、减除标签，随时将植物植入种植袋（箱）内，并将营养钵内的底土倒入种植袋（箱）内。填充种植基质并适当按压，保证植物根系能够稳定在种植袋（箱）中。种植时需要保证每个种植袋（箱）全部植入植物，植物种植密度均匀。

3. 洒水

使用洒水壶、喷水壶对绿墙进行浇灌，保证种植袋（箱）内的基质和植物叶片湿润。

五、模块评价

（一）国家标准、行业标准

（1）《城市绿化条例》（2017 年修订版）。

（2）《风景名胜区总体规划标准》（GB/T 50298—2018）。

（3）《公园设计规范》（GB 51192—2016）。

（4）《城市绿地设计规范》（GB 50420—2007）。

（5）《园林绿化工程项目规范》（GB 55014—2021）。

（6）《城市绿化和园林绿地用植物材料　木本苗》（CJ/T 34—1991）。

（7）《城市绿化工程施工及验收规范》（CJJ/T 82—2012）。

（二）竞赛标准

在园艺项目竞赛中，植物种植模块同样包含测量和评价两个部分，测评内容和方法详见表 8-4 所示。

表 8-4　种植工程评测方法及过程

评测项目	评测点	评测方法	标准或要求
苗木使用	提供的植物全部被使用	结果观测	观察提供的植物是否全部被使用（除了草皮）。若有剩余，该项不得分
包装解除	所有包装物均被解除	过程评价	观察植物是否全部从容器中取出或除去土球包裹及标签。若有违反，该项不得分
乔木	定点测量植物的中心位置坐标或图纸标注的其他距离	结果测量	以茎 / 干中心有 2% 的容差测量绿色物体位置（具体比赛容差的确定往往不按照比例核算，而是直接确定差值及得分分档，如容差 0~2cm，得 0.5 分；3~4cm，得 0.25 分；>4cm，得 0 分
草皮	草皮种植	结果观测	土壤紧实且均匀，符合要求的水平度且草坪表面平整
植物布局	从植物的个体、种群、群落以及整体等角度考虑植物及植物间的布局	结果观测	不仅考虑到每个植物组团间，也考虑到整个花园不同植物组团间的形状、层次、布局和对比并营造出最佳的美感
种植工艺	按照合理的施工顺序进行地形塑造	过程评价	符合行业标准；植物垂直并适度修剪，受损的部分被去除；植物最具美感的那面朝向花园入口
场地清洁与安全	施工场地清洁有序	过程评价	特定的工具、材料只在工作区域内使用，所有的垃圾都被处理了，所有的工作区域都是安全的
工作组织与团队合作	工作组织合理，团队合作有效	过程评价	工作流畅且选择任务时有明显的目的性，工作步骤顺序合乎逻辑，是事先计划好的。必要时有团队合作且配合默契
工具、设备与材料的使用	工具、材料、设备使用合理	过程评价	工具与设备使用合理且熟练，材料安装符合图纸要求
人体工程学	劳动动作和劳动习惯正确	过程评价	工作符合人体工程学标准，正确地抬举、转身和搬运，没有跑跳、投掷
安全与环保	操作过程有安全防护	过程评价	在种植过程中，按照安全和防护表的要求佩戴手套等防护物品；按照工具设备操作规范进行工具和设备的使用。发现未按照要求进行防护或操作的，酌情扣分；明显有安全隐患的应立即让选手停止操作、暂停比赛；多次违反要求的，可以取消比赛资格
	地面上没有垃圾及印痕	结果观测	观测各类绿地表面是否有落叶、草屑等垃圾和手、脚印痕。若有，则该项不得分
	施工过程环保	过程评价	在种植的过程中，是否存在不环保的操作。如地形塑造过程中，一些碎石、砖块和木屑被埋入土方中，不做清理。若存不环保的操作，则该项不得分

六、未来发展趋势

随着城镇化的进程，人口密集区的绿色空间异常缺乏，为实现有限绿色空间的最大化利用，就需要科学应对待每一寸土地。园林的属性决定了它是一个定性与定量相结合的专业。随着科学技术的不断发展，越来越多的检测仪器和设备越发成熟，相关学科的基础研究越来越深入，这为提升园林的科学依据提供了重要支撑，园林将越来越精准化。例如，一些环境分析仪器的成熟与推广，给园林场地环境因子数据的获得带来了便捷，能轻松获得场地的土壤、气象、光照、湿度等环境数值，结合园林植物学的研究成果，将“适地适树”与“适树适地”做得更加科学合理，从而为场地及周边生态系统的构建及稳定奠定更加坚实的基础。

人类社会的高速发展为人的更高层次需求创造了条件，以人为本的理念越来越深入人心。园林作为一项产品，如何满足人的多样化服务和高品质要求将是未来发展的重大研究课题。例如，如何为亚健康人群提供康养花园，如何营造一个集观赏、药、食多功能一体的花园等。

另外，为应对区域环境问题而制定的理念、法规或政策，如“双碳”目标、生物多样性保护、“海绵城市”、城市“双修”等，在风景园林领域中如何贯彻落实，以及植物景观能发挥怎样的功能作用，这些都是未来绿色空间发展的趋势。

七、表格样例（表 8–5、表 8–6）

表 8–5　植物种植设计考评表

序号	观测点	好	较好	一般	差	备注
1	适地适树：根据场地的环境特征及造景需要选择恰当的植物品种					
2	适树适地：为不同植物品种选择或营造适合的生长环境					
3	整体布局：就场地自身而言，针对可用绿化场地的位置及形态，创造空间围合效果良好、形态布局均衡稳定的整体方案					
4	层次结构：形成连贯、顺畅的林冠线和地被线，线型饱满有弹性；种植密度恰当，既预留了植物生长空间，又形成了一定绿量的种植层次；方案考虑到植物色彩、季相等方面的搭配					
5	造景手法：根据场地游憩视线需求，充分利用对景、障景、夹景、框景等手法造景					

表 8-6　植物生理生态习性、观赏特性及用途分析统计表

序号	品种名称	拉丁文名称	植物生理生态习性				植物观赏特性				用途
			水分因子	光照因子	土壤因子	其他因子	形体特征	色彩特征	花期季相	其他特征	
1											
2											
3											
⋮											

第三节　绿色空间营造实例

一、第 46 届世赛中国集训队第二阶段集训练习（图 8-14）

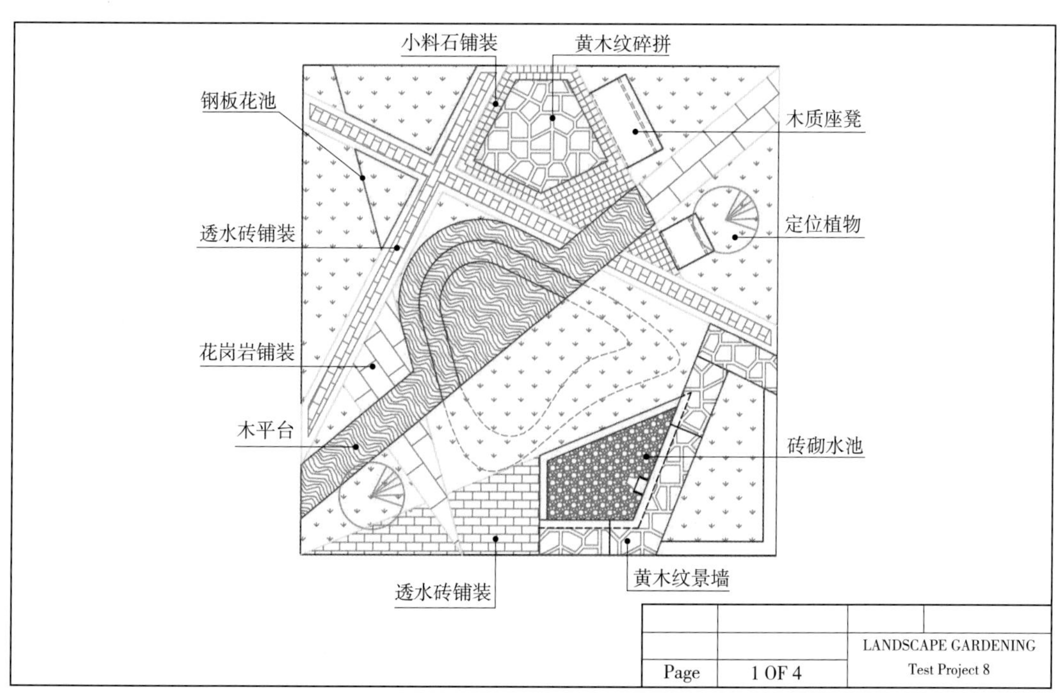

图 8-14　总平面图

本练习题展现的是西方造园风格，图中设计以几何图形为主，如放射形的道路、四边形水池、各种不同的多边形铺地等。

本练习题只对硬质景观进行了详细设计，要求选手根据自己的理解自行设计微地形的

图 8-15　三角形铺地

图 8-16　植物修剪成三角形

图 8-17　规则形状的木平台

图 8-18　三角形钢板花池

处理和绿化种植方案。在硬质景观施工完成以后，教师的指导下，参加集训的选手很好地完成了方案设计及种植施工。图 8-15 至图 8-18 是选手完成后的作品。

在地形处理上，以平坦的的地形为主，以突出木平台、钢板花池等构筑物的中心位置及其精美的几何形状；在植物造景的处理上，采取图案化的处理方式，将组团植物也修剪成规则的几何形状，甚至草坪和白色石子的铺设，也营造成规则图形，以和整个园区形成一致的风格。

二、第 46 届世赛中国集训队第二阶段集训练习（图 8-19）

本练习题基本按中式园林进行布局，展现“曲折幽深”的造园意境。练习题中只对硬质景观部分进行了详细设计，需要参训选手根据自己的理解，进行微地形的设计营造，同时进行植物的种植设计和种植施工。图 8-20 至 8-23 是选手完成的作品效果。

参训选手在绿化区域营造有微地形，建造的水景岸线自然曲折，并沿岸线自然布置了大小不等的景石。在植物造景上，通过植物营造了天际线，区内植物或聚或散，配合不同的构筑物，形成自由活泼的园林景致。

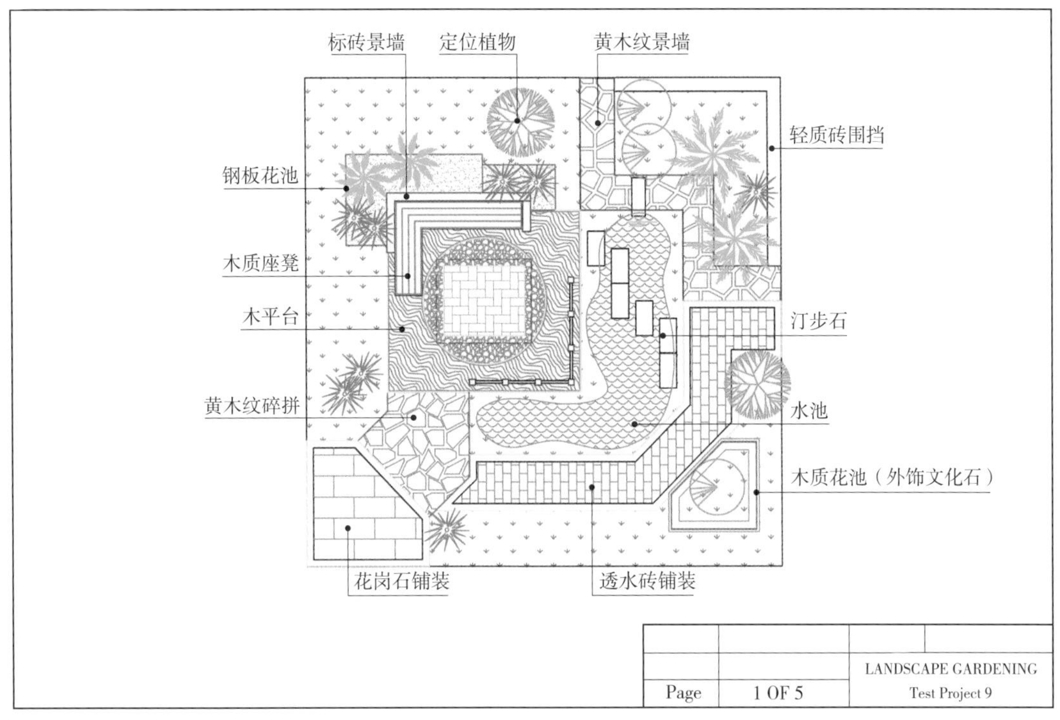

图 8-19　练习题九总平面图

图 8-20　曲折的小径

图 8-21　围合的中央平台

图 8-22　植物营造背景

图 8-23　园中心的开阔空间

训练作业

根据图 8–24 的硬质景观布局，用表 8–7 中提供的植物，进行植物种植设计，要求完成 CAD 种植设计图，并对相应的设计做出设计说明。

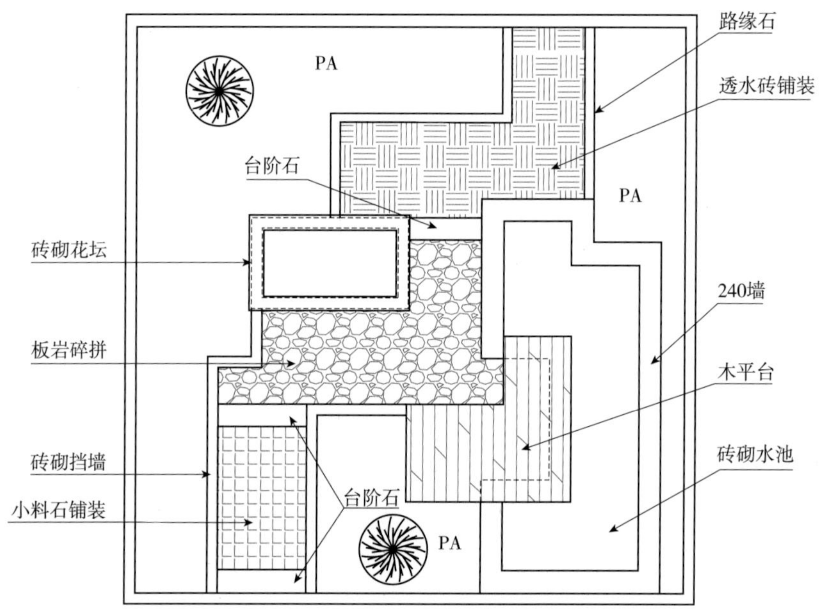

图 8–24

表 8–7 植物清单

序号	品种	规格	数量	单位	备注
1	红枫	高 2.5m，地径 3cm	4	株	
2	木槿	高 2m，地径 3cm	2	株	
3	红花檵木球	冠 60cm	6	株	
4	红叶石楠	冠 25cm	60	株	
5	麦冬草		120	丛	
6	冷水花	冠 20cm	50	株	
7	马尼拉草坪		45	平方米	

第九章 综合训练

第一节 概述

园艺项目技能竞赛是参赛选手运用所学习的专业知识，使用专业的工具和各类建园材料，在规定的时间内，按照既定的设计图纸，营造特定的小型园林。设立园艺项目的技能竞赛，目的是通过竞赛，使选手建立并养成高尚的职业道德和精益求精的工匠精神；促进选手更好地学习专业知识，并且提高自己运用专业知识分析问题、解决问题的能力。竞赛考核的不仅是选手对园艺项目各项实操技能掌握的高低（操作技能不仅反映在项目实施的最终结果上），同时也是考核选手实施项目的整个过程。这个过程包括各模块的操作流程、准确并熟练地使用各种专业工具、劳动保护以及团队合作等诸多方面。由于技能竞赛时间跨度较长，工作量巨大，竞赛内容复杂多样，因此竞赛是对选手的竞赛心理、竞赛作风、统筹规划以及体能等综合素质的一次考验。在日常训练当中，应该有针对性地开展相应的训练。

第二节 综合素质训练

现代高水平技能人才应该是“德能兼备，德艺双馨”，不仅要掌握高超的实操技术，更要具备较高的综合素质。

综合素质一般包括职业道德、文化素养、工作习惯等多方面，由于技能竞赛的特殊性，同时还要求参赛选手必须具备强大的心理素质和充沛的体能。

一、职业道德

概括而言，职业道德主要应包括以下几方面的内容：忠于职守，乐于奉献；实事求是，不弄虚作假；依规行事，争当表率。

（一）忠于职守，乐于奉献

尊职敬业是从业人员应该具备的一种崇高精神，是做到求真务实、优质服务、勤奋奉献的前提和基础。从业人员，首先要安心工作、热爱工作、献身所从事的行业，把自己远大的理想和追求落到工作实处，在平凡的工作岗位上做出非凡的贡献。从业人员具备尊职敬业的精神，才能在实际工作中积极进取，忘我工作，把好工作质量关。

敬业奉献是从业人员职业道德的内在要求。随着市场经济的发展，对从业人员的职业观念、态度、技能、纪律和作风都提出了新的更高的要求。

作为行业的普通一员，直接面对本行业的基础性工作，可谓默默无闻、枯燥烦琐。如果没有不为名利、无私奉献的道德品质，没有“不唯上、不唯书、只唯实”的求实精神，是很难出色地完成任务的。为此，广大从业人员要有高度的责任感和使命感，热爱工作，献身事业，树立崇高的职业荣誉感。要克服任务繁重、条件艰苦、生活清苦等困难，勤勤恳恳，任劳任怨，甘于寂寞，乐于奉献。要适应新形势的变化，刻苦钻研。加强个人的道德修养，处理好个人、集体、国家三者关系，树立正确的世界观、人生观和价值观；把继承中华民族优良道德传统与弘扬时代精神结合起来，坚持解放思想、实事求是、与时俱进、勇于创新、淡泊名利、无私奉献。

（二）实事求是，不弄虚作假

实事求是，不仅是思想路线和认识路线的问题，也是一个道德问题，它是职业道德的核心。求，就是深入实际，调查研究；是，有两层含义，一是是真不是假，二是社会经济现象数量关系的必然联系，即规律性。为此，我们必须办实事，求实效，坚决反对和制止工作上弄虚作假。这就需要有心底无私的职业良心和无私无畏的职业作风与职业态度。如果夹杂着个私心杂念，为了满足自己的私利或迎合某些人的私欲而弄虚作假、以次充好，也就会背离实事求是这一根本的职业道德。

作为一个园林工作者，必须有对国家对人民高度负责的精神，把实事求是作为履行责任和义务的最基本的道德要求，坚持不唯书、不唯上、只唯实。从业人员要特别注意调查研究，经过去粗取精、去伪存真、由表及里、由此及彼的分析，按照事物本来的面貌如实反映，有一说一，有二说二，有喜报喜，有忧报忧，不随波逐流，不看眼行事。

（三）依规行事，争当表率

一方面，要学习并熟知国家标准和行业规范，并在生产实践中认真贯彻执行；另一方面，要通过自身的模范表率，启迪同行的良知，提高同行的道德自觉性，把职业道德渗透到工作的各个环节，融于工作的全过程。 这就要求我们不断加强学习，把这种意识贯穿到日常训练的一点一滴当中来。

二、工作组织与管理

工作习惯是在长期工作（训练）中形成的一种行为定势。好的工作习惯可以帮助我们缩短工作时间，提高工作效率，提高操作精度，减轻体力消耗。因此，选手要在训练中注意培养良好的工作习惯。

表 9–1　园艺项目竞赛过程评价表

（2019 年第 45 届喀山世界技能大赛园艺项目）

评分类型	评分内容	分值	特征
J	场地整洁与安全 Cleanliness and Safety of Site 11：00~11：30	0	工具乱摆乱放，工位混乱无序 Tools are lying around and there is a mess
		1	特殊工具 / 材料有序摆放，工作区域安全，垃圾没有收集清理 Specific tools/ materials on site, at least the specific working area(s) is safe and waste is not disposed of
		2	特殊工具 / 材料只在工作区域内需要时使用，垃圾没有收集清理，所有工作区域安全 Specific tools/materials only in use and in a working area and waste is not disposed of and the all working area is safe
		3	特殊工具 / 材料只在工作区域内需要时使用，所有垃圾收集清理完毕，所有工作区域安全 Specific tools/materials only in use and in a working area and all waste is disposed of and the all working area is safe
J	工作模式组织、逻辑与团队合作 Organization of Work Patterns, Logistics and Teamwork 11：00~11：30	0	工作散漫，需要团队合作时没有进行团队合作 They are working randomly, there is no teamwork when it is needed
		1	工作有条不紊，有一定的团队合作 Logical order of the work, team members support each other if needed
		2	工作流畅且分工明确，工作步骤顺序合乎逻辑，是事先想好的。 有一定的团队合作 Work flow and selection of tasks evident and purposeful, sequence of steps are logical and thought out beforehand. Team members assist each other when required
		3	工作流畅且分工明确，工作步骤顺序合乎逻辑，是事先想好的。 不会无缘由地启动 / 停止项目段，完成一个部分再进行下一个。团队配合默契 Work flow and selection of tasks evident and purposeful, sequence of steps logical and thought out beforehand. They do not start / stop project segments without a cause, complete a section and move on. Team members assist each other when required and have coordinated cooperation

（续）

评分类型	评分内容	分值	特征
J	工具、设备与材料使用 Use of Tools, Equipment and Materials 11：00~11：30	0	工具与设备使用不专业，材料安装不符合图纸 Tools and equipment are used unprofessionally. Materials are installed not according to specification
		1	工具与设备大部分使用合理，材料安装符合图纸 Tools and equipment are used mostly appropriately. Materials are installed according to specification
		2	工具与设备使用合理，材料安装符合图纸 Tools and equipment are used appropriately. Materials are installed according to specification
		3	工具与设备使用合理且熟练，材料安装符合图纸 Tools and equipment are used appropriately and proficiently. Materials are handled and installed proficiently
J	人体工程学 Ergonomics 11：00~11：30	0	工作中的动作不符合人体工程学。有错误的抬举、转身、搬运等动作，选手在工位上跑跳或在工作中有投掷工具物料的行为 Working don't meet the ergonomic standard. Incorrect lifting, turning, carrying, they are running or jumping or throwing
		1	工作中大部分行动符合人体工程学 Working mostly to an ergonomic standard
		2	工作中的运动符合人体工程学。抬举、转身和搬运等动作恰当 Work performed to an ergonomic standard. Correct lifting, turning and carrying
		3	工作中的运动符合人体工程学。抬举、转身和搬运等动作恰当，没有在工位跑跳或在工作中投掷工具和物料的行为 Work performed to an ergonomic standard. Correct lifting, turning, carrying, no running or jumping or throwing

注：J—评价。

表 9-1 是第 45 届世界技能大赛（喀山）园艺项目的竞赛过程评分表。在竞赛过程中，当值裁判根据巡查时各队选手在比赛中的表现，按项目评判标准进行档次评定，并按一定的计分规则计入总分。此项评分每个工作日报填两次，分上午时段和下午时段分别进行。由于每次比赛的设置不尽相同，此项分数在总分中的占比在 10%~15%。因此，竞赛过程的得分高低，对竞赛总成绩影响很大。在高水平的竞赛当中，过程评价得分的高低甚至能影响竞赛排名。由此可见，“细节决定成败”。日常训练中，把控细节，努力养成良好的工作习惯，既能提高职业素养，也是提高竞赛成绩的重要一环。

三、健康与安全防护

园林营造既是一项脑力劳动，需要我们发挥出自己的聪明才智，同时也是一项繁重的体力劳动，需要长时间的大强度的劳作。在这个过程中，由于长时间重复做某一种动作，极易对人体产生伤害，如肌肉劳损等。因此，在劳动的过程中，应该进行正确的操作，如在搬运、托举的过程中，要多使用腿部的力量而少使用腰部的力量。

在劳动过程中，需要使用一些设备和工具，如切割机等，这些机具在使用过程中除了要按照一定的操作规程进行操作以外，还要配戴特定的护具，以免造成身体伤害。

此外，园艺项目的施工过程中，还会产生诸如粉尘、噪声等对人体造成伤害，因此，在劳动的过程中，要在不同的模块操作时正确配戴不同的护具。

表 9–2　园艺项目安全防护要求

任务	护目镜（带侧翼）	防砸安全鞋	防尘口罩	手套	防扎安全鞋	工作服（长裤和长袖或短袖衬衫，看不到裸露的背部或肩膀）	耳塞（耳罩）	护膝
土壤或基层处理	√		√	√	√	√		
土壤压实	√			√	√	√		
锯天然石头	√		√	√	√	√	√	
锯木	√		√	√	√	√	√	
钻木	√		√		√	√	√	
切割天然石头	√		√	仅使用手凿时	√	√	√	√
放置汀步和自然石头				√	√	√		√
摆放鹅卵石				√	√	√		√
建筑水平表面				√	√	√		
种植工作				√	√	√		当跪着时

表 9–2 是第 45 届世赛园艺项目的安全防护要求，在表中详细地规定了在何种情况下，选手应该使用哪些安全防护用具。

四、心理素质

相当多的选手在日常训练中，都能很好地完成训练任务，职业素养和职业技能都表现得十分出色，但进入竞赛环节后，就表现得差强人意了。脆弱的心理导致错误不断，失误连连；或者在开放的比赛环境里，受竞赛环境的影响，抗干扰的能力差而导致不能正常发挥自己的水平。一个优秀的竞赛型选手必须具备强大的心理承受能力，“沉浸在自己的世界里”，这样才能将平时的训练水平较好地发挥出来。

日常训练中，应安排心理咨询专家对参加竞赛的选手进行心理测试和心理评估，了解参赛选手的心理素质。对于竞赛心理较脆弱的选手，平时训练时一是要多给予鼓励，建立自信，把竞赛的注意力从竞赛结果转移到竞赛过程中来；二是在日常训练中增加一些环境干扰因素，如增加环境噪声、突然改变训练日程和内容等一些措施，提高选手抗干扰的能力。

五、体能训练

园艺项目的竞赛要消耗相当大的体能，这对于选手来说是相当大的考验。

在日常训练中，要开展体能专项训练。首先，针对不同的选手，分别制订体能训练的计划和目标，并制订训练方法和考核标准。

其次，针对项目的特点，有针对性地训练核心肌肉群。由于园艺项目日常工作的特点，选手在工作中，某些特定的肌肉（群）会不断高强度地工作，时间长了会引起肌肉疲劳从而影响工作效率，严重的会引起肌肉劳损，给身体带来一定的伤害。因此，针对特定的肌肉群进行有针对性的训练尤为重要。

最后，园艺项目技能竞赛劳动强度大，持续时间比较长，每天工作强度有一定的差异，因此要根据竞赛的具体内容在竞赛中制订体能分配计划。

表 9–3 是第 46 届世赛园艺项目选手进行体能训练的日常训练计划。训练采取集中训练与分散训练相结合，器械训练需在体能教练指导下进行，以避免造成身体伤害，同时要根据不同的选手体能情况对训练量进行适当增减。图 9–1 展示了集训队队员进行体能训练的场景。

表 9–3　第 46 届世界技能大赛园艺项目中国集训选手体能训练计划

周次	课次	内容	训练目的	训练准备与设施	课时数	课外作业
5	1	组合哑铃 引体向上 仰卧起坐	1. 哑铃组合练习，可提高肱二头肌、肱三头肌、上臂三角肌与上肢肌肉的力量 2. 引体向上练习，可提高上肢力量与身体协调性 3. 仰卧起坐练习，可保持选手腹部力量	基地健身房，配备各种重量哑铃和多功能健身器材一台	30min	课后做半蹲 2 组，每组练习 1min，间隔 1min
3	1	平板撑 动力单车	1. 平板撑练习，可提高核心肌肉群 2. 动力单车练习，可保持腿部肌肉强度	基地健身房 瑜伽垫若干 动力单车两辆	30min	课后结合 Keep 软件，根据各自身体的适应程度适当加以练习
1	1	中长跑	中长跑 4~5km，逐步递增到 8~10km。主要是提高心肺功能和战胜困难的意志	校园塑胶跑道	按配速要求	做登山者运动 2 组，每组 90s，每组间隔 1min
3	1	球类运动	平时的球类（乒乓球或羽毛球等）练习可以很好地锻炼手脑的协调性，能让选手集中注意力，提高选手注重细节的能力	基地健身房 乒乓球桌两台	30min	根据自己的爱选择些运动种类

图 9-1　第 46 届世赛园艺项目选手体能训练

六、竞赛作风养成

在日常训练和参加竞赛的过程中，会遇到很多困难。应对困难的决心、解决困难的自信和能力，展现出来的外在表现，就是一种竞赛作风。

我们常说的“工匠精神”“精益求精”“顽强拼搏”“干一行爱一行”“刻苦钻研”等，都是这种竞赛作风的表现。

第三节　项目实施基本技术要求

综合训练就是进行项目实施综合能力的训练。

园艺项目包含的内容较多，通常有五大模块：砌筑模块、木作模块、地面铺块模块、水景模块和植物模块。此外还有针对每次赛题主题而增加的一些其他模块，还有临时增加的一些新材料、新技术的应用等。因此，园艺项目是一个劳动强度大，内容复杂多样，使用的材料品种规格繁杂，使用的工具多种多样，各种构筑物特性和要求各不相同但互相之间又彼此关联、有机结合在一起的综合项目。

为了完美地完成这样一个项目，训练和竞赛当中要尤其注意以下几点。

一、拟定完整的工作计划

选手在充分解读赛题以后，在响应赛会要求的前提下，应拟定一个翔实的项目实施计划（表 9–4）。

表 9–4 项目实施进度计划样表（样表）

时间	施工内容	详细进度计划	备注
第一天（共 6h）	景墙砌筑 花坛砌筑 水池驳岸砌筑	1. 阅读图纸，任务分工（10min） 2. 定点放线（25min） 3. 花坛砌筑（单人施工 4.5h） 4. 景墙砌筑（单人施工 3h） 5. 水池驳岸砌筑（水池开挖及驳岸砌筑 1.5h） 6. 施工场地整理（10min）	施工重点和难点：
第二天（共 6h）	木平台制作安装 木坐凳制作安装	1. 阅读图纸，任务分工（10min） 2. 计算并核对物料清单（15min） 3. 木材切割、打磨（35min） 4. 木平台制作安装（单人 3.5h） 5. 木坐凳制作安装（单人 3h） 6. 施工场地整理（10mim）	施工重点和难点：
第三天（共 6h）	花岗岩铺装 板岩碎拼 小料石铺装 路缘石安装	1. 阅读图纸，任务分工（10min） 2. 路缘石切割及安装（1h） 3. 板岩碎拼（单人 2.5h） 4. 小料石铺装（单人 2h） 5. 花岗岩铺装（单人 1.5h） 6. 施工场地整理（15min）	施工重点和难点：
第四天（共 4h）	水景 微地形 植物种植 草坪铺设	1. 阅读图纸，任务分工（10min） 2. 水景（含水电安装，单人 30min） 3. 植物种植（2h） 4. 草坪铺设（1h） 5. 总体协调（30min） 6. 施工场地整理（15min）	施工重点和难点：

在日常训练过程中，计划可以更详细一些，用时更精准一些，这样有利于在竞赛中更准确地把控时间。

计划制订以后，训练中要严格按照计划进行，并且在训练中不断修正自己的计划。例如，刚开始砌筑花坛需要耗时 3h，随着训练的深入，水平有所提高，用时就要相应地减少。用时减少，就可以把更多的时间用于提高精细度和准确度。

二、确定每天任务中的重点和难点

在每天的任务排定以后，要把当天任务中的重点和难点一一列出，并且把解决这些重点和难点的办法和注意事项列出。

三、捋清构筑物之间的关系

一个项目中包含若干构筑物，彼此之间有一定的关系。在这些关系中，哪些是重要的，哪些是必须严格把握的，这在项目进行之前必须确定下来，并在项目进行中严格遵守。比如位置关系，A 和 B 两个构筑物之间存在第三个构筑物 C，A 和 B 要先行建造，那么在处理 A 和 B 两者的位置时就要严格遵照设计要求，超出误差就会对构筑物 C 的实施产生很大的影响。

四、修正计划

计划在项目实施的过程中会因为各种情况而发生偏差，消除这些偏差就是纠偏。比如，某个项目的实施中，选手发现超时了，如果仍然保持现有的进度，势必造成无法完成任务的情况。怎样保证项目的顺利实施呢？首先，在制订项目实施计划时一定要设置一定的余量，不可把时间安排太满。其次，合理压缩剩余项目的实施时间。在制订计划时，尽量细致一些，这样就可以尽早发现问题，也给后续修正计划留有充足的时间。问题发现越晚，纠偏压力就越大，可供调整的余地也就越小，这时就要合理地利用剩余的时间来完成后续任务，要抓大放小，有所舍弃。

五、养成良好的劳动习惯

良好的劳动习惯不仅可以提高工作效率，减轻劳动强度，同时还可以展现出优秀的劳动素养。良好的劳动习惯包括正确（准确）的劳动工具使用方法、正确的发力（受力、着力）方式、工作现场的管理、材料和工具的摆放、行进路线的设计、优美的劳动姿势等。

良好的劳动习惯是在日常训练中逐渐养成的。选手可以到生产一线观察工人的操作，结合自身的情况，注意在训练中培养正确的、良好的劳动习惯。

六、沟通协调

沟通协调包含两方面的内容：一是对外沟通。选手在训练（竞赛）过程中，会因为各种问题需要和场地工作人员、保障人员、教练、裁判等进行沟通，也会与自己的队友就任务、时间安排、实施方法、配合方式等进行协商。除了正确的沟通方式以外，还要在沟通的过程中简洁明了、短时间内提出自己的问题和阐述清楚自己想表达的内容。二是配合默契。与自己的队友之间的配合要形成高度的默契，要知道在什么时间帮助自己的队友，一言一行、一举一动，队友之间都能明确对方的意图，并给出准确的回应。

七、制定预案

“预则立，不预则废”。在日常训练或竞赛当中，往往会发生一些突发事件。这些事情轻则影响训练（竞赛）进程，重则导致训练或竞赛终止。提前制定一些应急预案就显得很有必要。例如，提供的材料规格与清单不符，应如何调整计算方法；某一种工具在使用过程中出现故障，可以用其他哪种工具替代；某一时间段公用设备使用拥挤如何处理等，都需要在训练或竞赛前制定相应的预案。一旦出现了上述问题，有了预案，可以顺利解决问题，选手也不至于产生心理波动而影响训练或竞赛

八、撰写总结

每次训练或竞赛后，要认真撰写总结，包括：训练或竞赛计划的编写和执行情况；出现错误的原因及改正措施；需要提高的技能及提高的方法等。

第四节　施工实例解析

图 9–2 至图 9–5 是第 46 届世赛园艺项目中国集训队练习题，总用时 3.5 天，共 22h。

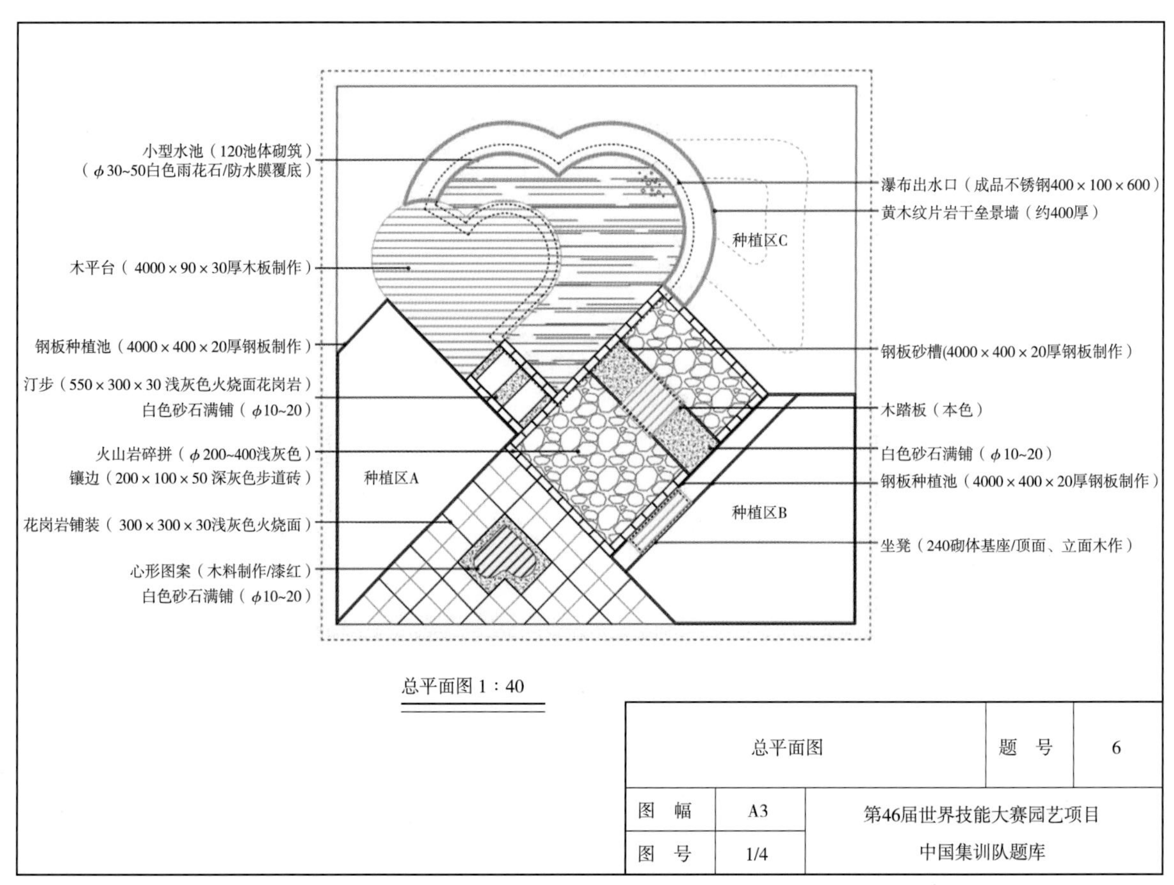

图 9–2　总平面图

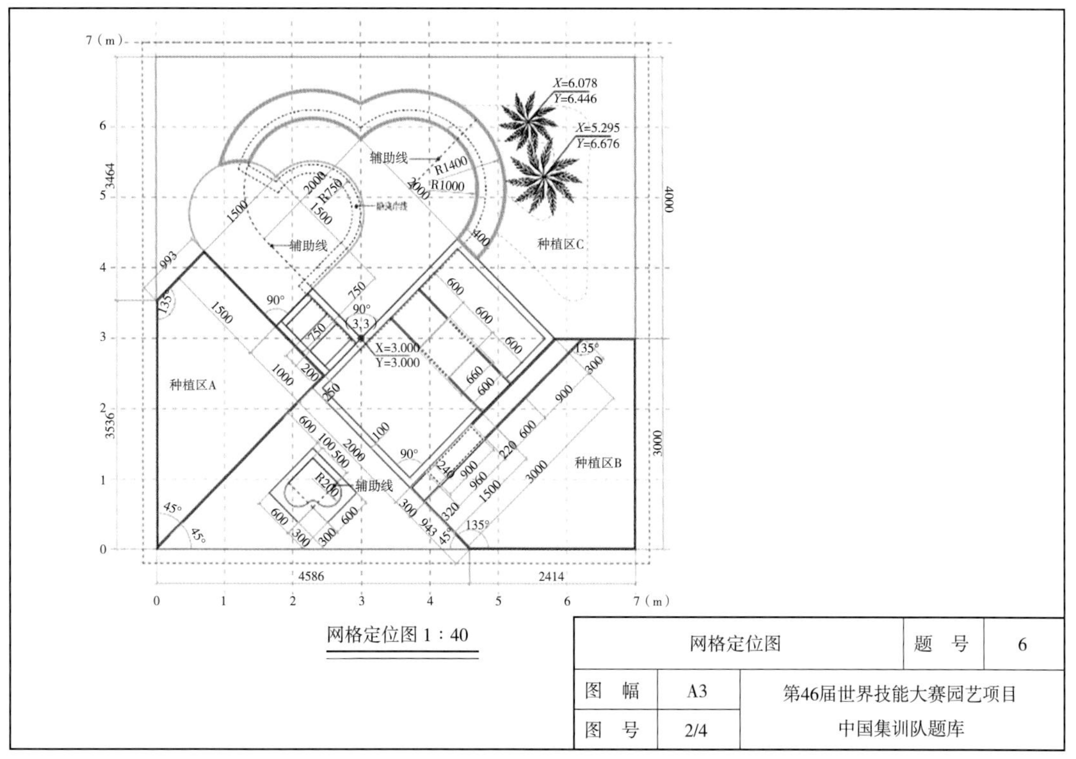

图 9-3　网格定位图

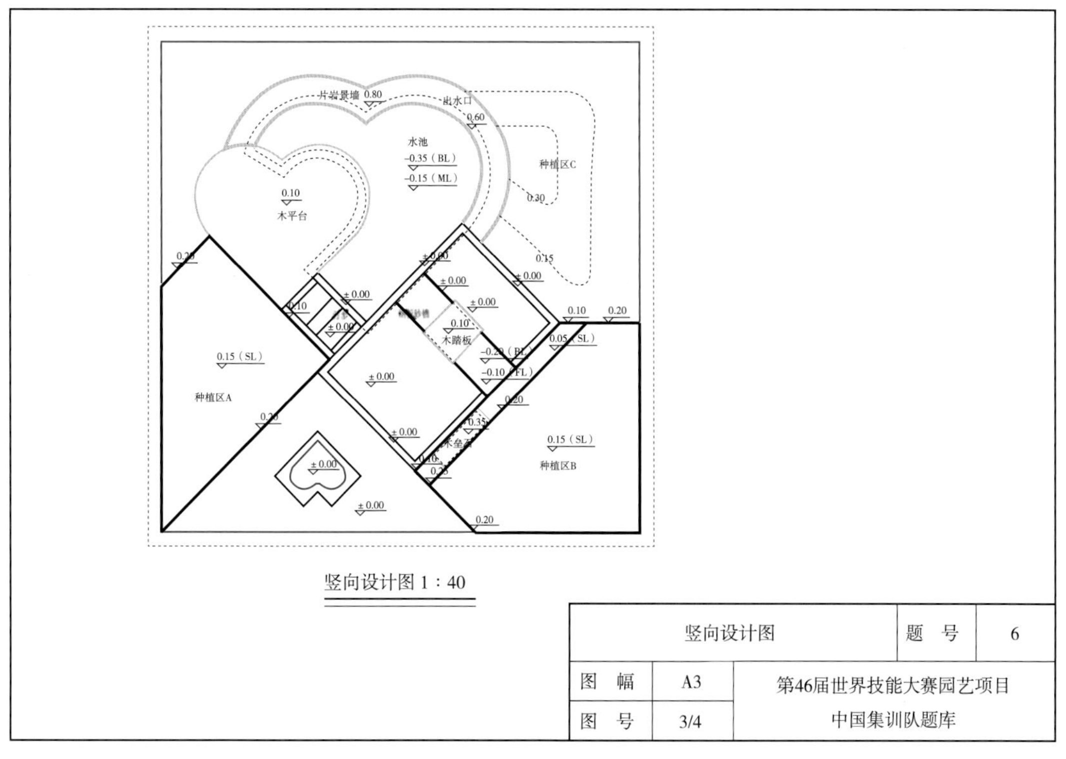

图 9-4　竖向设计图

种植设计图1：40

植物清单

序号	图例	品种	规格（高×冠，cm）	数量	备注
1		水果蓝	60×60	3株	修剪成球
2		散尾葵A	200×100	1株	株形优美
3		散尾葵B	180×80	2株	株形优美
4		红花檵木	60×60	2株	修剪成球
5		金叶女贞A	80×80	1株	修剪成球
6		金叶女贞B	60×60	2株	修剪成球
7		龟甲冬青A	80×80	1株	修剪成球
8		龟甲冬青B	60×60	2株	修剪成球
9		珊瑚树	200×60	12株	等距列植
10		金叶过路黄	15×15	80株	片植，不露土
11		大吴风草	25×30	40株	片植，不露土
12		长春花（粉）	20×25	45株	片植，不露土
13		麦冬	20×20	70株	片植，不露土
14		金叶佛甲草	15×15	100株	片植，不露土
15		矮牵牛（粉）	15×15	50株	片植，不露土
16		万寿菊	20×10	150株	片植，不露土
17		彩叶草（红）	15×15	80株	片植，不露土

注：此表格在选择地被、草花类植物时，默认的施工时间为10月，可根据集训进度等具体情况调整相关品种与规格。

种植设计图		题　号	6
图　幅	A3	第×届世界技能大赛园艺项目中国集训队题库	
图　号	4/4		

图 9–5　植物配置图

1. 第一天计划（6h）：砌筑模块一。主要工作内容有：

（1）放样。

（2）基础开挖。

（3）防水膜铺设。

（4）黄木纹景墙砌筑。

（5）出水口安装。

选手完成的情况如图 9–6 所示。

2. 第二天计划（6h）：砌筑模块二。主要工作内容有：

（1）标砖池岸砌筑。

（2）小木桥制作安装。

A

B

图 9–6　第一天完成情况

图 9-7　第二天完成情况

（3）坐凳（含标砖基础）制作安装。

（4）碎拼铺装。

（5）钢板墙制作安装。

选手完成情况如图 9-7 所示。

3. 第三天工作（6h）：心形木平台制作安装。主要工作内容有：

（1）木平台位置放线及基础施工。

（2）立柱及龙骨制作安装。

（3）面板、封板安装。

选手完成情况如图 9-8 所示。

图 9-8　第三天完成情况

4. 第四天工作内容（4h）：地形与植物。主要工作内容有：

（1）水景，包括池底卵石铺设和水泵安装。

（2）土方回填及微地形塑造。

（3）植物种植及草坪铺设。

选手完成情况如图 9-9 所示。

图 9-9　第四天完成情况

训练作业

1. 图 9-10 至图 9-12 是 2016 年世赛园艺项目欧洲选拔赛试题，计划总用时 2.5d（共 15h，6+6+3）。

请完成：

（1）根据图纸内容，拟出 15h 的工作计划；

（2）列出每天工作的重点和难点；

（3）列出每天工作的注意事项；

（4）每天工作结束后，完成当天的工作总结，找出计划与实际施工的差距以及施工中出现的问题和解决问题的办法。

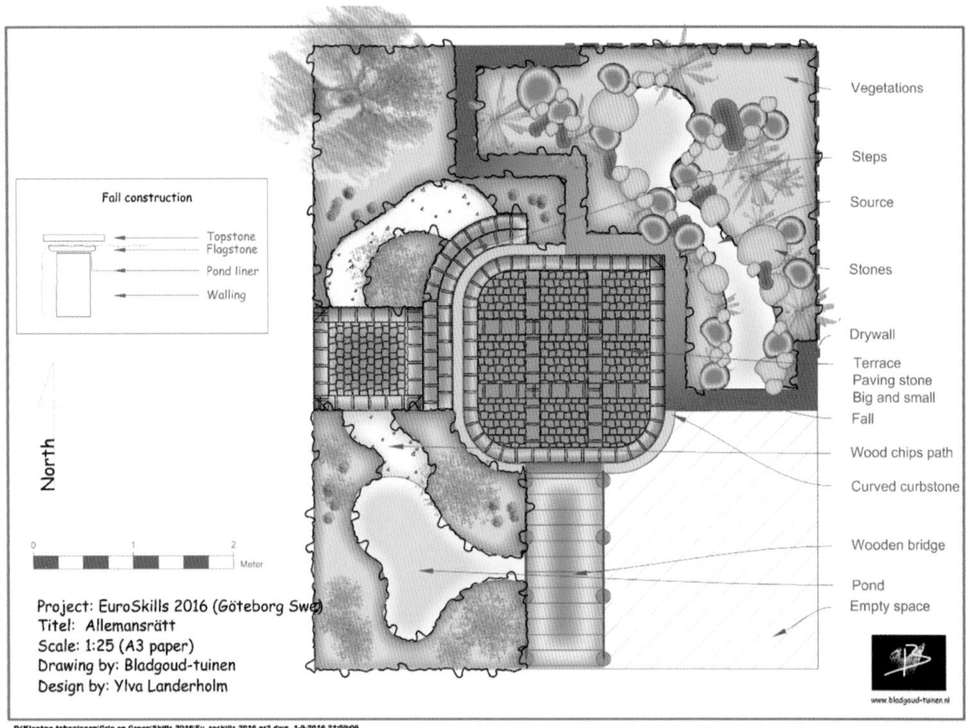

图 9–10　总平面图

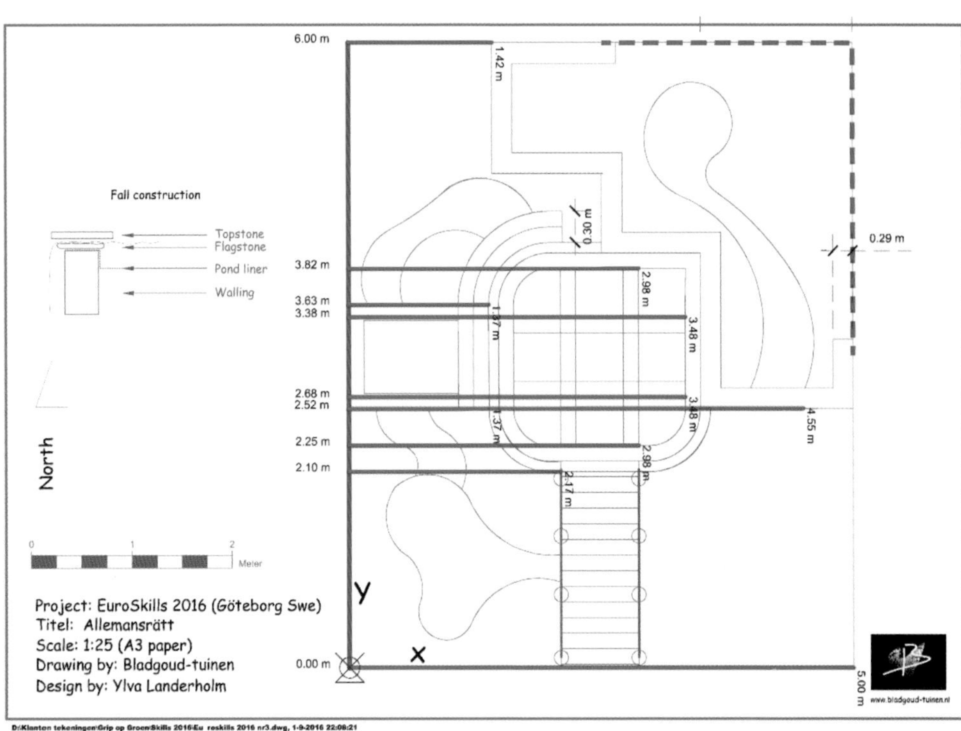

图 9–11　平面尺寸图

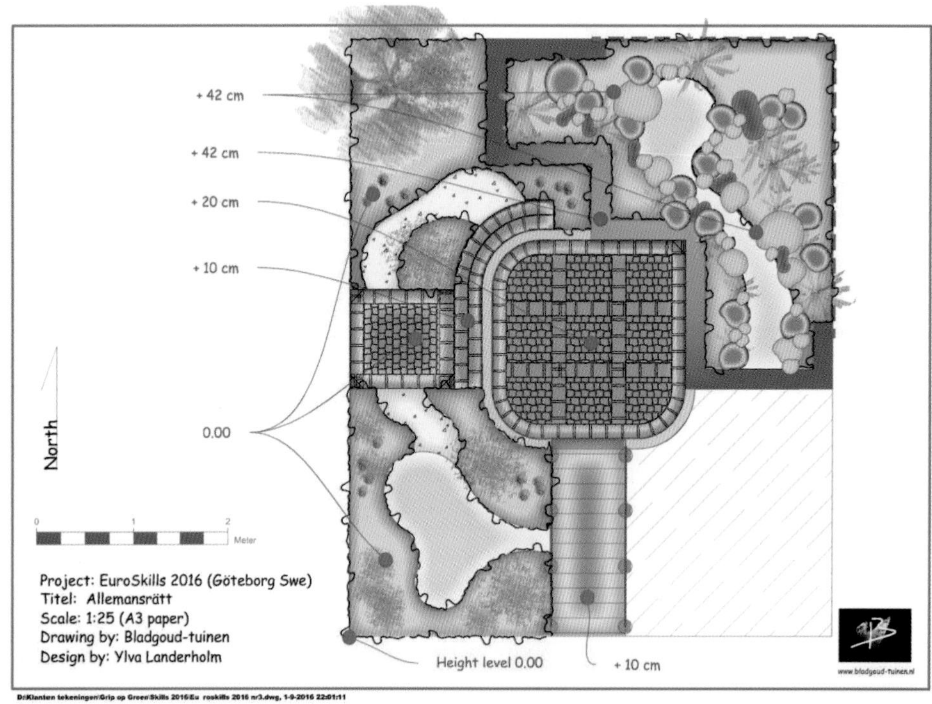

图 9-12 竖向设计图

2. 图 9-13 至图 9-17 是 2017 年海峡两岸造园交流赛的试题，计划总用时（22h，6+6+6+4）。

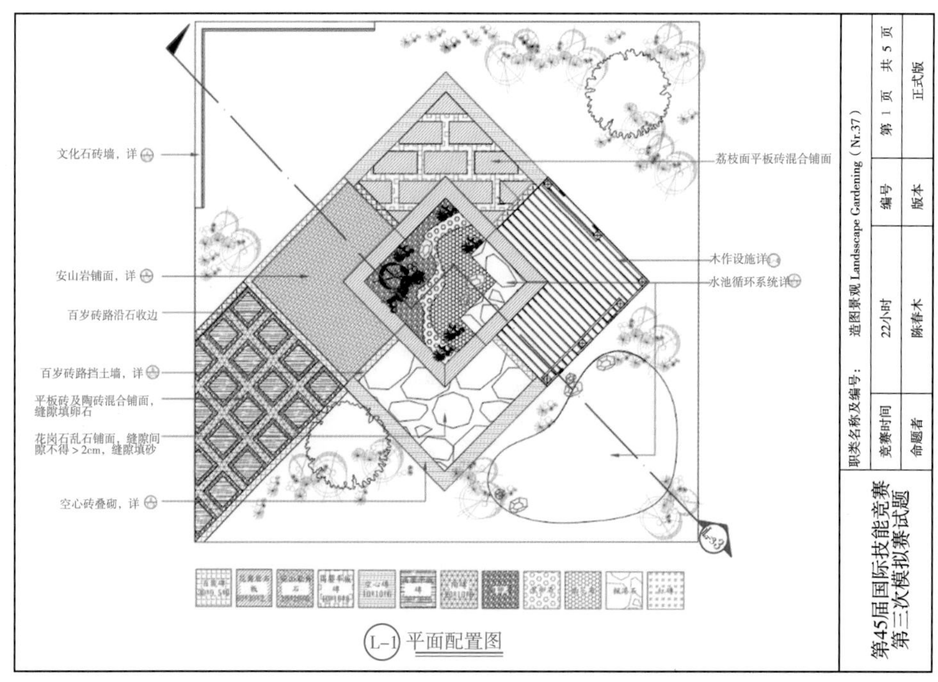

图 9-13 总平面图

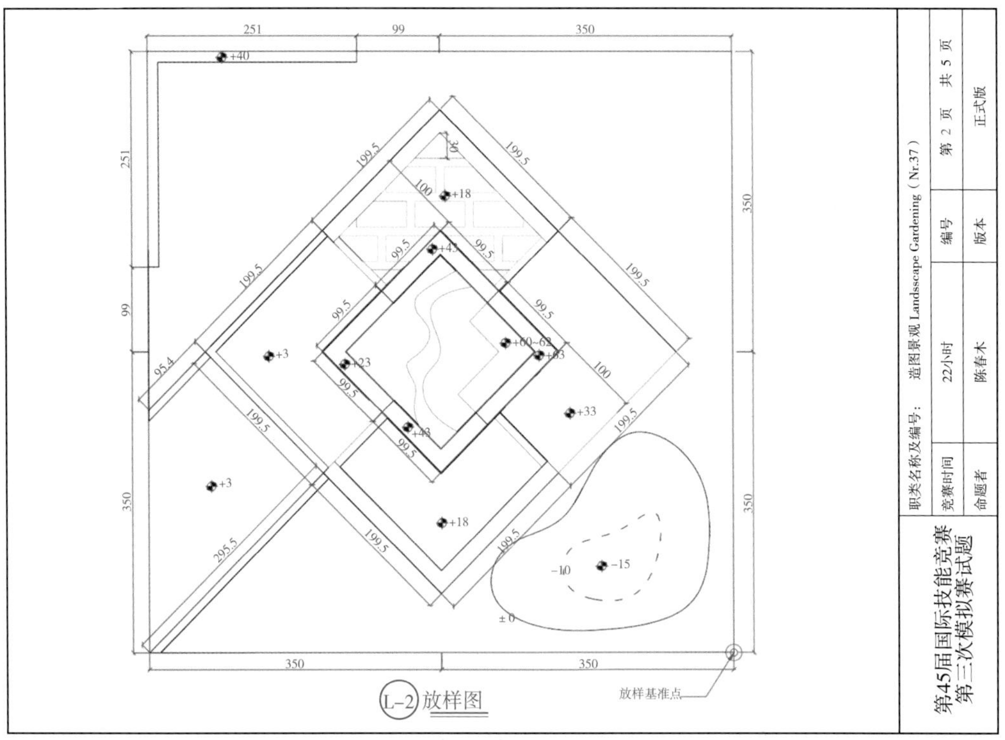

图 9-14 尺寸标注图

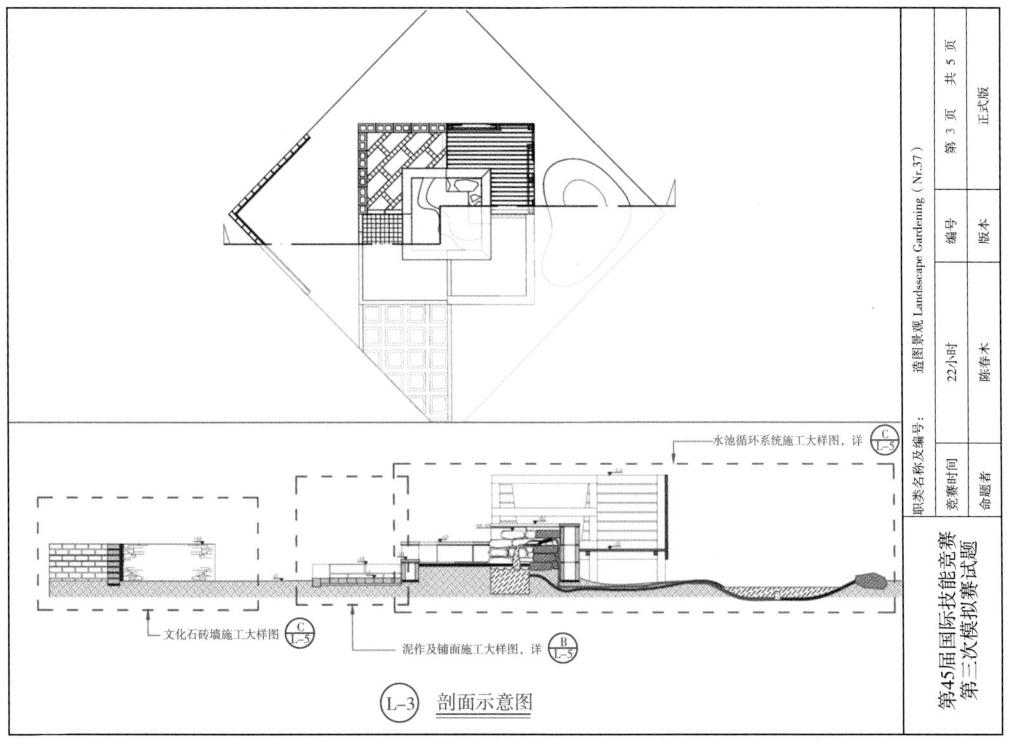

图 9-15 剖面图

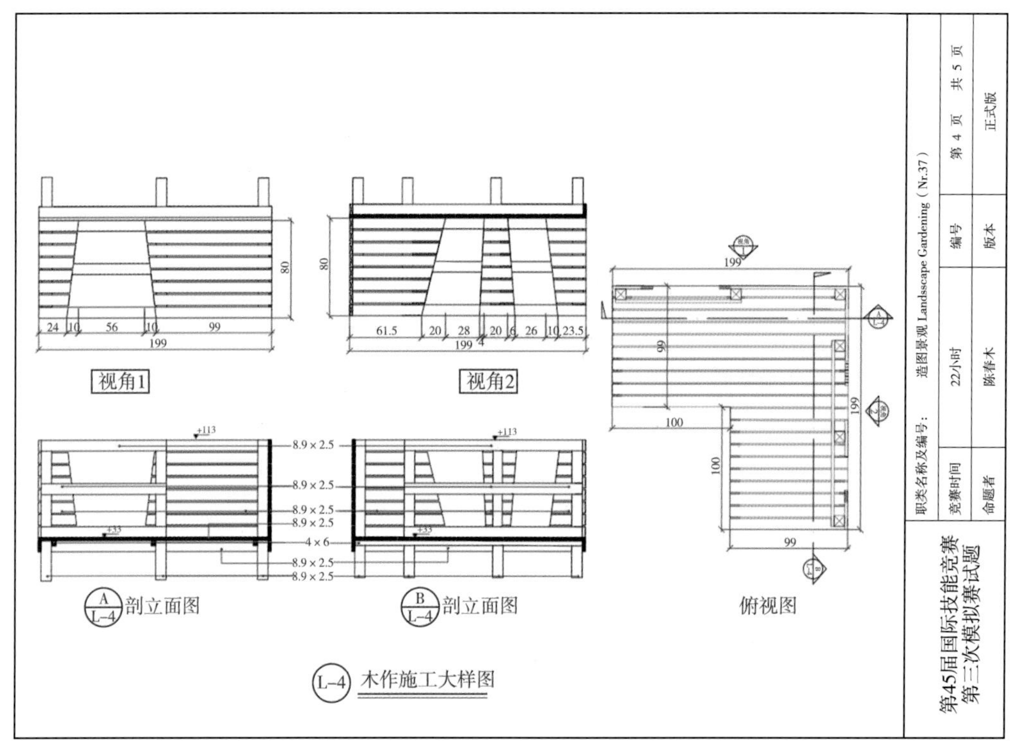

图 9-16 木作详图

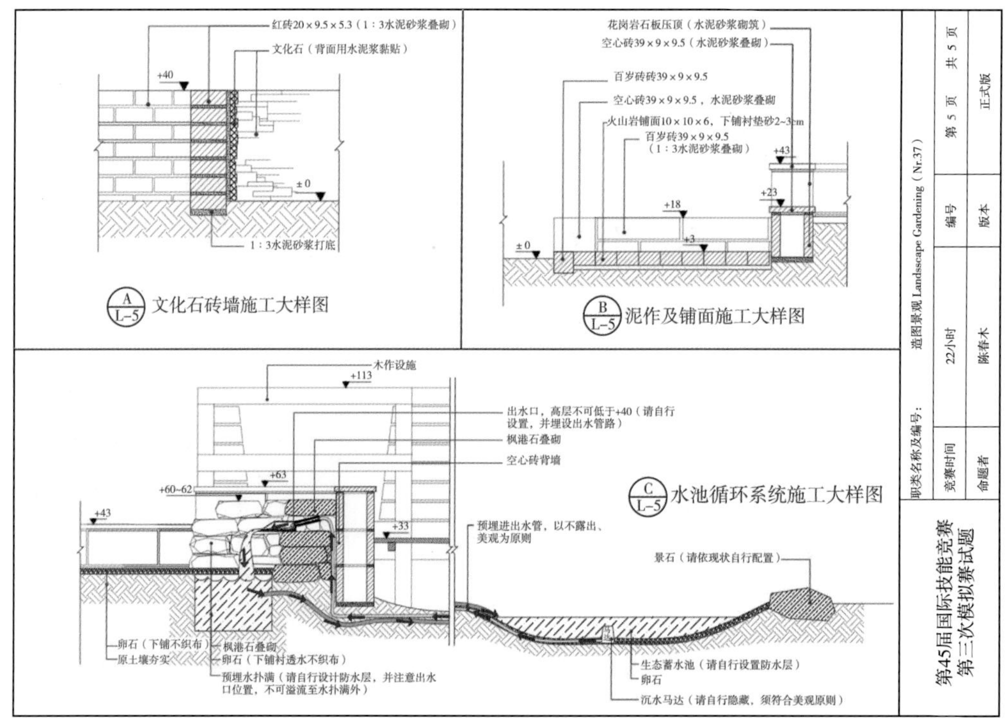

图 9-17 大样图

请完成：

（1）根据图纸内容，拟出 22h 的施工计划；

（2）列出每天工作的重点和难点；

（3）每天工作结束后，完成当天的工作总结，找出计划与实际施工的差距以及施工中出现的问题和解决问题的办法。

3. 图 9–18 至图 9–20 是第 46 届世赛中国选拔赛备选赛题，计划总用时 18h（6+6+6）。

请完成：

（1）根据图纸内容，拟定 18h 的工作计划；

（2）列出每天工作的重点和难点；

（3）平面图中木平台、木栈道、绿墙等木质构筑物只有平面尺寸，请选手自行设计此构筑物的内部结构，画出设计图纸；

（4）请选手根据平面布置图，自行设计植物种植配置图，并附设计说明；

（5）任务完成以后，完成总结报告，分析施工中出现的问题并找出解决问题的办法。

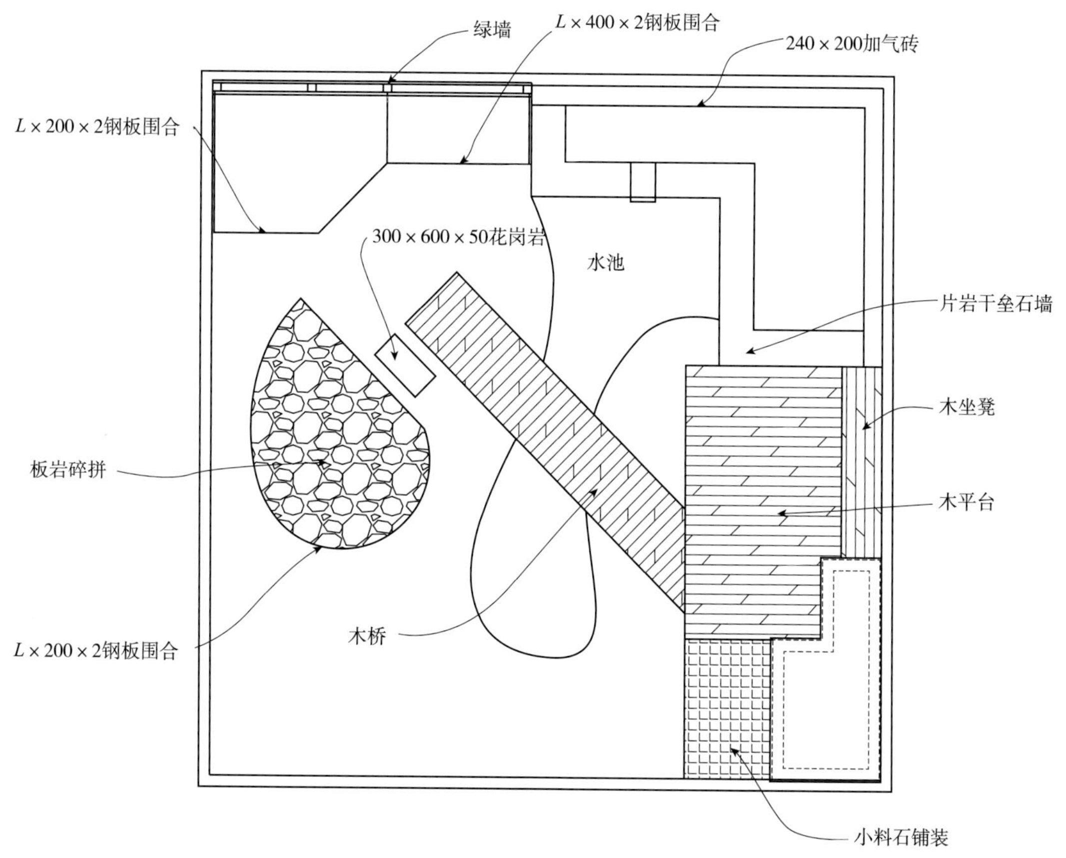

图 9–18　总平面图

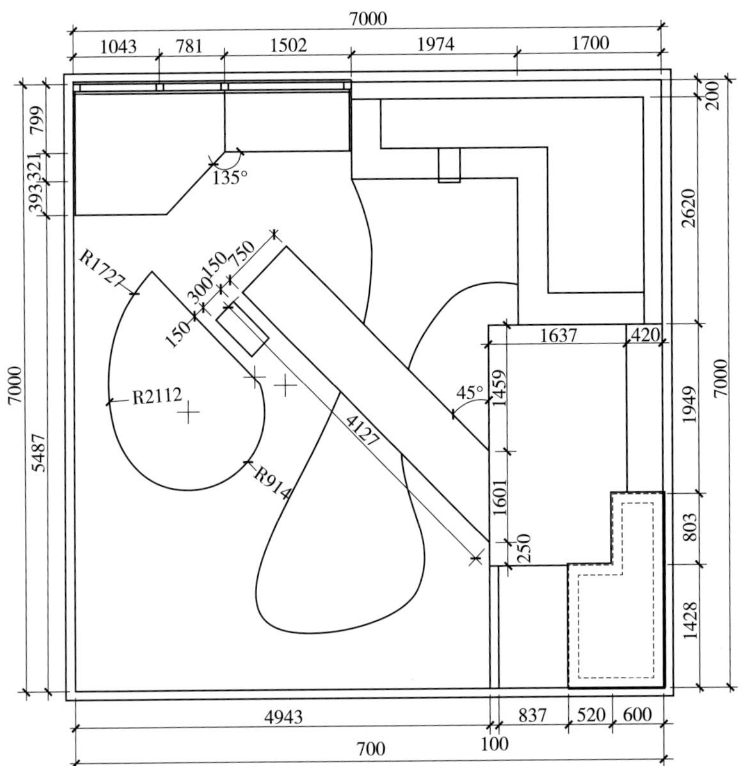

图 9-19　平面标注图

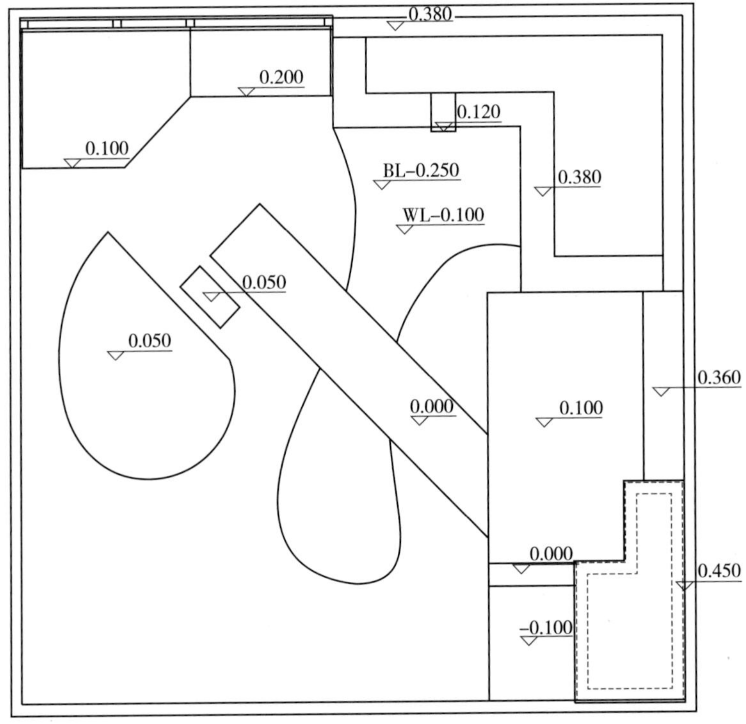

图 9-20　坚向设计图

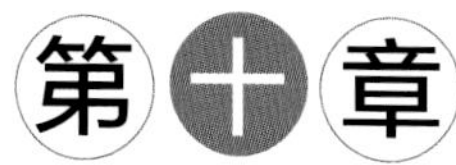

第十章 世赛园艺项目赛题解析

世界技能大赛已经开展了几十年，但我国加入世界技能组织为期尚短，尤其是园艺项目。我国首次参加该项目的比赛是在2017年阿联酋阿布扎比举办的第44届世界技能大赛，截至目前，只参加了两届比赛。我国选手虽然在这两届比赛中取得了不错的成绩，但总体来说，国内开展训练的时间较短，训练的水平也有待提高，同时缺乏参加大赛的经验，对园艺项目的训练和竞赛的理解也不够全面。

本章搜集了从2007年（第39届）至2019年（第45届）各届世界技能大赛园艺项目的竞赛试题，并对赛题进行了技术上的分析，希望参赛人员能从中加深对园艺项目的理解，并对提高我国开展本项目的训练水平和竞赛水平提供一定的帮助。

一、第39届世赛（2007年，日本静冈）赛题解析

图纸的设计将日本传统园艺技术与欧洲园艺技术相结合，具体反映在石材加工以及道路和墙壁的建造上（图10–1）。图纸设计的重点是水面部分，意思是“公海”，砂岩板碎拼的图案象征世界地图。水景和砂岩板组合在一起形成一个心形，象征着全世界的友谊、和平和所有人的幸福。

在园林设计中，最大限度地利用天然材料，如石头、乔木、灌木等，在传统日本花园的基础上加入现代日本家庭花园中使用的观花植物和草坪。在图纸的右上角建造一个岩石花园，其中石块是来自富士山喷发形成的火山岩，富士山是日本的象征，位于静冈县的中心。植物使用的是日本的乡土乔木、灌木和夏季草花。

第39届世赛园艺项目的比赛图纸工作站为5500mm × 6000mm × 300mm。各个模块之间衔接紧密，石材占比较大，自然石材偏多，功能分区明显。四角为种植区，中间部分为水景，靠右侧为道路。图10–1总平面图中包含了模块和材料、部分尺寸及植物配置方案。左上角为自然石墙（wall fountain），与围挡（ground cover plants）闭合围成种植区，衔接水池（pond），水池下方部分为浅滩区（stone and gravel stone），水池的另一侧为汀步（stepping stone）。道路铺装分为两段，砂岩板道路铺装（stone paving）和小料石道路铺装（granite block paving）均为弧形铺装且衔接紧密。右上角为岩石公园（rock garden），左下角和右下角各有一块种植区（flower bed），此外右下角贴合工作站的部分为

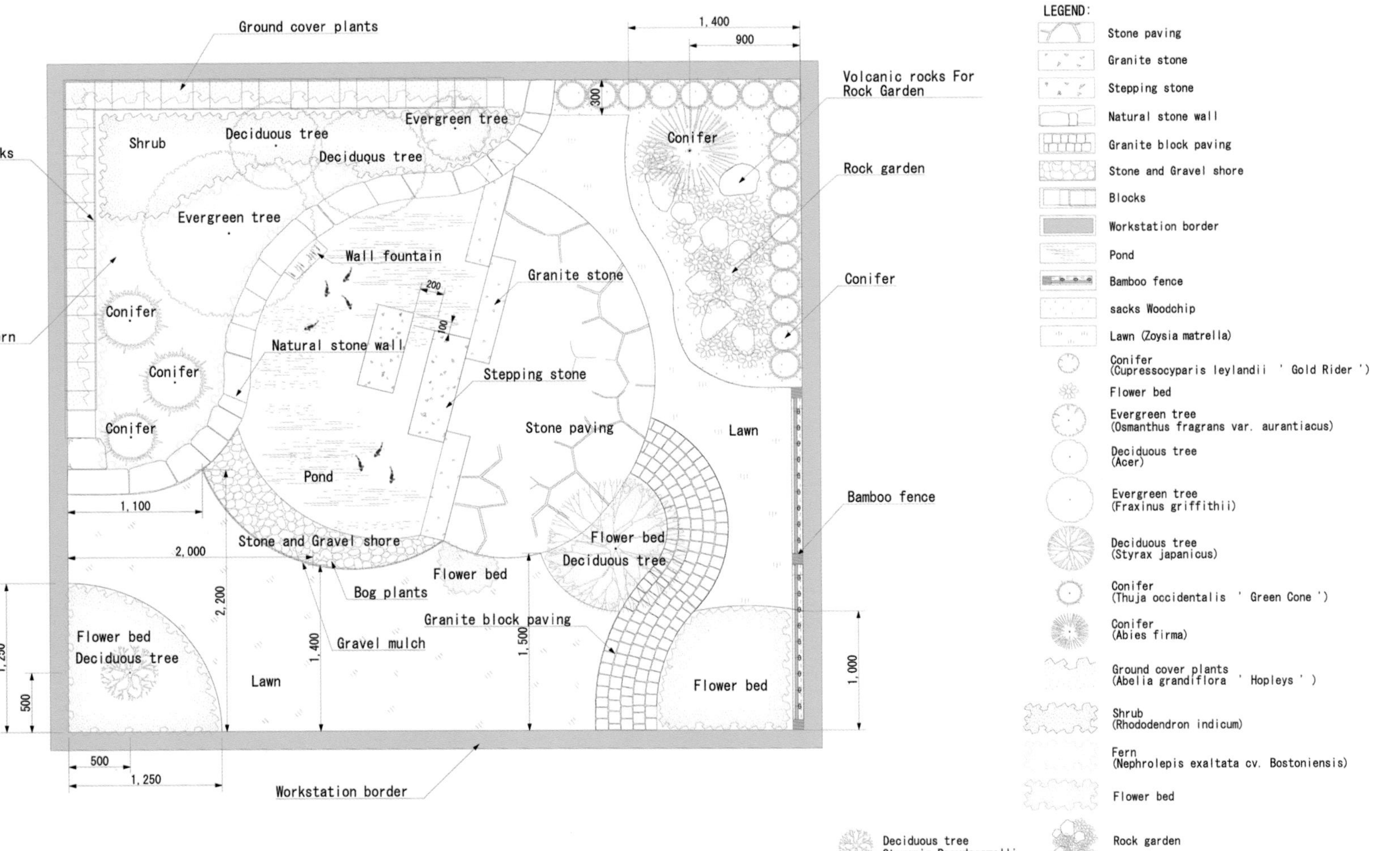
Ground cover plants
1,400
900
300
Volcanic rocks For Rock Garden
Blocks
Shrub
Deciduous tree
Deciduous tree
Evergreen tree
Conifer
Rock garden
Evergreen tree
Wall fountain
Granite stone
200
100
Conifer
Fern
Conifer
Natural stone wall
Stepping stone
Conifer
Stone paving
Lawn
Pond
Bamboo fence
1,100
Stone and Gravel shore
Flower bed
Deciduous tree
2,000
Flower bed
Bog plants
2,200
Granite block paving
Flower bed
Deciduous tree
Gravel mulch
1,400
1,500
1,000
1,250
Lawn
Flower bed
500
500
1,250
Workstation border
LEGEND:
Stone paving
Granite stone
Stepping stone
Natural stone wall
Granite block paving
Stone and Gravel shore
Blocks
Workstation border
Pond
Bamboo fence
sacks Woodchip
Lawn (Zoysia matrella)
Conifer (Cupressocyparis leylandii 'Gold Rider')
Flower bed
Evergreen tree (Osmanthus fragrans var. aurantiacus)
Deciduous tree (Acer)
Evergreen tree (Fraxinus griffithii)
Deciduous tree (Styrax japanicus)
Conifer (Thuja occidentalis 'Green Cone')
Conifer (Abies firma)
Ground cover plants (Abelia grandiflora 'Hopleys')
Shrub (Rhododendron indicum)
Fern (Nephrolepis exaltata cv. Bostoniensis)
Flower bed
Rock garden
Deciduous tree Stewaria Pseudocamelli

图 10-1 总平面图

格栅（bamboo fence），其余部分为草坪（lawn）。

在正式比赛开始前，有 0.7m^3 的土壤堆积在工作站左上角、0.8m^3 的土壤位于工作站之外供参赛者在比赛期间使用。参赛者需在比赛开始前检查比赛场地中心准备好的碎石，并在比赛期间使用。此外，对部分模块的具体要求如下：

（一）基层处理

土层和碎石层应平整到图示高度。

（二）池塘

（1）从用于建造景墙的石头中选择 5 块石头，将其放置在池塘中或池塘边缘区域。

（2）鹅卵石用于池塘边缘。

（3）水生植物必须种植在池塘的边缘。

（4）草坪的边缘必须按照图纸中所示池塘的边界进行切割。

（5）草坪和鹅卵石之间的接缝应该用小鹅卵石填充。

（6）把金鱼放进池塘。

（三）汀步石

汀步石必须按照图纸中的说明进行安装。汀步石的一部分需要嵌合到天然石墙中。

（四）自然石墙

使用给定的石料，根据平面图所标注的尺寸堆砌自然石墙。防水膜在自然石墙后面的部分要高于墙前池塘的水位，内部应该用小鹅卵石填充。用一块加工过的石头（水口）作为墙内的排水口，并按照平面图中的说明安装在石墙中。安装软管并将其连接到水泵。

（五）砂岩板

砂岩板需要选手用凿子进行加工，使其看起来很自然。

（六）岩石公园

火山岩应放置在平面图上指定的位置。石头之间的空间应该种植一些夏季花卉，最后用树皮覆盖岩石公园的空地。

（七）植物种植

应按照图纸要求种植指定的植物。如果选手认为有必要切割木本植物，可以进行切割。混凝土砌块挡土墙与自然石墙之间的空间应填充人工基质（回收材料）和腐殖质土壤。围挡的混凝土砌块之间也要用土填充或种植植物。提供的夏季花卉也应按照设计种植，但并不是所有的植物都必须使用。未被植物覆盖的区域应以树皮覆盖。

尺寸标注图对各个模块的平面尺寸和竖向尺寸进行了标注，整个图纸以弧线为主，汀步的边线为中轴线（图 10–2）。尺寸标注图特别标注了自然石墙与汀步的接合处的做法，即汀步伸入自然石墙的内部，所以在堆砌自然石墙时要与此处汀步共同施工。防水膜在自然石墙和汀步之下，要在堆砌自然石墙和汀步之前进行基础面的处理。

施工的顺序应从下到上，从两张剖面图（图 10–3、图 10–4）中可以发现，靠近石墙下方的水池需要优先处理。在防水膜覆盖基层之后，首先安装伸入自然石墙的汀

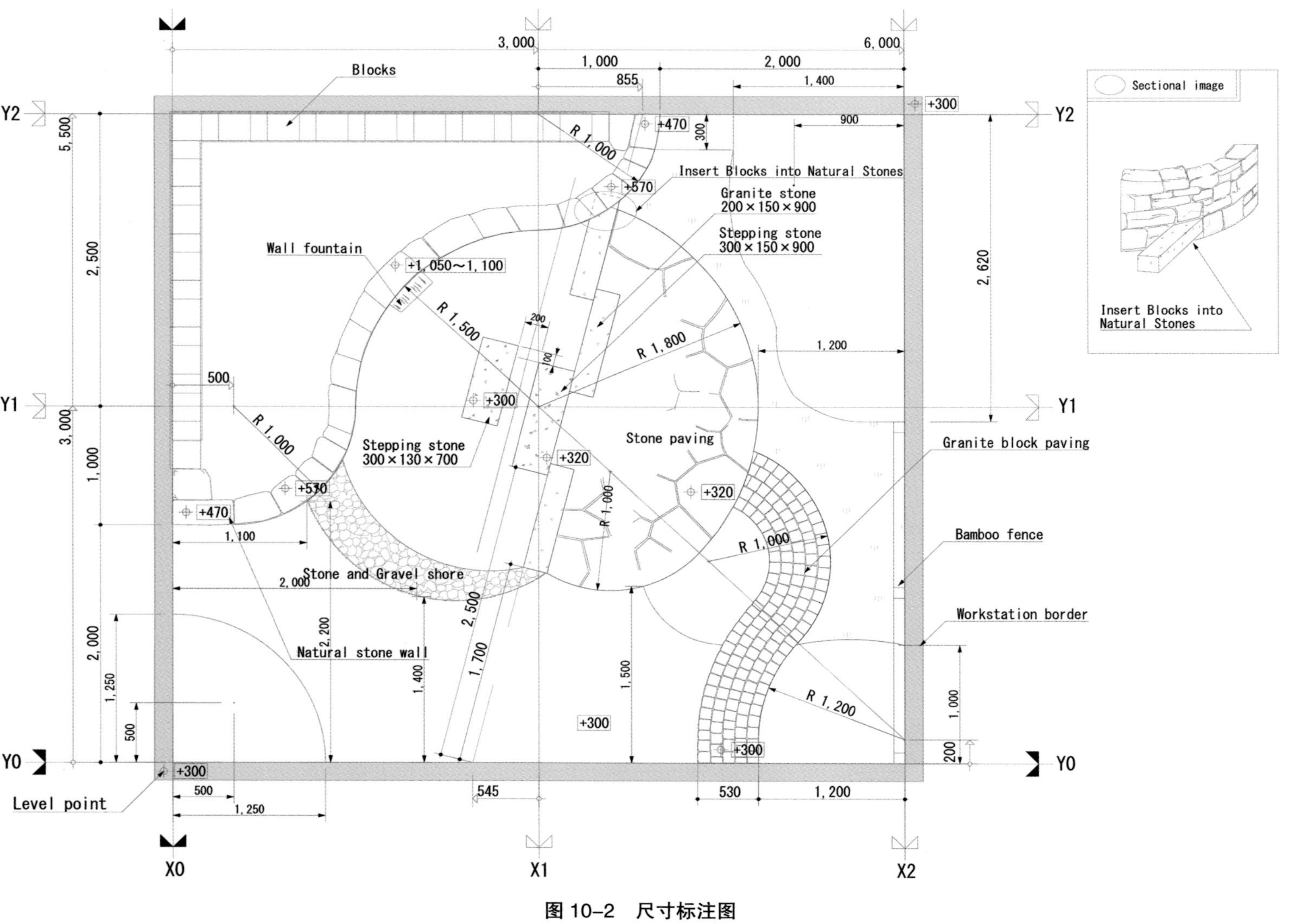

Blocks
Wall fountain
Insert Blocks into Natural Stones
Granite stone 200×150×900
Stepping stone 300×150×900
Stepping stone 300×130×700
Stone paving
Stone and Gravel shore
Natural stone wall
Granite block paving
Bamboo fence
Workstation border
Level point
Sectional image
Insert Blocks into Natural Stones
Y0
Y1
Y2
X0
X1
X2

图 10-2 尺寸标注图

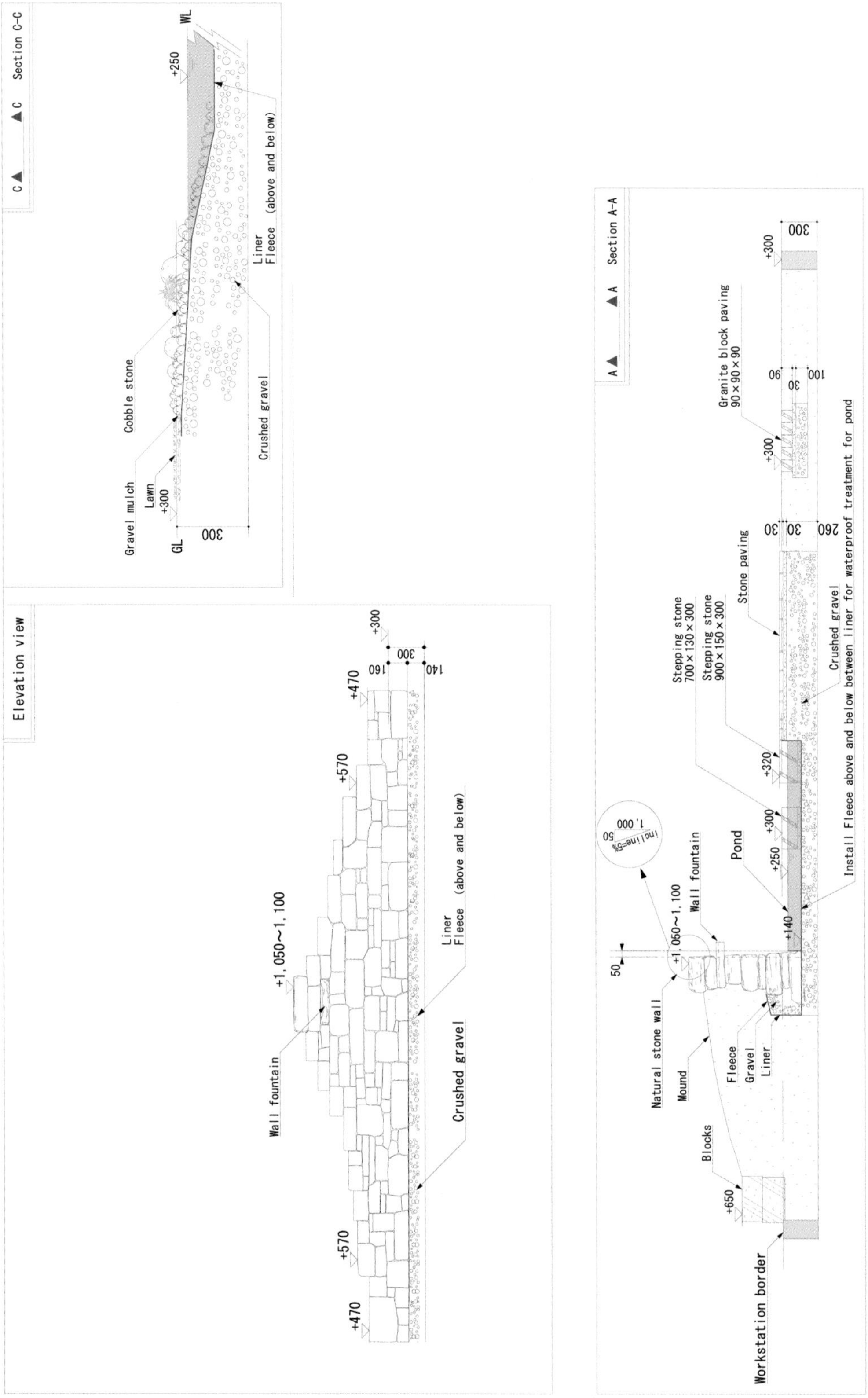

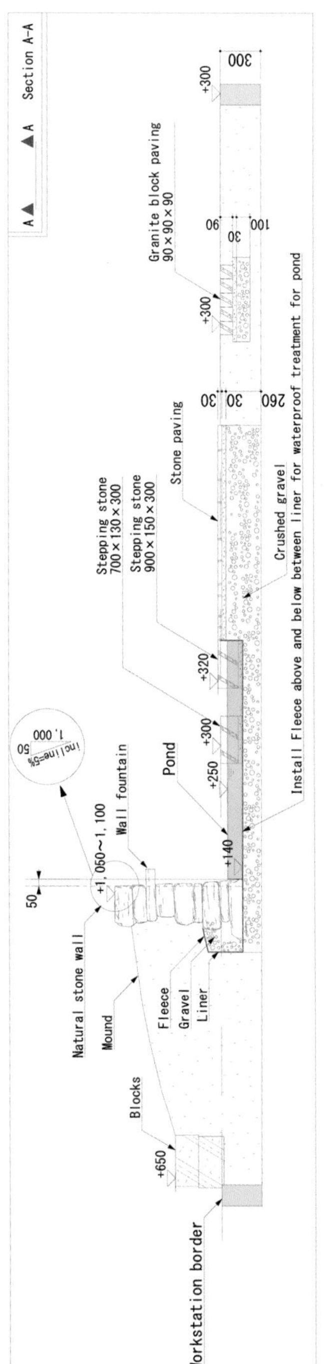
Section A-A
A
A
300
+300
Granite block paving
90×90×90
90
30
100
+300
30
30
260
Stone paving
Stepping stone
700×130×300
Stepping stone
900×150×300
Crushed gravel
+320
+300
+250
Pond
+140
Install Fleece above and below between liner for waterproof treatment for pond
incline=5%
50
1,000
Wall fountain
+1,050~1,100
50
Natural stone wall
Mound
Fleece
Gravel
Liner
Blocks
+650
Workstation border

图 10-3　剖面图一

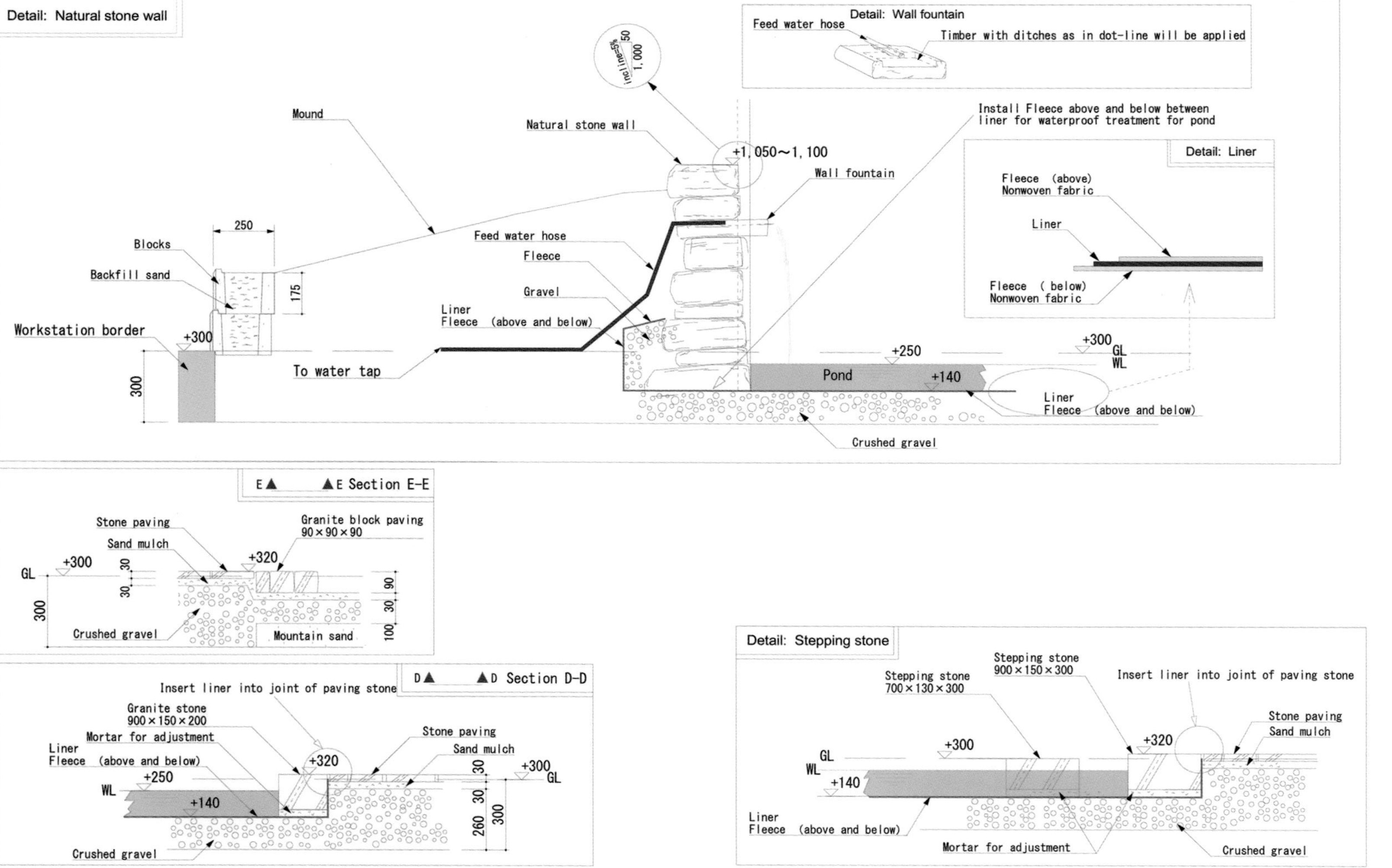
Detail: Natural stone wall
Detail: Wall fountain
Feed water hose
Timber with ditches as in dot-line will be applied
Mound
Natural stone wall
+1, 050～1, 100
Wall fountain
Install Fleece above and below between liner for waterproof treatment for pond
Detail: Liner
Fleece (above) Nonwoven fabric
Liner
Fleece (below) Nonwoven fabric
Blocks
Backfill sand
Workstation border
Feed water hose
Fleece
Gravel
Liner Fleece (above and below)
To water tap
Pond
Liner Fleece (above and below)
Crushed gravel
E Section E-E
Stone paving
Sand mulch
Granite block paving 90×90×90
Crushed gravel
Mountain sand
D Section D-D
Insert liner into joint of paving stone
Granite stone 900×150×200
Mortar for adjustment
Liner Fleece (above and below)
Stone paving
Sand mulch
Crushed gravel
Detail: Stepping stone
Stepping stone 700×130×300
Stepping stone 900×150×300
Insert liner into joint of paving stone
Stone paving
Sand mulch
Liner Fleece (above and below)
Mortar for adjustment
Crushed gravel

图 10-4 剖面图二

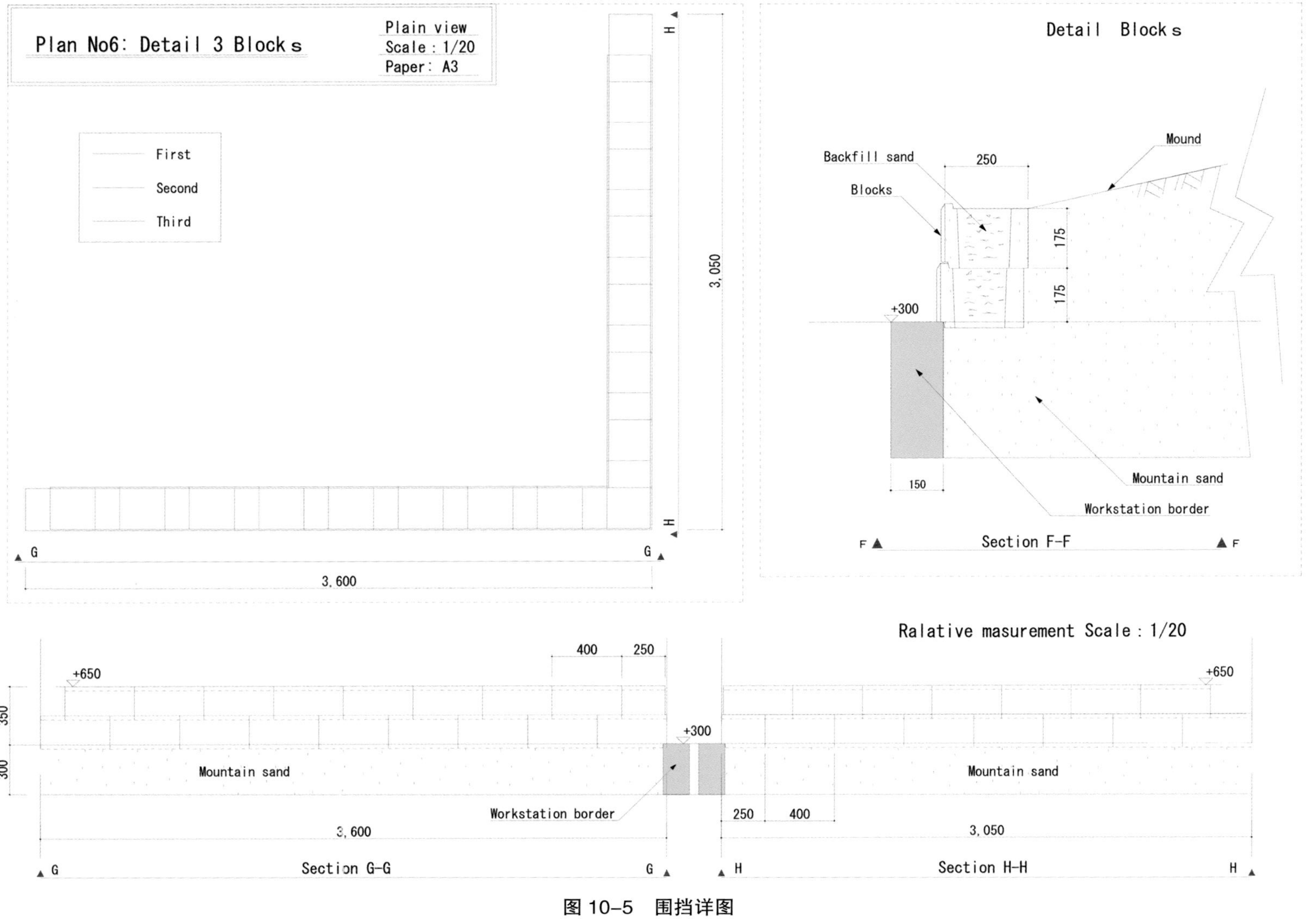
Plan No6: Detail 3 Blocks
Plain view
Scale : 1/20
Paper : A3
First
Second
Third
H
H
G
G
3,050
3,600
Detail Blocks
Backfill sand
Blocks
Mound
250
175
175
+300
150
Mountain sand
Workstation border
F
Section F-F
F
Ralative masurement Scale : 1/20
400
250
+650
+650
350
300
+300
Mountain sand
Mountain sand
Workstation border
250
400
3,600
3,050
G
Section G-G
G
H
Section H-H
H

图 10-5　围挡详图

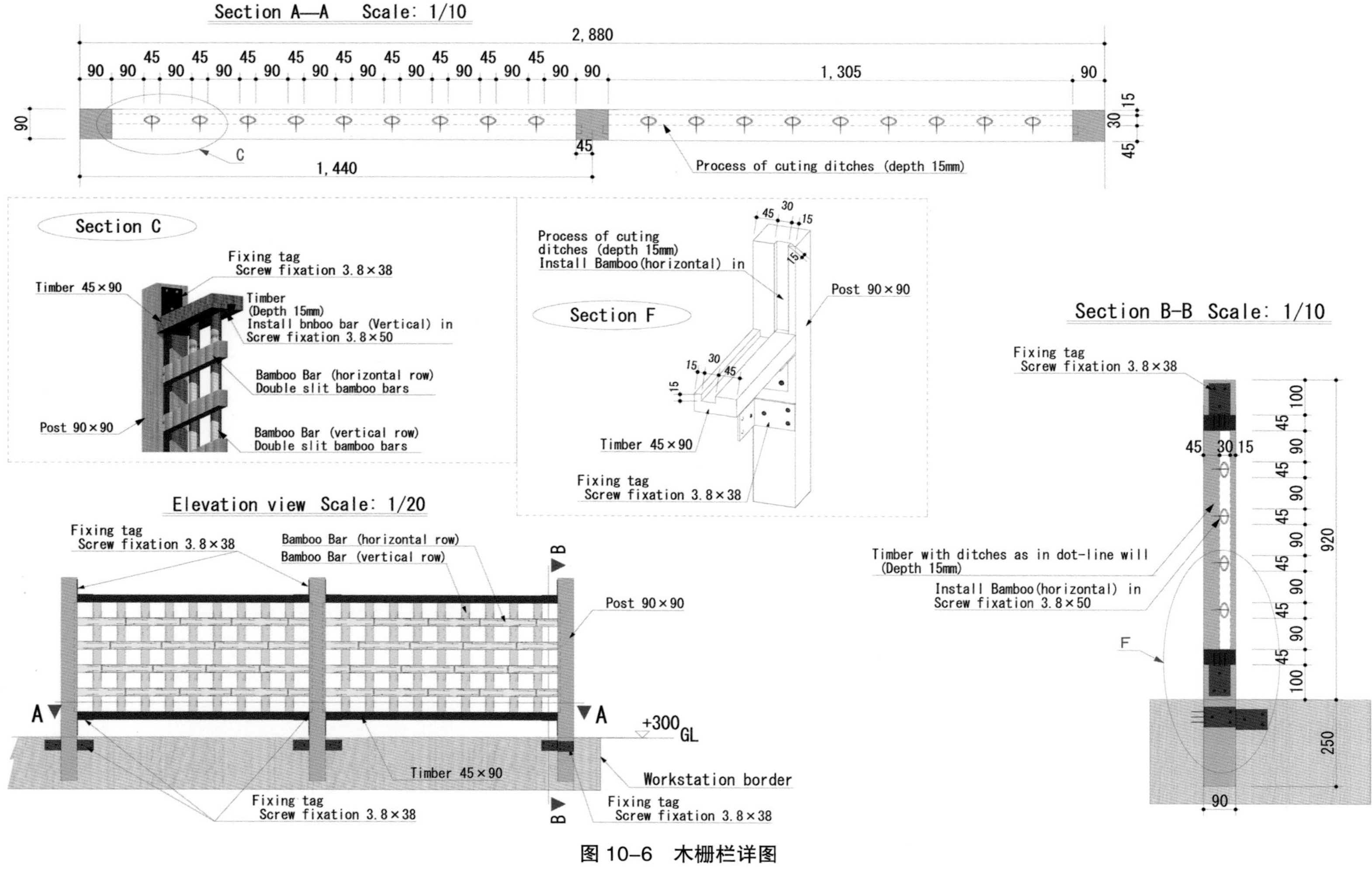
Section A—A Scale: 1/10
2, 880
1, 305
1, 440
C
Process of cuting ditches (depth 15mm)
Section C
Fixing tag
Screw fixation 3.8×38
Timber 45×90
Timber
(Depth 15mm)
Install bnboo bar (Vertical) in
Screw fixation 3.8×50
Bamboo Bar (horizontal row)
Double slit bamboo bars
Post 90×90
Bamboo Bar (vertical row)
Double slit bamboo bars
Section F
Process of cuting
ditches (depth 15mm)
Install Bamboo(horizontal) in
Post 90×90
Timber 45×90
Fixing tag
Screw fixation 3.8×38
Section B-B Scale: 1/10
Fixing tag
Screw fixation 3.8×38
920
250
Timber with ditches as in dot-line will
(Depth 15mm)
Install Bamboo(horizontal) in
Screw fixation 3.8×50
F
Elevation view Scale: 1/20
Fixing tag
Screw fixation 3.8×38
Bamboo Bar (horizontal row)
Bamboo Bar (vertical row)
Post 90×90
+300GL
Timber 45×90
Workstation border
Fixing tag
Screw fixation 3.8×38
Fixing tag
Screw fixation 3.8×38
图 10-6 木栅栏详图

步，再堆砌自然石墙，在安装其余汀步时需要将整个水池的基层处理好，包含浅滩部分。

砂岩板铺装紧贴汀步，且砂岩板的外侧弧线圆心在汀步上。在施工砂岩板时要将防水膜的高度固定在水面高度之上，两块汀步石之间的部位防水膜往往会难以折叠，在施工时需要预留足够多的防水膜进行折叠，防止因防水膜的过分拉伸导致破裂，进而发生漏水的现象。小料石铺装由两段弧线控制，具有一定的坡度。要求选手对小料石进行加工，避免缝隙相通，并和工位与砂岩板铺装紧密贴合。

围挡的原材料是空心混凝土砖块，里面需要填充砂土和种植植物，在与石墙相连接的地方应优先保证围挡的尺寸（图 10–5）。石墙为多段曲线、多个高度的自然式石墙，需要注意，最高处高度为范围高度（+1.050m~+1.100m），范围值为 50mm，此外标注的 4 处高度为固定值。出水口为成品安装，没有给定具体的标高，参赛选手可以根据自然石墙的施工情况自行设置安装高度。

格栅是这套图纸中唯一的木作部分。选手在分析图纸时应结合材料的实际尺寸，及时提出问题，因为材料的误差有可能会造成格栅不能按照图纸的要求达到规定尺寸。格栅为简易的榫卯结构，配合连接件和螺钉进行固定。按木栅栏详图（图 10–6）对木料进行标记、切割、打磨，完成各个零部件的加工，最后进行组装和安装。格栅用连接件固定在工位内侧，参赛选手在安装时要依照工具工位的实际情况进行安装，确保格栅的高度、垂直度和顺直。

二、第 40 届世赛（2009 年，加拿大卡尔加里）赛题解析

与其他国家相比，加拿大是一个地域广阔，人口稀少的国家，人口相对集中在较大的城市。大部分地区森林茂密，自然环境十分优美。第 40 届世赛园艺项目的赛题反映了城市与自然、建筑与环境的和谐共存。赛题设有预设边界，映射了城市的诞生和发展。

项目设计的理念来自现代住宅。建筑的背面为自然林地，通过道路与庭院相遇。对天井区域的建造需要一堵挡土墙，以保持林地的海拔高度，并在一个可控制的环境中制造水景。建筑与自然区域的连接是通过一条路径上升到泉水后面的小斜坡，也可以通过木质台阶到木桥上直接到达。建造的景观包括预制混凝土路面和墙壁、木材结构跨度和台阶，以及雕像；自然景观包括乔木、灌木、地面覆盖物、垫脚石、巨石、石头和砾石。从地面喷出的水沿着石头和砾石向外流到花园区域。

第 40 届世赛园艺项目比赛的工作站为 6000mm × 6000mm，场地以开放的压实砾石为基础（图 10–7）。建筑的背面为预制混凝土模块堆砌而成的挡土墙（形成天井区域），以此为边界划定整个施工区域。入口处是小料石作成的道路，小料石铺装的左上角为喷泉，右上角为木质阶梯道路，图纸的后半部分均为种植区。

项目在压实砾石的基础上建造，所有的水平和垂直测量值均来自每个现场建立的两个

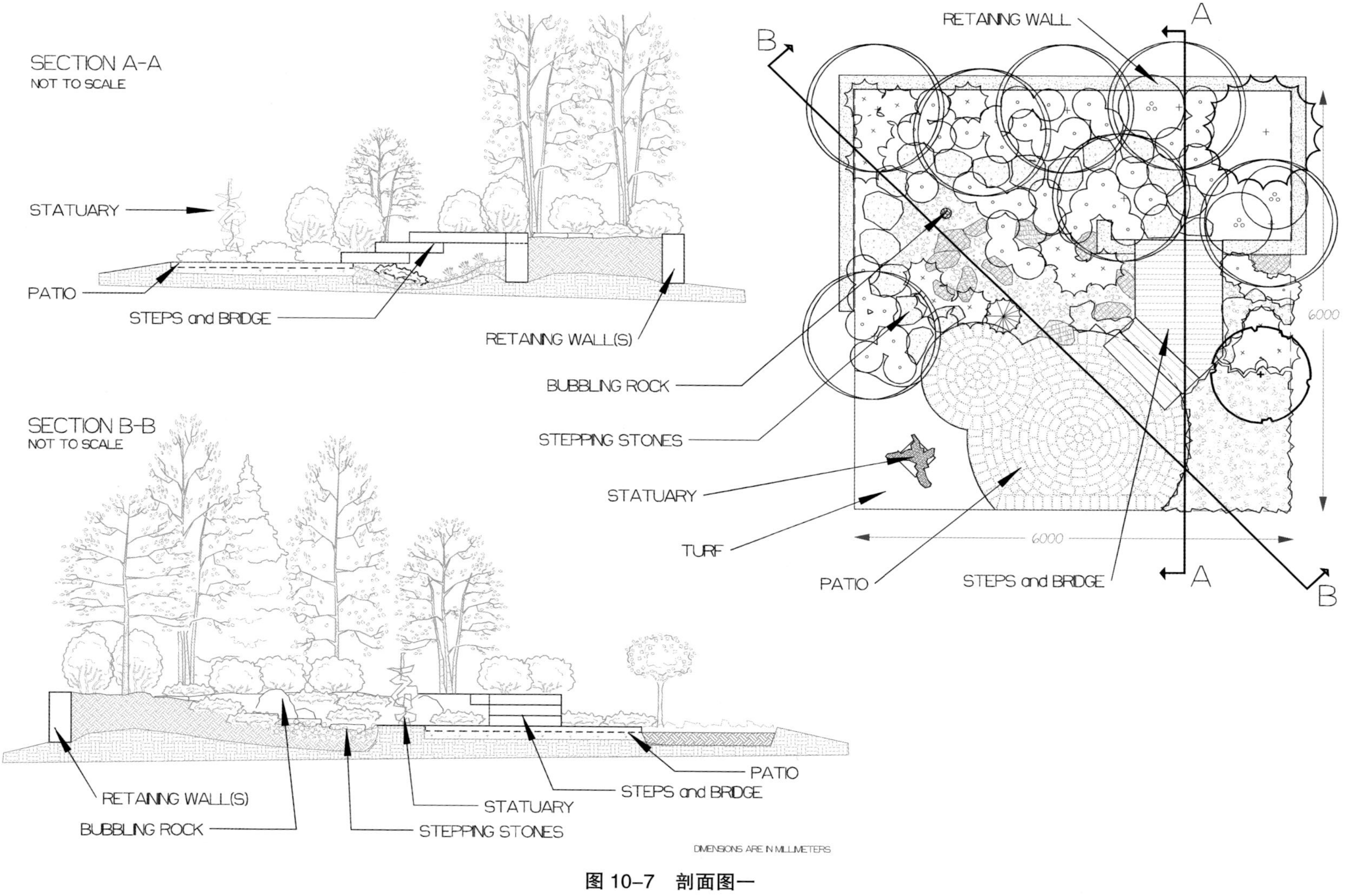
SECTION A-A
NOT TO SCALE
STATUARY
PATIO
STEPS and BRIDGE
RETAINING WALL(S)
SECTION B-B
NOT TO SCALE
RETAINING WALL(S)
BUBBLING ROCK
STEPPING STONES
STATUARY
STEPS and BRIDGE
PATIO
DIMENSIONS ARE IN MILLIMETERS
A
A
B
B
RETAINING WALL
6000
6000
BUBBLING ROCK
STEPPING STONES
STATUARY
TURF
PATIO
STEPS and BRIDGE

图 10-7 剖面图一

控制点。这些控制点不可移动，并已设置了正确的距离和相同的高度。施工期间和评估期间的所有测量值都来自这两个点或基于这两个点进行测量，选手需按照要求完成每天的任务安排：

第一天，6h。开始布局和墙体施工、天井区域施工。

第二天，6h。林地结构和高程完整，完成墙体和天井施工。

第三天，6h。完成桥梁和台阶施工，主要乔木的种植，水景施工。

第四天，4h。完成种植施工，卵石、石材、竣工修整。

根据给定的两个基点确定墙体的位置（图 10–8），放出辅助线，安装墙体；围挡是由预制混凝土模块干垒，按照围墙详图（图 10–9）进行堆砌，形成天井区域；填充砂土，与道路铺装形成高差，在高差形成的边界堆放石块，防止土方流失，此时形成林地系统，完成种植区植物种植。按竖向设计的要求，根据高等标准修整地形。前后形成高差，即高程完整。参赛选手在完成墙体进行土方回填时，需要注意图中所示土方高度，即左侧闭合的石路，避免土方的二次搬运。

墙体完成后，内边的延长线及平行线界定了工作区域，在不影响道路铺装的前提下进行假山水景的安装，在土方开挖时注意与已完成构筑物之间的距离，防止土方滑坡造成构筑物的坍塌。

木质台阶一端卡在墙体，另一端放置在砂土表面。在墙体一侧的木质台阶由于材料的不同可能导致高度存在误差，因此要根据实际材料的尺寸对龙骨进行加工，完成龙骨的拼接，安装面板后放置木质台阶。

如图 10–10 所示，在水景的最下层用砖块包围水泵，防止石块对水循环系统造成挤压，在砖块上方堆叠石块和喷泉。在安装水循环系统前对水泵进行调试，调节喷泉至最佳景观效果。水景的四周是闭合的道路，喷泉堆叠时需要考虑各个景观面。小料石弧形铺装需要加工木质台阶和景石。

最后完成植物种植，其中植物的位置在植物详图（图 10–11）中已经标出，选手需要严格按照图纸施工。最后铺设草皮。

本届世赛园艺项目创作的园林作品旨在表现居住环境，诸如山林、平原、草地、荒原、耕地等的和谐统一。虽然赛题的设计很简单，但所需的施工和安装却具有挑战性。加拿大是制造和使用预制混凝土建筑材料的领导者，该材料用于人行道和墙体等。此外，所有的材料都可以在卡尔加里地区的景观中重复使用，一些材料来自废物的回收。该园艺项目的水循环系统是全国正在实施的地下水补给、雨水储存和灌溉项目的典型。

三、第 41 届世赛（2011 年，英国伦敦）赛题解析

英国自然式园林曾经是西方造园的主流。本届世赛园艺项目赛题设计就是秉承这样的理念，展现一种自然的风貌。有大片的水面，草坡自然连接湖岸，森林成片，园林已经没

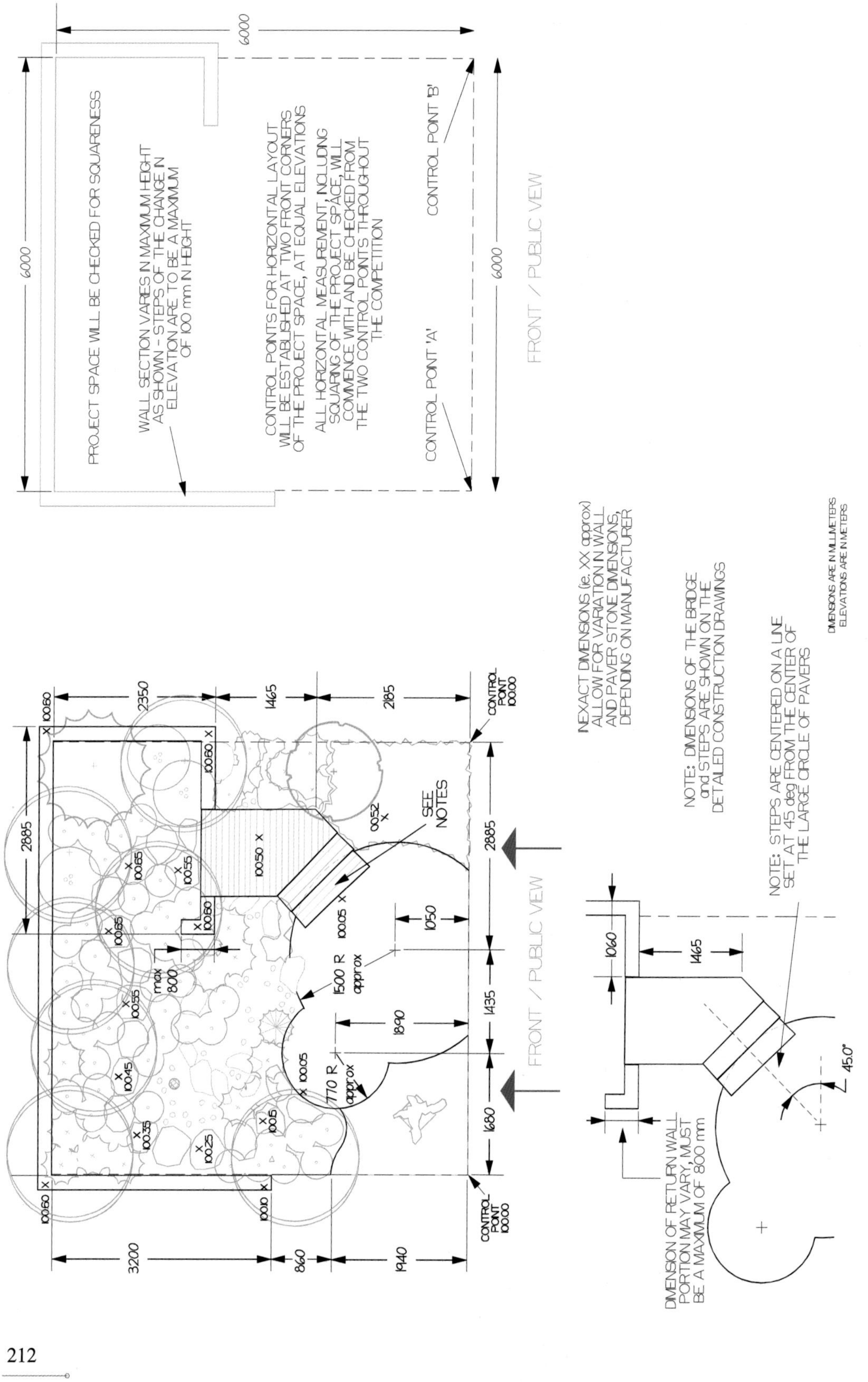
6000
PROJECT SPACE WILL BE CHECKED FOR SQUARENESS
WALL SECTION VARIES IN MAXIMUM HEIGHT AS SHOWN - STEPS OF THE CHANGE IN ELEVATION ARE TO BE A MAXIMUM OF 100 mm IN HEIGHT
CONTROL POINTS FOR HORIZONTAL LAYOUT WILL BE ESTABLISHED AT TWO FRONT CORNERS OF THE PROJECT SPACE, AT EQUAL ELEVATIONS
ALL HORIZONTAL MEASUREMENT, INCLUDING SQUARING OF THE PROJECT SPACE, WILL COMMENCE WITH AND BE CHECKED FROM THE TWO CONTROL POINTS THROUGHOUT THE COMPETITION
CONTROL POINT 'A'
CONTROL POINT 'B'
FRONT / PUBLIC VIEW
INEXACT DIMENSIONS (ie. XX approx) ALLOW FOR VARIATION IN WALL AND PAVER STONE DIMENSIONS, DEPENDING ON MANUFACTURER
NOTE: DIMENSIONS OF THE BRIDGE and STEPS ARE SHOWN ON THE DETAILED CONSTRUCTION DRAWINGS
NOTE: STEPS ARE CENTERED ON A LINE SET AT 45 deg FROM THE CENTER OF THE LARGE CIRCLE OF PAVERS
DIMENSIONS ARE IN MILLIMETERS
ELEVATIONS ARE IN METERS
CONTROL POINT 100.00
SEE NOTES
1500 R approx
770 R approx
max 800
2350
1465
2185
2885
1050
1435
1890
1680
3200
860
1940
1060
45.0°
DIMENSION OF RETURN WALL PORTION MAY VARY, MUST BE A MAXIMUM OF 800 mm

图 10-8　尺寸标注图

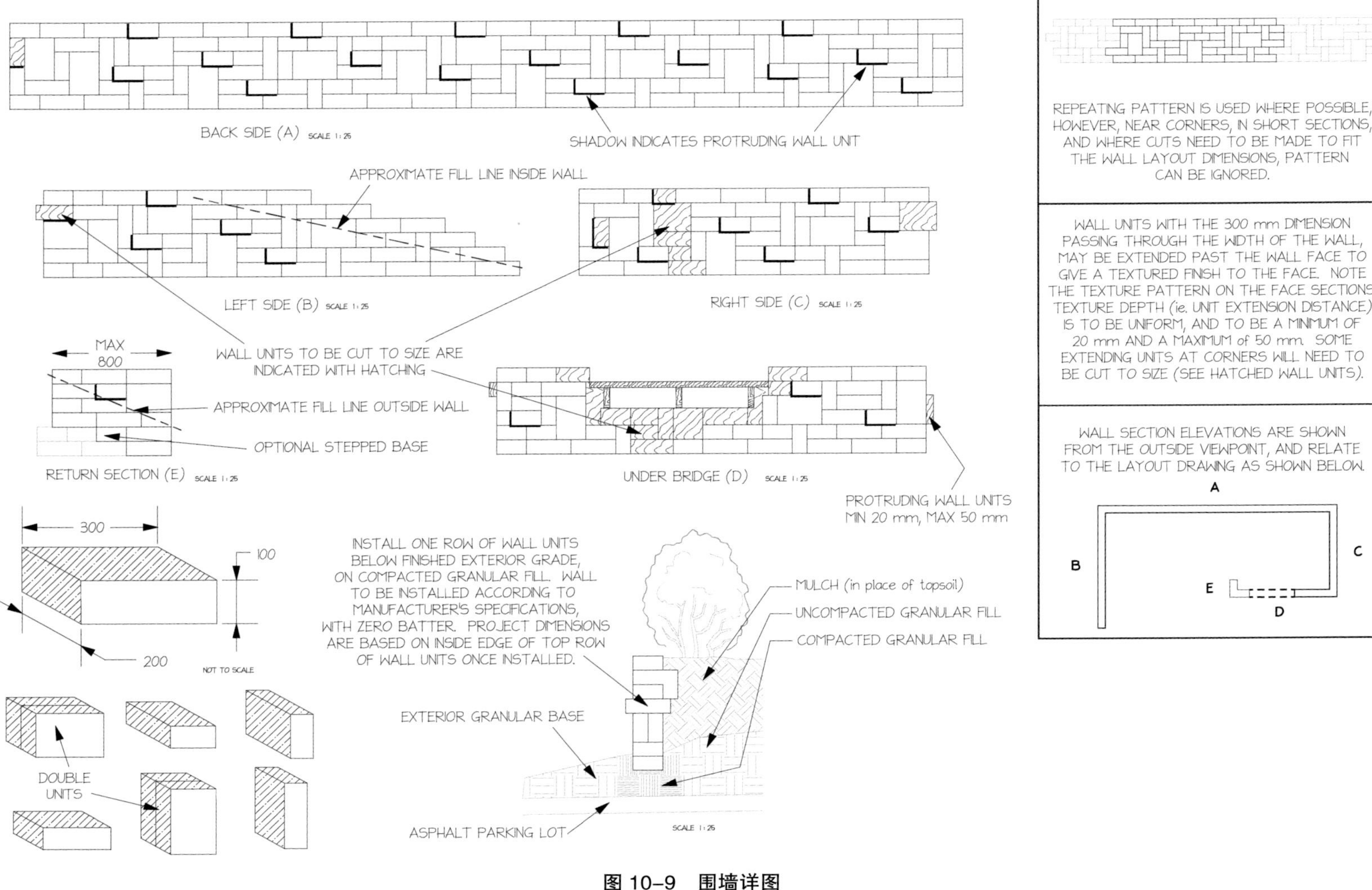
BACK SIDE (A) SCALE 1:25
SHADOW INDICATES PROTRUDING WALL UNIT
APPROXIMATE FILL LINE INSIDE WALL
LEFT SIDE (B) SCALE 1:25
RIGHT SIDE (C) SCALE 1:25
MAX 800
WALL UNITS TO BE CUT TO SIZE ARE INDICATED WITH HATCHING
APPROXIMATE FILL LINE OUTSIDE WALL
OPTIONAL STEPPED BASE
RETURN SECTION (E) SCALE 1:25
UNDER BRIDGE (D) SCALE 1:25
PROTRUDING WALL UNITS MIN 20 mm, MAX 50 mm
300
100
200
NOT TO SCALE
INSTALL ONE ROW OF WALL UNITS BELOW FINISHED EXTERIOR GRADE, ON COMPACTED GRANULAR FILL. WALL TO BE INSTALLED ACCORDING TO MANUFACTURER'S SPECIFICATIONS, WITH ZERO BATTER. PROJECT DIMENSIONS ARE BASED ON INSIDE EDGE OF TOP ROW OF WALL UNITS ONCE INSTALLED.
MULCH (in place of topsoil)
UNCOMPACTED GRANULAR FILL
COMPACTED GRANULAR FILL
EXTERIOR GRANULAR BASE
DOUBLE UNITS
ASPHALT PARKING LOT
SCALE 1:25
REPEATING PATTERN IS USED WHERE POSSIBLE, HOWEVER, NEAR CORNERS, IN SHORT SECTIONS, AND WHERE CUTS NEED TO BE MADE TO FIT THE WALL LAYOUT DIMENSIONS, PATTERN CAN BE IGNORED.
WALL UNITS WITH THE 300 mm DIMENSION PASSING THROUGH THE WIDTH OF THE WALL, MAY BE EXTENDED PAST THE WALL FACE TO GIVE A TEXTURED FINISH TO THE FACE. NOTE THE TEXTURE PATTERN ON THE FACE SECTIONS. TEXTURE DEPTH (ie. UNIT EXTENSION DISTANCE) IS TO BE UNIFORM, AND TO BE A MINIMUM OF 20 mm AND A MAXIMUM of 50 mm. SOME EXTENDING UNITS AT CORNERS WILL NEED TO BE CUT TO SIZE (SEE HATCHED WALL UNITS).
WALL SECTION ELEVATIONS ARE SHOWN FROM THE OUTSIDE VIEWPOINT, AND RELATE TO THE LAYOUT DRAWING AS SHOWN BELOW.
A
B
C
E
D

图 10-9　围墙详图

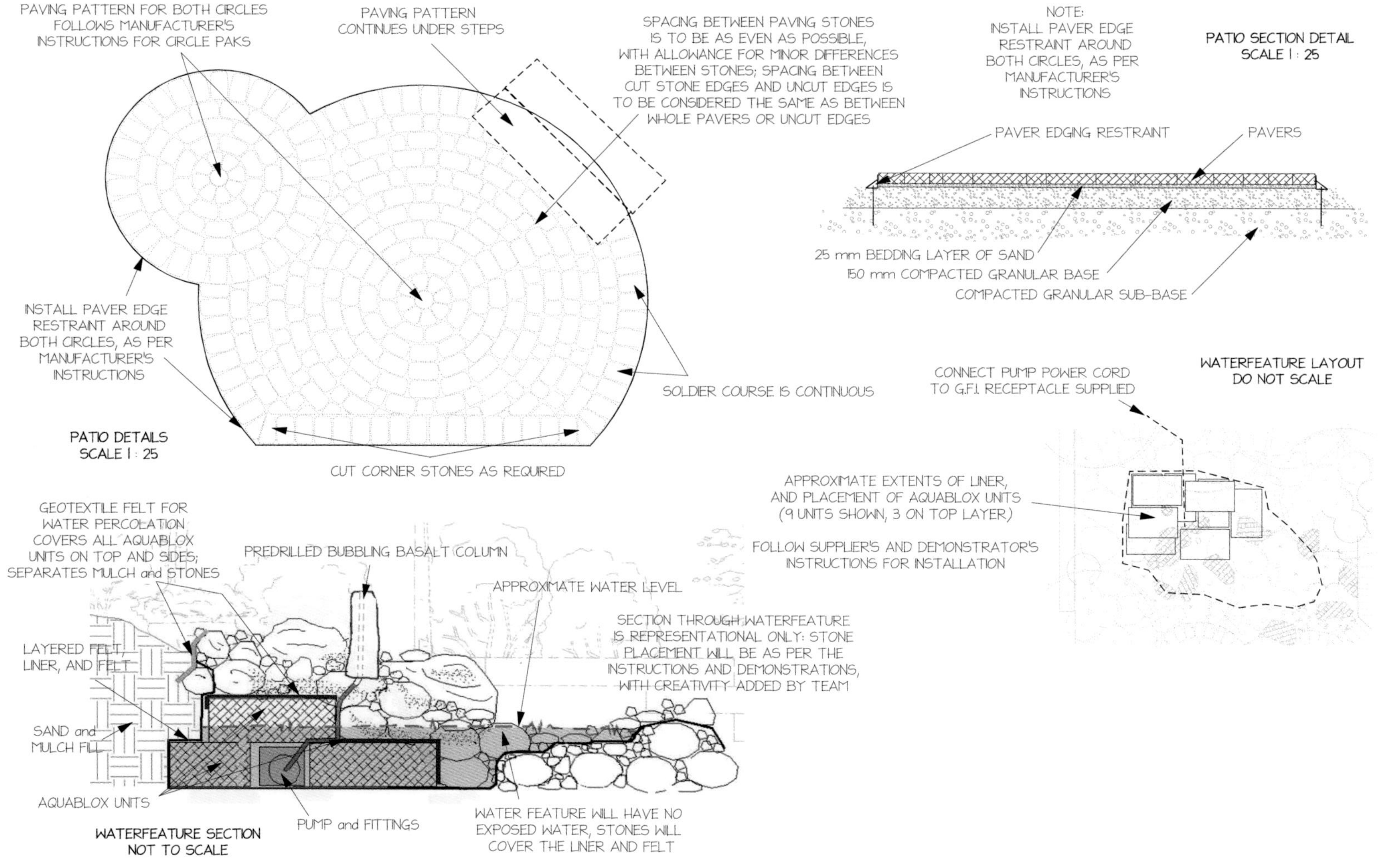

PAVING PATTERN FOR BOTH CIRCLES FOLLOWS MANUFACTURER'S INSTRUCTIONS FOR CIRCLE PAKS
PAVING PATTERN CONTINUES UNDER STEPS
SPACING BETWEEN PAVING STONES IS TO BE AS EVEN AS POSSIBLE, WITH ALLOWANCE FOR MINOR DIFFERENCES BETWEEN STONES; SPACING BETWEEN CUT STONE EDGES AND UNCUT EDGES IS TO BE CONSIDERED THE SAME AS BETWEEN WHOLE PAVERS OR UNCUT EDGES
NOTE:
INSTALL PAVER EDGE RESTRAINT AROUND BOTH CIRCLES, AS PER MANUFACTURER'S INSTRUCTIONS
PATIO SECTION DETAIL
SCALE 1 : 25
PAVER EDGING RESTRAINT
PAVERS
25 mm BEDDING LAYER OF SAND
150 mm COMPACTED GRANULAR BASE
COMPACTED GRANULAR SUB-BASE
INSTALL PAVER EDGE RESTRAINT AROUND BOTH CIRCLES, AS PER MANUFACTURER'S INSTRUCTIONS
SOLDIER COURSE IS CONTINUOUS
CONNECT PUMP POWER CORD TO G.F.I. RECEPTACLE SUPPLIED
WATERFEATURE LAYOUT
DO NOT SCALE
PATIO DETAILS
SCALE 1 : 25
CUT CORNER STONES AS REQUIRED
APPROXIMATE EXTENTS OF LINER, AND PLACEMENT OF AQUABLOX UNITS (9 UNITS SHOWN, 3 ON TOP LAYER)
FOLLOW SUPPLIER'S AND DEMONSTRATOR'S INSTRUCTIONS FOR INSTALLATION
GEOTEXTILE FELT FOR WATER PERCOLATION COVERS ALL AQUABLOX UNITS ON TOP AND SIDES; SEPARATES MULCH and STONES
PREDRILLED BUBBLING BASALT COLUMN
APPROXIMATE WATER LEVEL
SECTION THROUGH WATERFEATURE IS REPRESENTATIONAL ONLY: STONE PLACEMENT WILL BE AS PER THE INSTRUCTIONS AND DEMONSTRATIONS, WITH CREATIVITY ADDED BY TEAM
LAYERED FELT, LINER, AND FELT
SAND and MULCH FILL
AQUABLOX UNITS
WATERFEATURE SECTION
NOT TO SCALE
PUMP and FITTINGS
WATER FEATURE WILL HAVE NO EXPOSED WATER, STONES WILL COVER THE LINER AND FELT

图 10-10 详图二

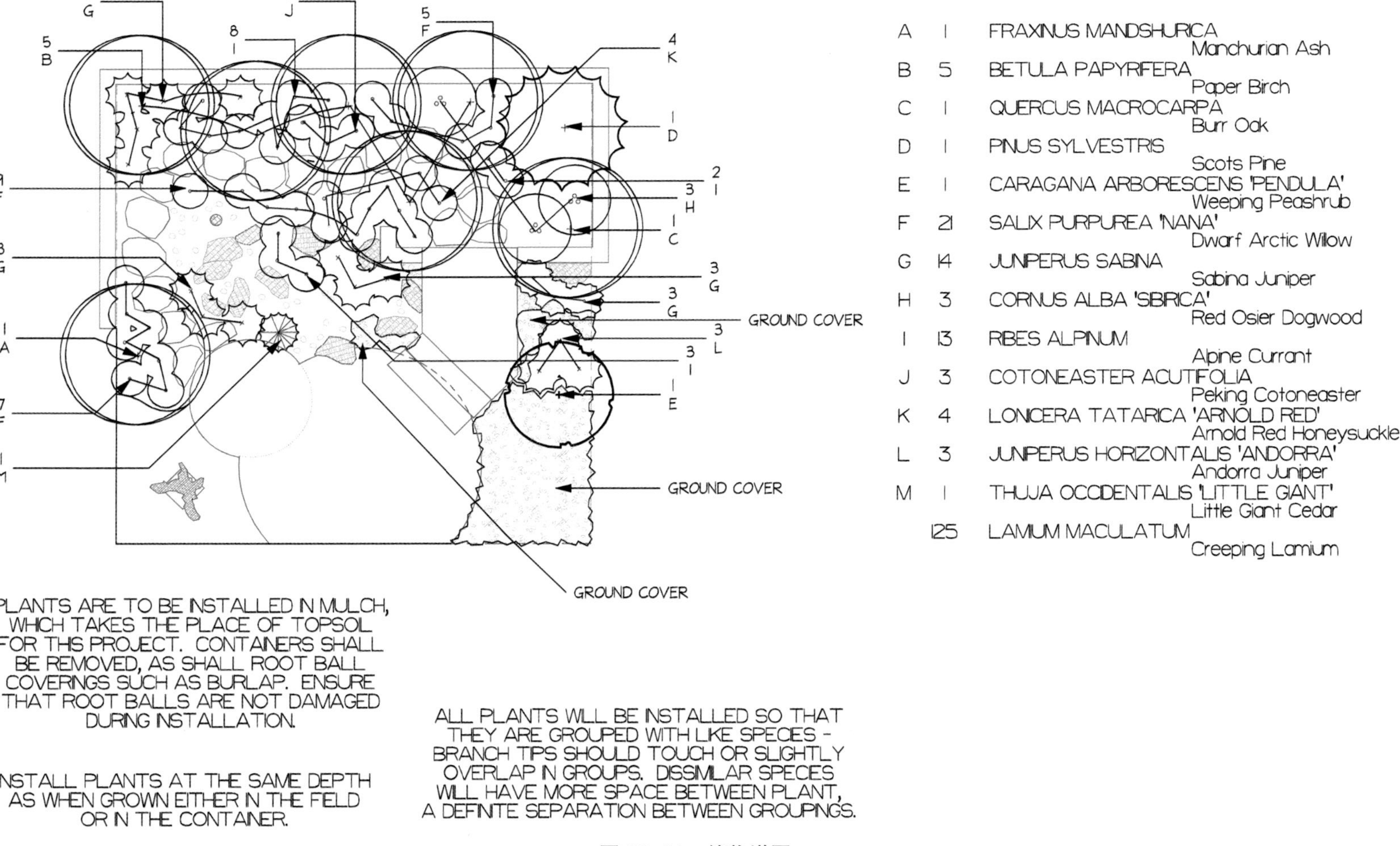
5 G
3 J
5 F
5 B
8 I
4 K
1 D
9 F
2 I
3 H
1 C
3 G
3 G
3 G
GROUND COVER
3 L
1 A
3 I
1 E
7 F
1 M
GROUND COVER
GROUND COVER
A 1 FRAXINUS MANDSHURICA
Manchurian Ash
B 5 BETULA PAPYRIFERA
Paper Birch
C 1 QUERCUS MACROCARPA
Burr Oak
D 1 PINUS SYLVESTRIS
Scots Pine
E 1 CARAGANA ARBORESCENS 'PENDULA'
Weeping Peashrub
F 21 SALIX PURPUREA 'NANA'
Dwarf Arctic Willow
G 14 JUNIPERUS SABINA
Sabina Juniper
H 3 CORNUS ALBA 'SIBIRICA'
Red Osier Dogwood
I 13 RIBES ALPINUM
Alpine Currant
J 3 COTONEASTER ACUTIFOLIA
Peking Cotoneaster
K 4 LONICERA TATARICA 'ARNOLD RED'
Arnold Red Honeysuckle
L 3 JUNIPERUS HORIZONTALIS 'ANDORRA'
Andorra Juniper
M 1 THUJA OCCIDENTALIS 'LITTLE GIANT'
Little Giant Cedar
125 LAMIUM MACULATUM
Creeping Lamium
PLANTS ARE TO BE INSTALLED IN MULCH, WHICH TAKES THE PLACE OF TOPSOIL FOR THIS PROJECT. CONTAINERS SHALL BE REMOVED, AS SHALL ROOT BALL COVERINGS SUCH AS BURLAP. ENSURE THAT ROOT BALLS ARE NOT DAMAGED DURING INSTALLATION.
INSTALL PLANTS AT THE SAME DEPTH AS WHEN GROWN EITHER IN THE FIELD OR IN THE CONTAINER.
ALL PLANTS WILL BE INSTALLED SO THAT THEY ARE GROUPED WITH LIKE SPECIES - BRANCH TIPS SHOULD TOUCH OR SLIGHTLY OVERLAP IN GROUPS. DISSIMILAR SPECIES WILL HAVE MORE SPACE BETWEEN PLANT, A DEFINITE SEPARATION BETWEEN GROUPINGS.

图 10-11　植物详图

有内外之分，庄园与大自然融为一体。

英国花园类型多样。一方面是由于英国的地质状况复杂，从山脉到平坦的土地，变化巨大；另一方面是由于土壤通常比较肥沃，但在一些地区，如苏格兰的山区高地，土壤却是贫瘠的。赛题项目假设位于城市边缘，有丘陵景观，这在苏格兰、威尔士、阿尔斯特和英格兰北部的许多地区都很常见。这种风格比较随意、不拘礼节，包含干石墙和小溪、木桥等要素，种植区域包括本地和引种的乔木、灌木、草本植物和蕨类植物。

第 41 届世赛园艺项目竞赛工作站为 6300mm × 6300mm × 300mm（图 10–12）。图纸的右下角是透水砖道路铺装，其左上角衔接两块踏步石和木质小桥。图纸的中间为一条曲折的自然石墙，自然石墙靠右部分为小溪流水口，靠左部分缺口位置是木质的栅栏，入口后有数块踏步石，后半部分被木质围栏围合起来。同时，对部分模块作出了规定：

（1）该项目将在展览馆内的混凝土基础上建造。在比赛开始前，需要建造一个木框架，其顶部高度为基准水平以上 +0.3m。所有的水平和垂直测量都必须参照尺寸标注图中的详细说明进行（图 10–13）。这些控制点不可移动，并已设置了正确的距离和相同的高度。施工和评估期间的所有测量值都根据或基于这两点进行。

（2）所有材料将在比赛开始前提供。

（3）自然石墙结构应从地面开始施工。

（4）植物应拆除容器和覆盖物，修剪枯枝和干扰枝，去除枯叶和花，不建议因形状或其他原因进行修剪。

参赛选手需按照要求完成每天的任务：

第一天，6h。开始土方处理，自然石墙、透水砖铺装的施工。

第二天，6h。完成自然石墙、透水砖铺装；开始栅栏、围栏、桥梁施工。

第三天，6h。完成栅栏、围栏、桥梁施工；种植定位树；完成小溪结构（石墙部分）施工。

第四天，4h。完成水景及其余部分施工。

首先进行土方工程的处理。图纸左下方的水池处高程较低，小溪流水口前后高程较高，自然石墙高度从工作站压实地面开始计算。自然石墙分为两段（图 10–13），在施工时需要注意两侧放坡，在开始堆砌前先对材料的宽度和高度进行大致归类。右侧自然石墙在 +0.7m 处留有出水口。自然石墙可完成一段后再完成另一段，堆砌角砖时确保宽度足够且刚好可以安装栅栏和围栏，透水砖基层为 50mm 砂石，透水砖铺设完成后用砂清扫缝隙。

在自然石墙和透水砖铺装完成之后，需要完成栅栏、围栏、桥梁，种植定位树，完成小溪结构（石墙部分）。小溪从桥梁下方穿过，因此要先完成小溪在桥梁下方防水膜的铺

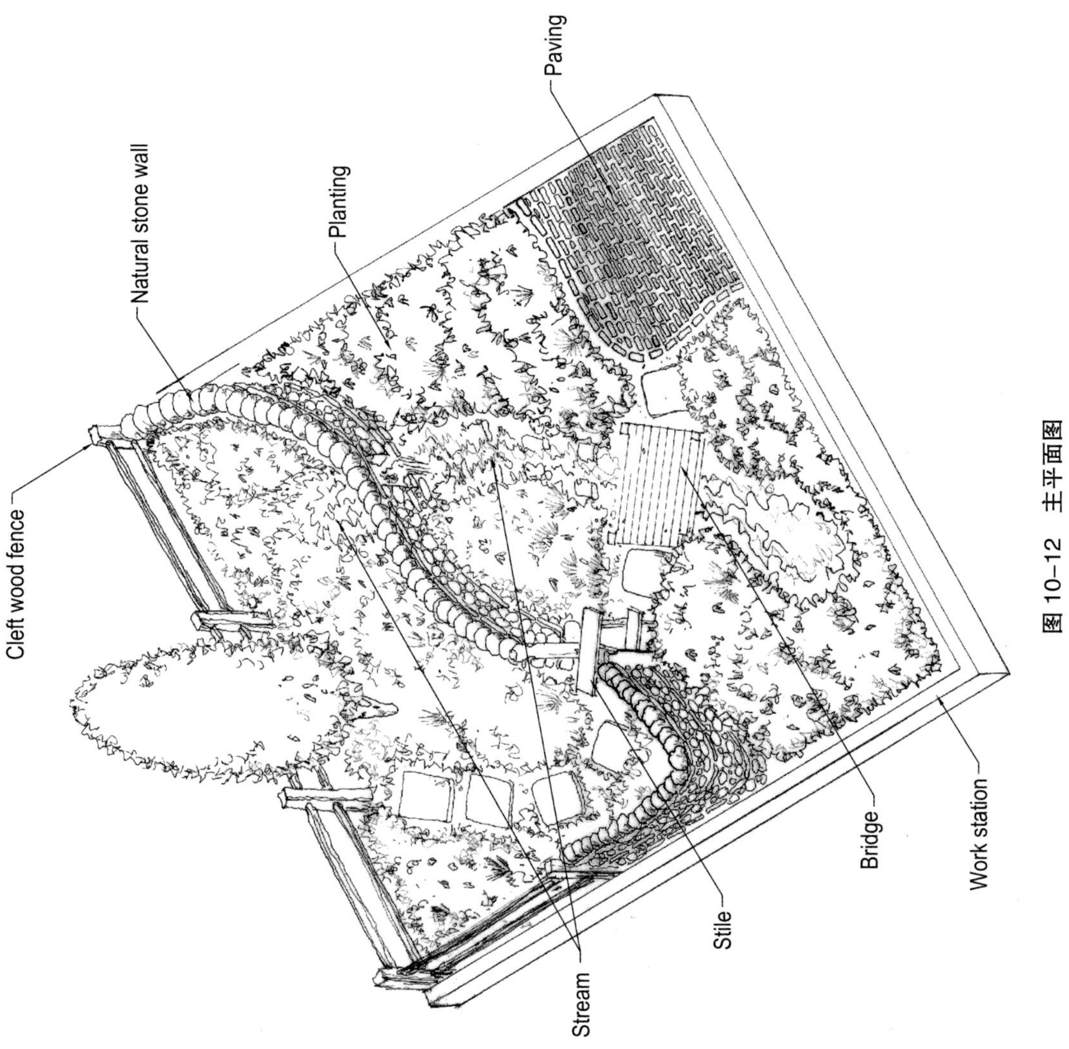

Paving
Natural stone wall
Planting
Cleft wood fence
Work station
Bridge
Stile
Stream

图 10-12　主平面图

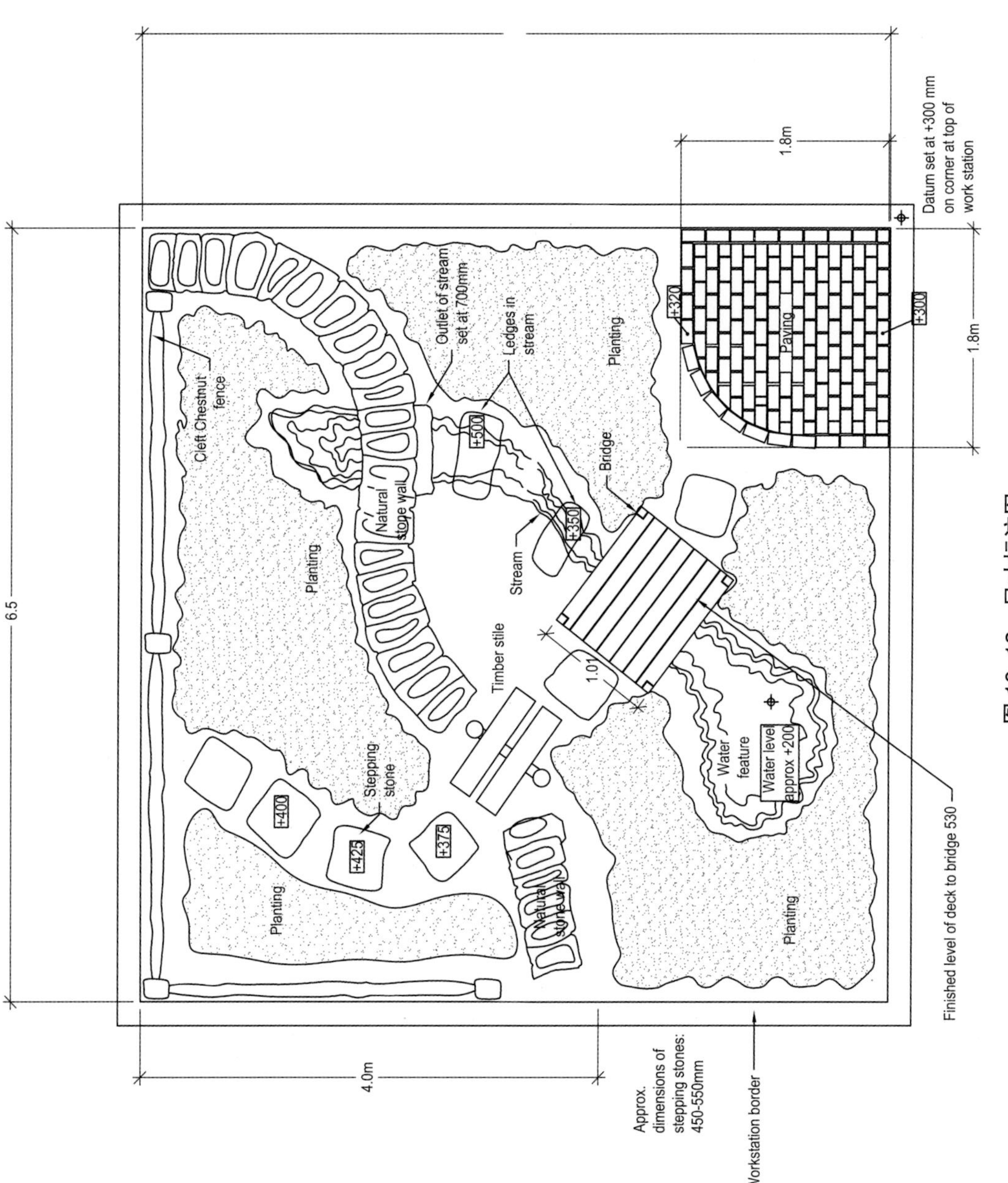

6.5
4.0m
1.8m
1.8m
Datum set at +300 mm on corner at top of work station
Paving
+320
+300
Planting
Outlet of stream set at 700mm
Ledges in stream
+500
Cleft Chestnut fence
Natural stone wall
Bridge
+350
Stream
Timber stile
1.01
Water feature
Water level approx +200
Stepping stone
+400
+425
+375
Natural stone wall
Finished level of deck to bridge 530
Approx. dimensions of stepping stones: 450-550mm
Workstation border

图 10–13　尺寸标注图

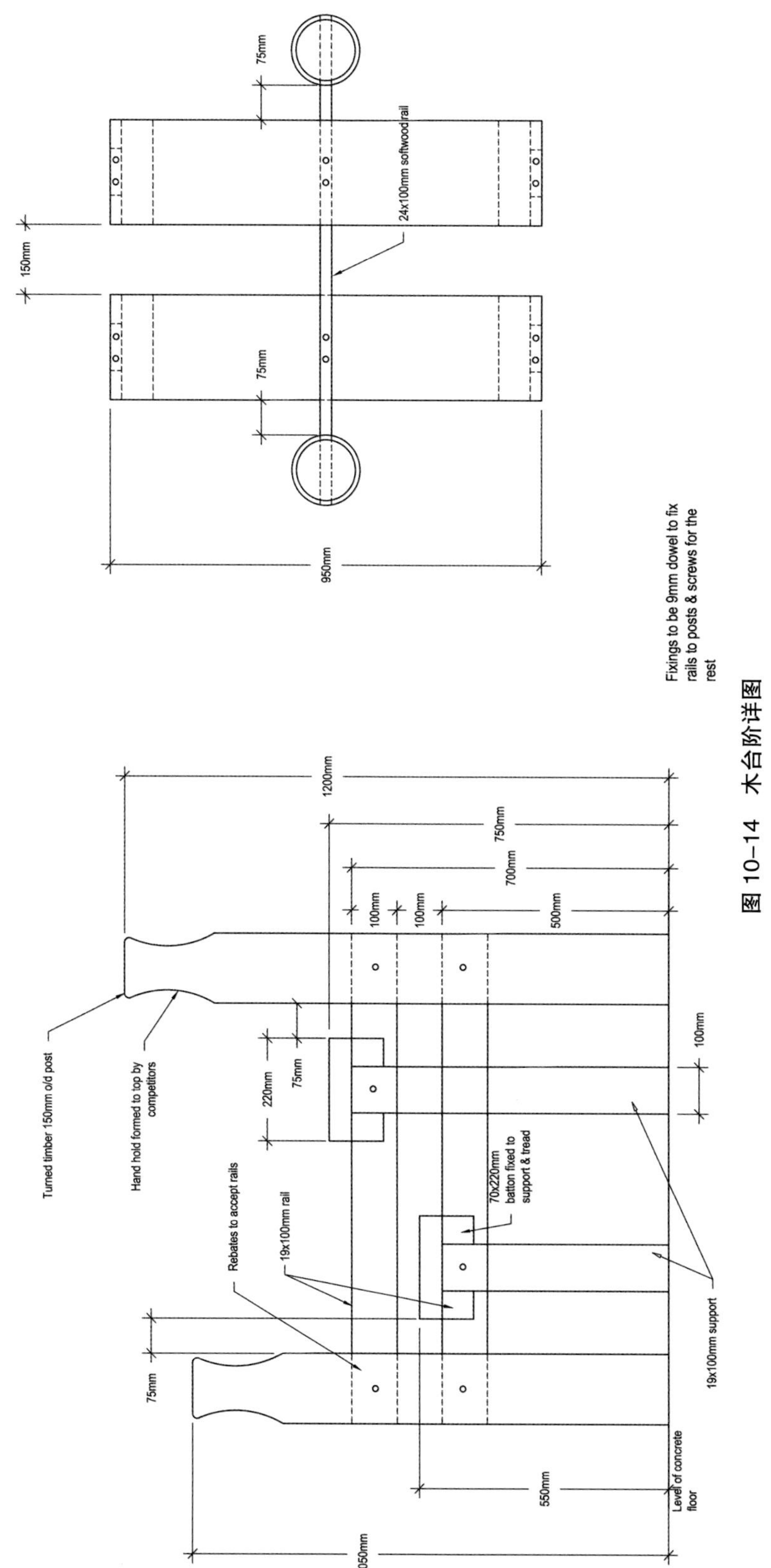
75mm
24x100mm softwood rail
150mm
75mm
950mm
Fixings to be 9mm dowel to fix rails to posts & screws for the rest
1200mm
750mm
700mm
100mm
100mm
500mm
Turned timber 150mm o/d post
Hand hold formed to top by competitors
220mm
75mm
100mm
70x220mm batton fixed to support & tread
Rebates to accept rails
19x100mm rail
75mm
19x100mm support
Level of concrete floor
550mm
1050mm

图 10-14　木台阶详图

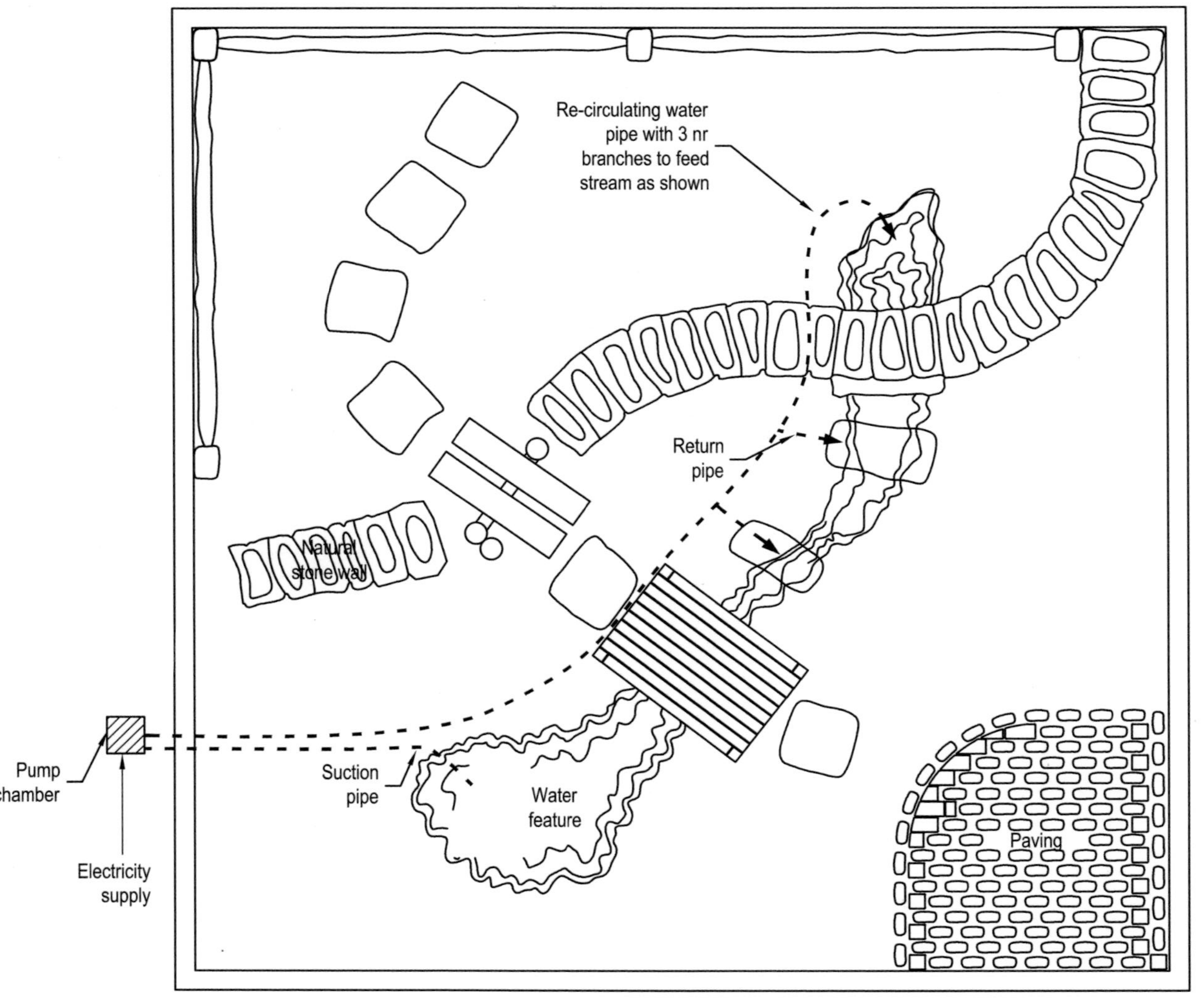
Re-circulating water pipe with 3 nr branches to feed stream as shown
Return pipe
Natural stone wall
Pump chamber
Electricity supply
Suction pipe
Water feature
Paving

图 10–15　水循环示意图

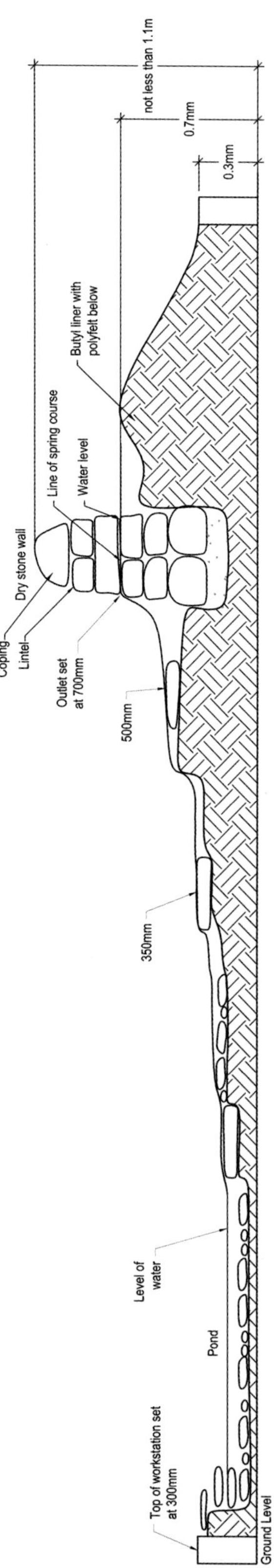

图 10-16 自然石墙剖面图

设，然后对木料进行切割加工、组装。需要注意的是，桥梁高度为 +0.58m，是相对于地面高度，而非工作站高度。

围栏用铆钉固定在工作站内侧，横向的木料用连接件固定在立柱上，安装时测量工作站本身的垂直度和尺寸，调整立柱与工作站之间的距离和贴合度，以保证围栏的尺寸。栅栏的加工较为复杂，参赛选手需要先加工两侧的立柱（图 10–14），立柱的上方要加工成圆形，中间部位开槽，再用两根横梁将两根立柱连接起来，横梁从立柱中间穿过并用铆钉固定。踏板两端开槽放置小立柱，中间开槽放置在横梁上，再用铆钉固定。两层踏板和两根横梁依次分层安装。

最后是踏步石、水景、植物部分地施工。踏步石安装曲线要自然。水景是由循环装置通过水池带有 3 个支路的再循环给水管道流回水景上方，一个出水口在自然石墙后方，通过抬高土方，在自然石墙后方形成水潭，另外两个出水口在自然石墙前方（图 10–15），通过石板形成跌水（图 10–16），最后流入水池。水景的水循环示意图，如图 10–16 所示。植物种植区域分区明确，配置方案清晰。

第 41 届世赛园艺项目赛题的“村舍花园”特征明显，风格简约，有小桥流水和草地、砖石墙、修剪齐整的绿植、四季盛开的鲜花，种植密度高，是真正的劳动阶层的花园。

四、第 42 届世赛（2013 年，德国莱比锡）赛题解析

第 42 届世赛园艺项目赛题的设计理念是在花园的细节中展示现代德国花园的元素。通过狭窄的树篱或木墙，可以在长椅上放松身心；弯曲的躺椅让人联想到德国园林设计的风格；通过种植蔬菜和水果，获得播种的乐趣。喷泉中的水是一个充满活力的元素，体现了农民花园的典型特征。在材料的选择上，强调了国产建筑材料的使用：天然石材是在德国南部开采和加工的；木材在德国中部被砍伐并进一步加工；植物来自德国北部的苗圃。比赛场地面积为 49m^2，基本形状为正方形，边长为 7000mm。工作站基点高度为 0，构筑物及小品较多，入口两侧为花箱；踏步石两侧有巨石，踏步石尽头为料石道路铺装，右侧为水池喷泉；料石铺装区域左侧为树篱，上方为木坐凳，并配有遮阳伞，右上方为种植池，右方为绿墙，右下方为躺椅。图纸的右下角为树篱，半包围一棵观赏树。该项目的主平面图和尺寸标注图如图 10–17、图 10–18 所示。需要参赛选手完成的工作有：

（1）铺装（汀步石和道路、广场）。

（2）自然石墙的建造。

（3）木坐凳（石块基础）的制作安装。

（4）种植池（块石垒砌）的建造。

（5）躺椅（石块和木作组合）的制作及摆放。

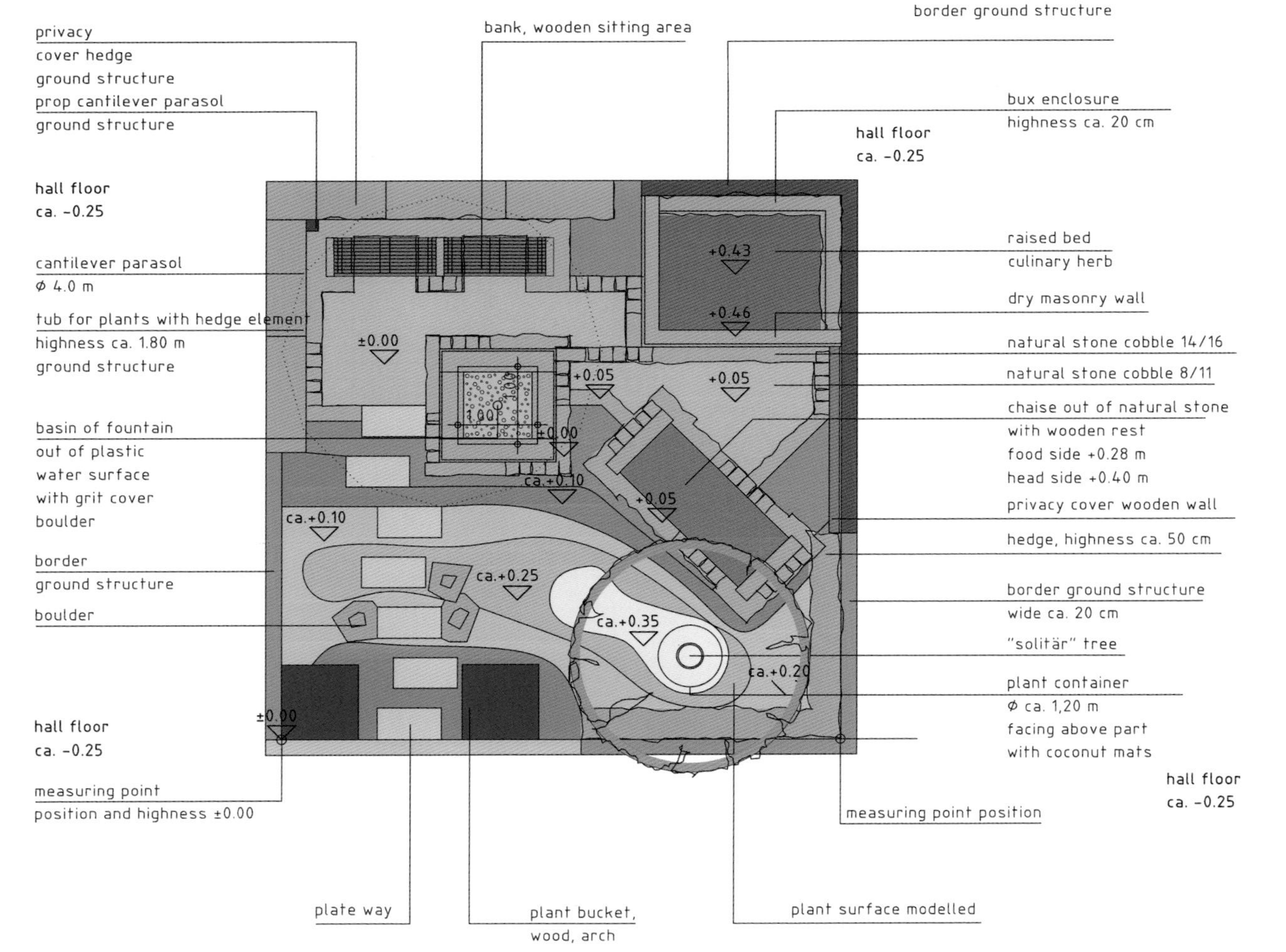

LIVING GARDEN – LIVING IN THE GARDEN

图 10-17 主平面图

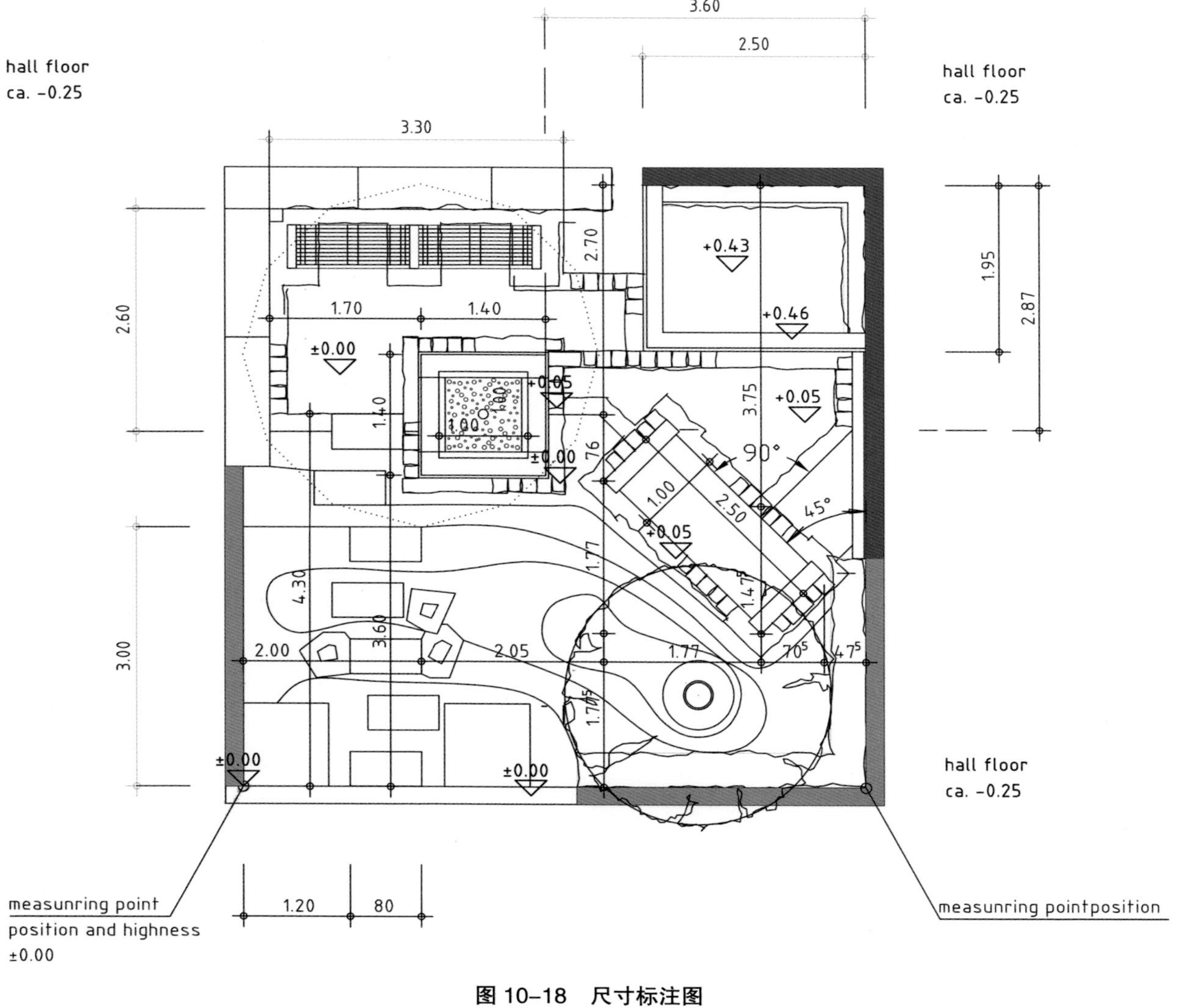
3.60
2.50
hall floor
ca. -0.25
hall floor
ca. -0.25
3.30
2.70
+0.43
+0.46
1.95
2.87
2.60
1.70
1.40
±0.00
+0.05
3.75
+0.05
1.40
1.00
±0.00
76
90°
1.00
2.50
45°
+0.05
1.77
4.30
3.60
3.00
2.00
2.05
1.77
1.70⁵
±0.00
±0.00
hall floor
ca. -0.25
measunring point
position and highness
±0.00
1.20
80
measunring pointposition

图 10-18 尺寸标注图

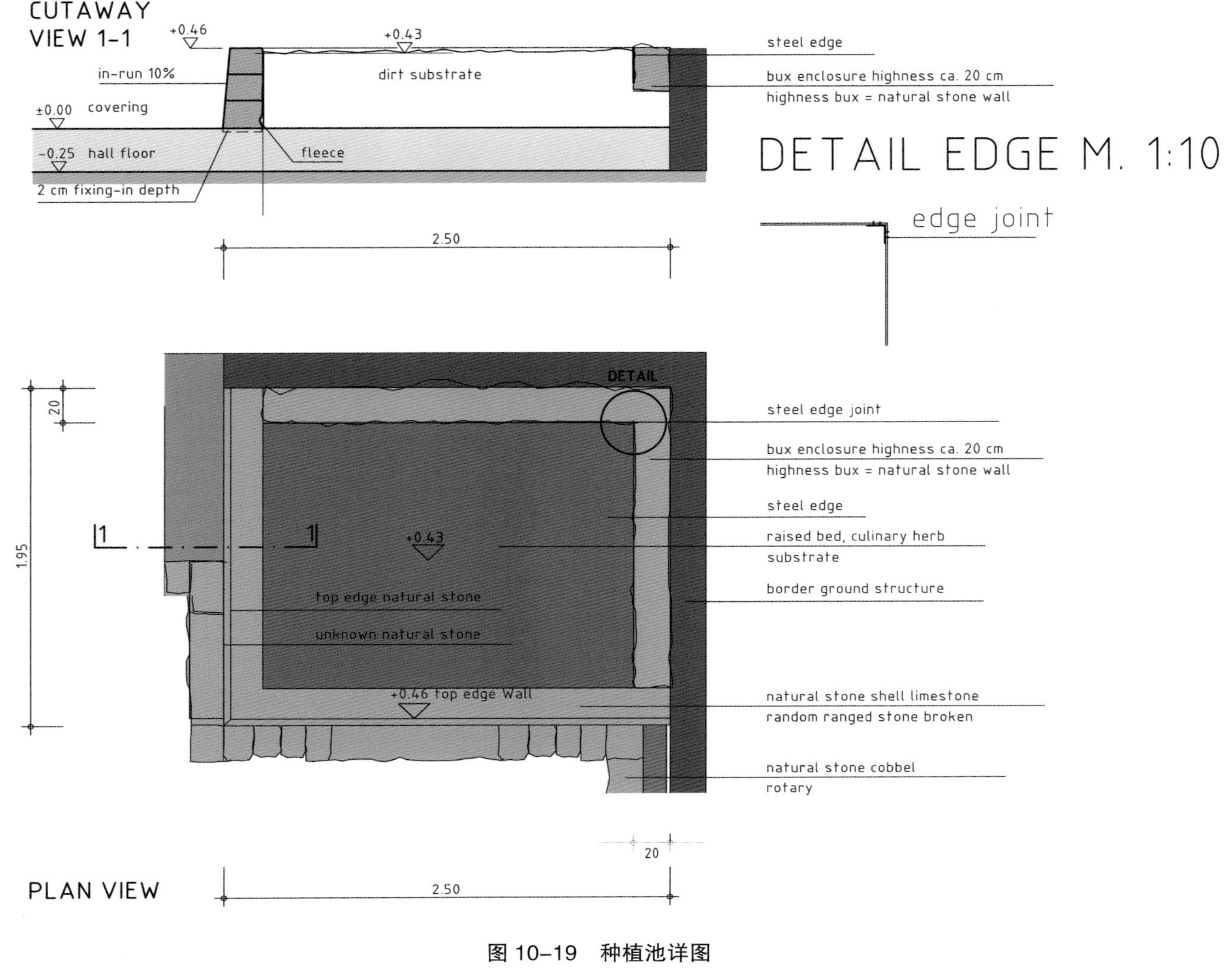
CUTAWAY
VIEW 1-1
+0.46
+0.43
in-run 10%
dirt substrate
±0.00 covering
-0.25 hall floor
fleece
2 cm fixing-in depth
2.50
steel edge
bux enclosure highness ca. 20 cm
highness bux = natural stone wall
DETAIL EDGE M. 1:10
edge joint
DETAIL
20
1.95
1
1
+0.43
top edge natural stone
unknown natural stone
+0.46 top edge Wall
steel edge joint
bux enclosure highness ca. 20 cm
highness bux = natural stone wall
steel edge
raised bed, culinary herb
substrate
border ground structure
natural stone shell limestone
random ranged stone broken
natural stone cobbel
rotary
20
PLAN VIEW
2.50

图 10-19　种植池详图

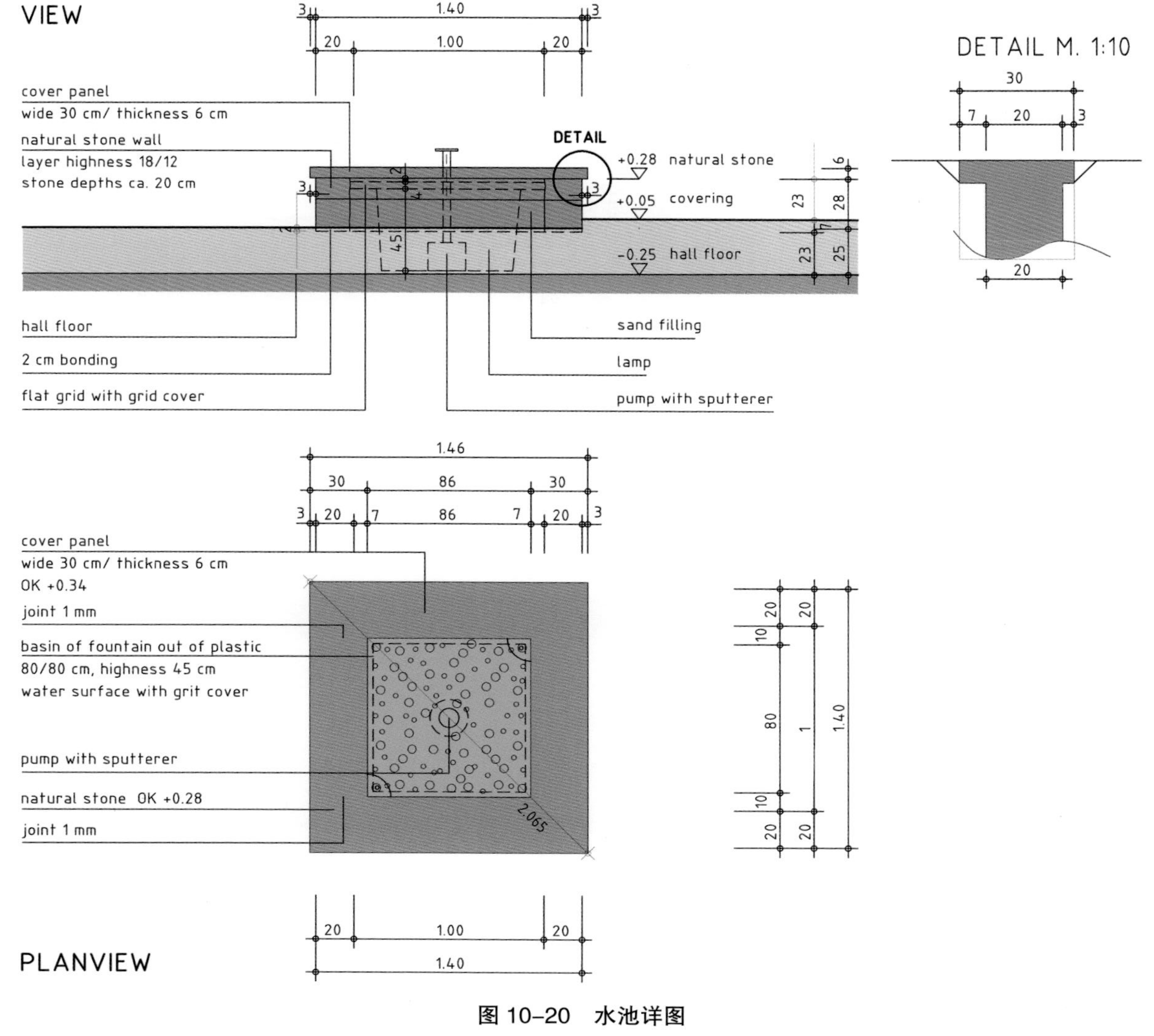
VIEW
cover panel
wide 30 cm/ thickness 6 cm
natural stone wall
layer highness 18/12
stone depths ca. 20 cm
hall floor
2 cm bonding
flat grid with grid cover
DETAIL
+0.28 natural stone
+0.05 covering
-0.25 hall floor
sand filling
lamp
pump with sputterer
DETAIL M. 1:10
cover panel
wide 30 cm/ thickness 6 cm
OK +0.34
joint 1 mm
basin of fountain out of plastic
80/80 cm, highness 45 cm
water surface with grit cover
pump with sputterer
natural stone OK +0.28
joint 1 mm
2.065
PLANVIEW

图 10-20 水池详图

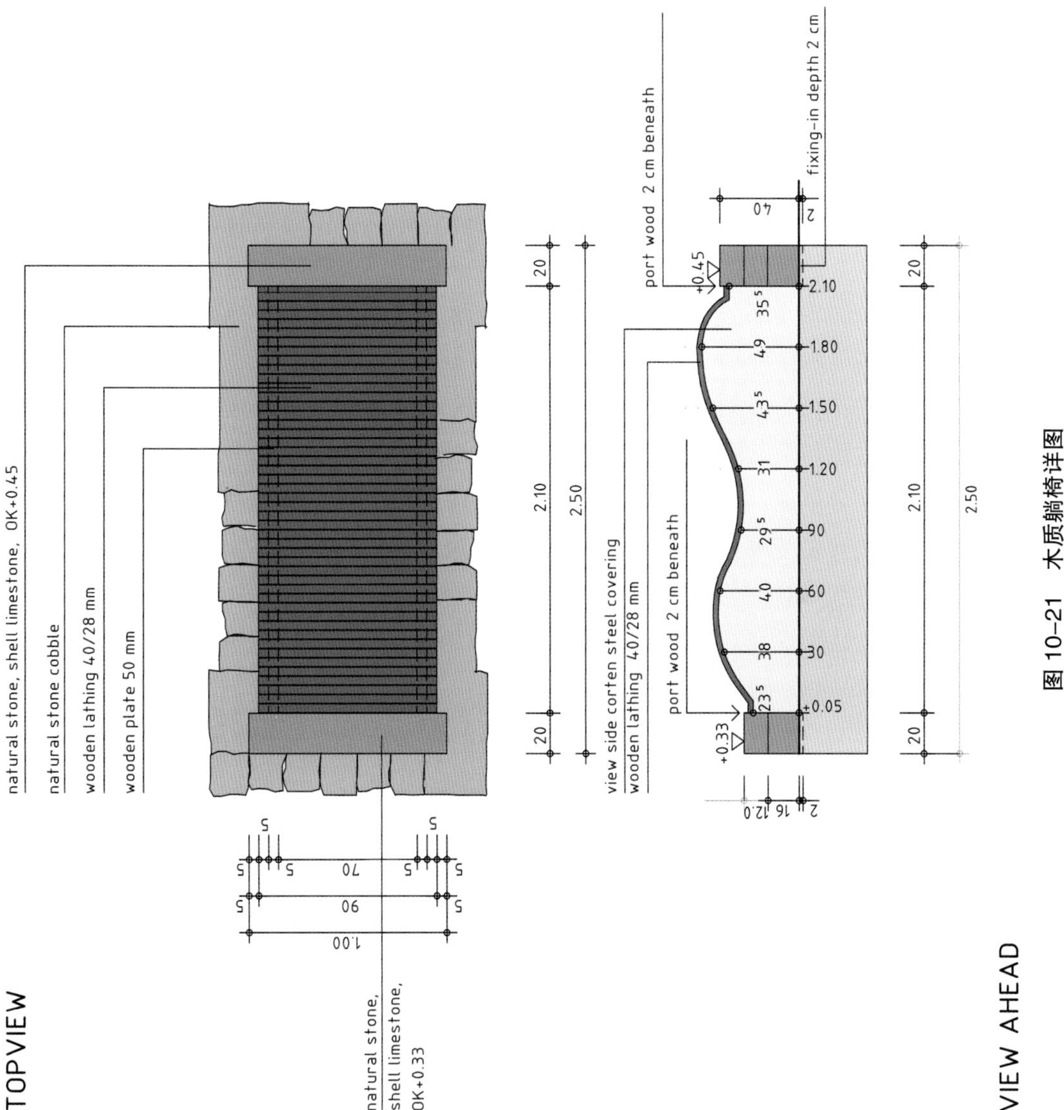

图 10-21　木质躺椅详图

（6）水池的建造及喷泉的安装。

（7）植物种植。

首先应完成种植池的施工（图 10–19）。工作站右上方为已经安装好的围挡，选手只需要完成外侧 L 形部分。种植池采用自然石块干垒，上方为石灰岩压顶，内边为预制钢构凹槽。种植池需在零点下方开挖，放坡 10%。

中央喷泉由内外两部分组成。由水池详图可知，水池的中间部位是塑料水箱，基础深度为 –0.25m，水箱的中央放置水泵，水箱上方有网格状的盖板，高度为 +0.26m，盖板上铺满鹅卵石，喷泉口从盖板中间穿出立于水池中央，水箱外侧由自然石块围合而成，压顶板厚 60mm，横向压顶板与竖向压顶板之间留有 1mm 缝隙（图 10–20）。

躺椅由两部分组成，两侧为自然石块，中间为木作。选手按照控制点将木板加工为曲线状，同时按照木板的形状加工钢板，再用面板连接、固定两侧的木板，钢板贴于两侧面板的外侧，完成中间木作部分。安装木作至图纸所示位置，两端干垒石块固定，石块从基准点之下施工，高于木作两端 20mm（图 10–21）。

入口处两侧的花箱为成品安装，入口道路为踏步石铺装，在踏步石铺装前进行土方处理，根据给定的边线和距离确定踏步石的位置。

木坐凳由两部分组成，基础为石块，上表面为两段木平台。在施工时先按照给定的尺寸安装石块，石块安装结束后铺设料石，树篱、水池、坐凳、躺椅、种植池、料石铺装的外边界均为同一种料石，内部填充另一种料石。坐凳下方料石铺设完成后开始安装木凳，按尺寸切割木料、组装，正面木作含有挡板，背面不含挡板，组装完成后放置在石块上。最后安装其余的成品和种植植物。

第 42 届世赛园艺项目的图纸含有大量的节点，在一个小平面上满足众多功能，将审美和功能结合到一起。

五、第 43 届世赛（2015 年，巴西圣保罗）赛题解析

第 43 届世赛园艺项目的竞赛场地为 6900mm × 6900mm × 300mm，功能分区明显，模块之间体量均衡。入口处为葡萄牙石铺装，衔接木平台，木平台左侧为绿墙成品安装，左前方为自然石墙围合而成的种植池，右前方为汀步，右侧为花坛，花坛右侧为木平台（成品安装），图纸右上方为水池。图纸首先规定了植物的搭配方案（图 10–22），参赛选手需要严格按照方案进行植物种植。

（一）自然石墙施工（图 10–24）

靠近工作站的混凝土砖块围挡在竞赛之前已经完成，选手只需完成自然石墙部分。在自然石墙施工之前预埋水循环装置，石墙的辅助线已在尺寸标注图中标出（图 10–23），这条辅助线同时也是葡萄牙石铺装的边线。根据辅助线做出第一层，轻微放坡至顶层，在斜边高度为 +0.54m 处需要放置水槽，放置水槽前需铺设分层毛毡至种植池内，水槽与工

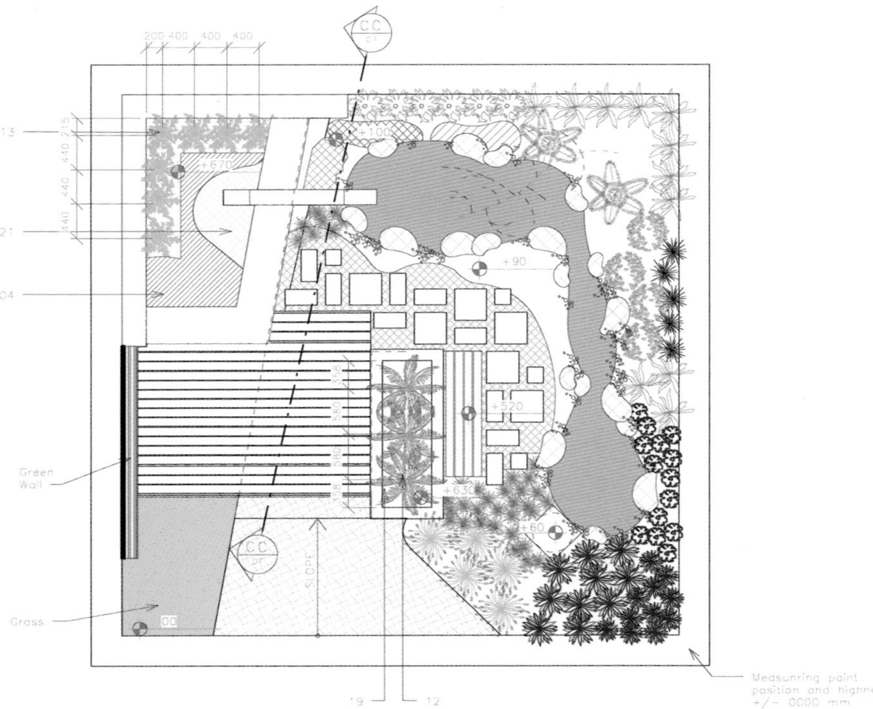

CÓD	SCIENTIFIC NAME	POPULAR NAME	QUANT.
01	Heliconia rostrata	Helicônia caeté	07
02	Costus stenophyllus	Canela de Ema	14
03	Achmea blanchetiana	Bromélia Porto Seguro	03
04	HibisQs x " Bicolor Apolo"	Mini hibisco laranja	20
05	Pennisetum "Vertigo"	Capim preto	05
06	Clusia fluminensis, variegata	Clusia variegada	06
07	Equisetum arvense	Cavalinha	03
08	Philodendron xanadu	Filodendro xanadu	25
09	Stromanthe sanguinea. "Triostar"	Calatéia Triostar	20
10	Codiaeum variegatum	Cróton	12
11	Strelitzia reginae	Ave do paraíso	08
12	Veitchia arecina	Palmeira arecina	03
13	Dypsis lutescens	Areca bambu	07
14	Alpinia zerumbet, variegata	Alpinia variegada	08
15	Phyllostachys pubescens	Bambu Mossô	01
16	Ophiopogon japonicus, nanus	Mini grama preta	25 BOX
17	Acorus gramineus	Grama verde amarela	30
18	Clusia fluminensis, variegata	Clusia variegata	5
19	Callisia repens	Dinheiro em penca	19
20	Philodendron imbe	Imbe Preto	8
21	Ixora chinensis Lam.	Ixoria Branca	17

Plants for planting in and at the pond

22	Cyperus papyrus, nanus	Mini papiro	12
23	Neoregelia "Fire Ball"	Bromelia Fire Ball	20

图 10–22　植物配置图

Planting area
Pond
Bench-already built (only for place)
Stepping Stone
Ground Line
Measunring point position and highness +/- 0000 mm
Water fountain of stainless
Brick wall - 12,5 x 25,0 x 7 cm
ENTRANCE
SLOPE
Portuguese Stone Floor
Concrete Wall - Block 60x19x30cm already built
Natural Stone wall
Deck
Green Wall already built
Planview - Measures
ESC. 1 : 50
4598
2205
3564
3750
1500
2928
882
292
+0
+50
+70
+90
+100
+110
+104
+285
+460
+665
+670
+690
+770
C.C 07

图 10-23　尺寸标注图

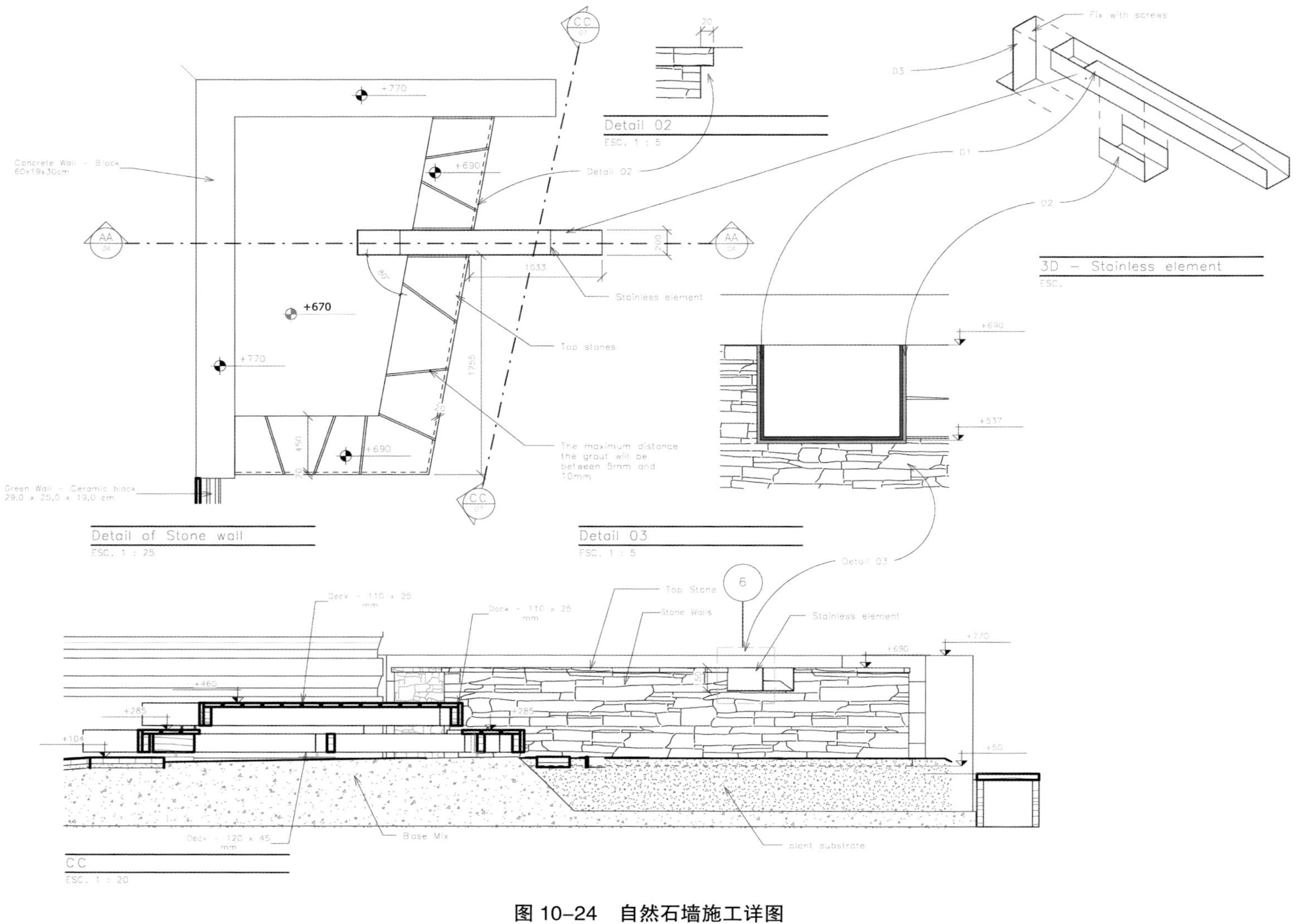

图 10-24　自然石墙施工详图

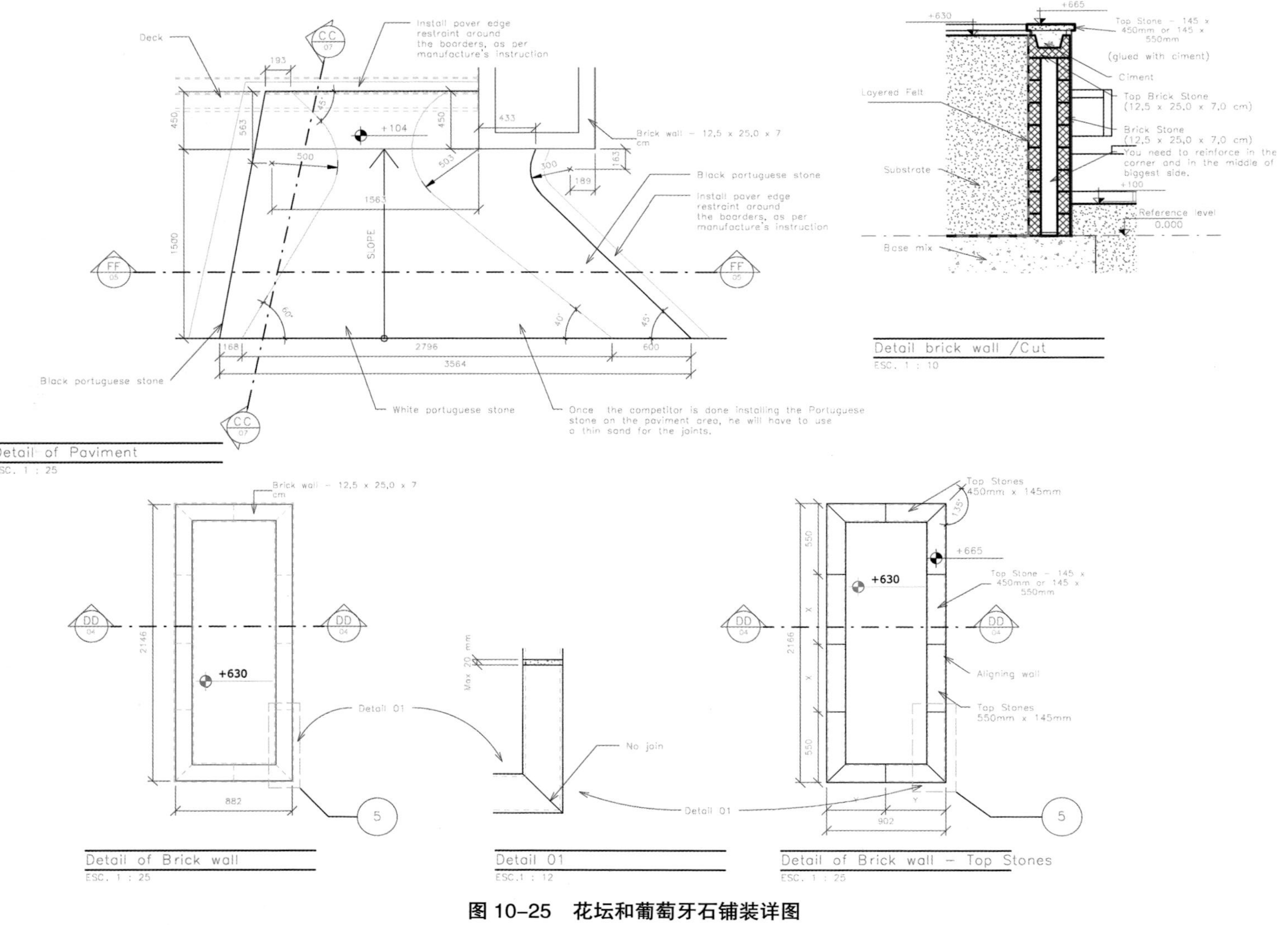

图 10-25 花坛和葡萄牙石铺装详图

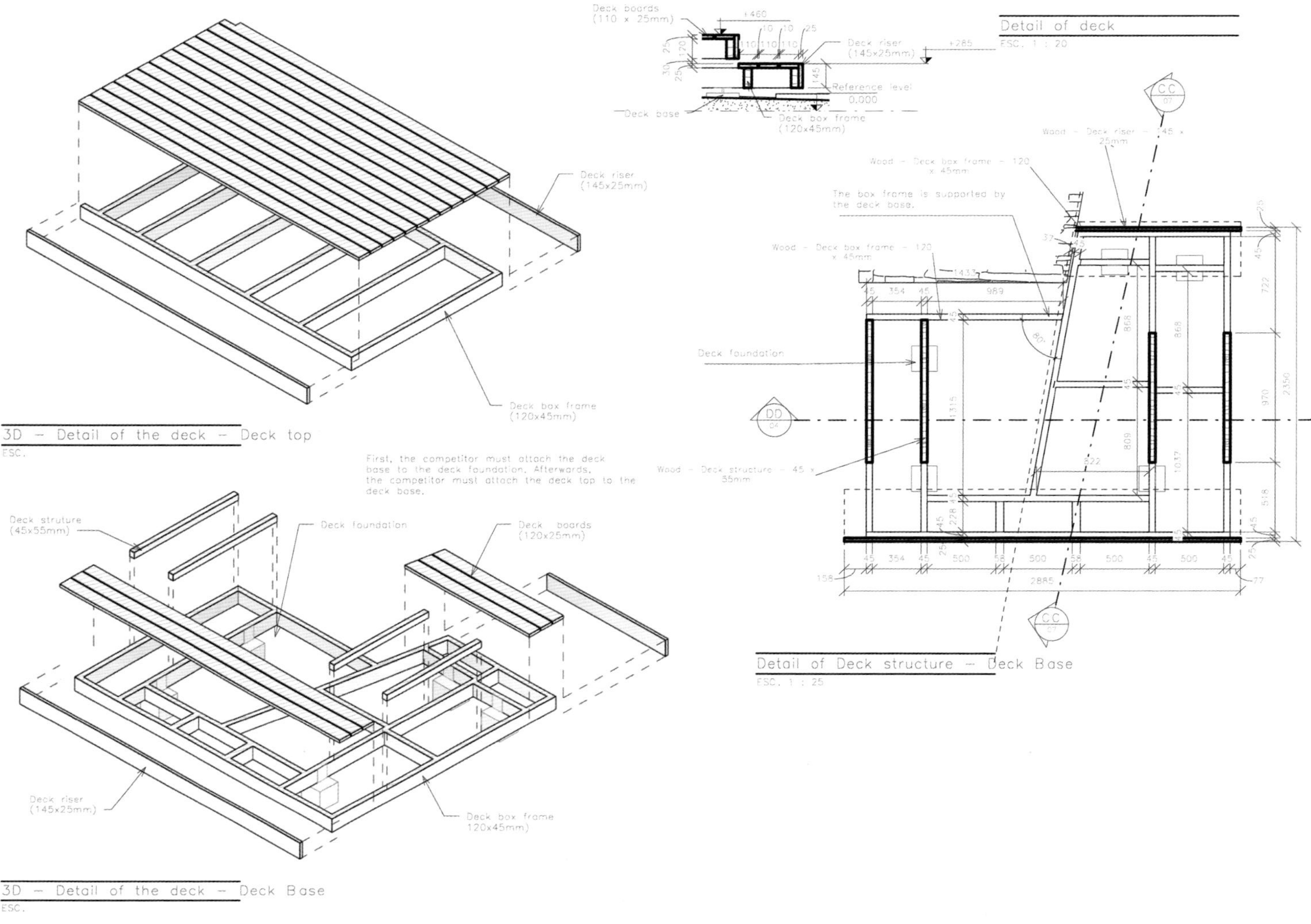

图 10-26 木平台施工详图

作站平齐，与围挡间 X 轴、Y 轴距离固定，水槽左侧用螺丝与不锈钢元件连接，不锈钢元件在自然石墙内用石块固定，以此固定水槽。自然石墙压顶高度为 +0.69m，压顶石与自然石墙之间干垒。

（二）花坛施工（图 10–25）

花坛在工作站中间位置，由 125mm × 250mm × 70mm 的砖块砌成，压顶采用黏合剂粘贴，压顶高度为 +0.65m，压顶板对角切割，在回填时同样先铺设分层毛毡，回填高度至 +0.61m。葡萄牙石铺装部分控制点在花坛的墙体上，所以花坛放线和完成时要反复测量。

完成花坛之后进行葡萄牙石铺装（图 10–25）。葡萄牙石铺装的前半部分为斜坡，后半部分为平面，整个铺装区域由钢板包围而成。铺装区域由两种颜色的葡萄牙石组成，左右两侧为黑色葡萄牙石，中间为白色葡萄牙石中选手选择一种颜色的葡萄牙石，先将界线准确地铺设出来，放样时可在花坛中留下标记。

（三）木平台施工（图 10–26）

安装木平台之前，需要先安装成品绿墙，按照图纸所示切割龙骨，安装在基础墩之上，龙骨的尺寸及位置要严格按照图纸要求，面板的安装需要注意以下几点：一是与石墙贴合部分的面板要与自然石墙严密贴合，通过测量数据进行切割；二是与花坛之间留有缝隙；三是面板的排列分为两段，参赛选手在切割拼装时应尽量选取同一板材，以防贴合不够紧密和出现色差。

（四）汀步和水景施工（图 10–27）

汀步按照图示进行安装，安装时注意与水景的间距和土方高差。水景在开挖土方时注意不要干扰到汀步。水景在转角处要处理好曲线的曲折关系，适当放置景石，利用高差营造出流水的效果。

六、第 44 届世赛（2017 年，阿联酋阿布扎比）赛题解析

20 世纪 70 年代之前，阿联酋阿布扎比还是一片荒漠，只有为数不多的土块砌成的房屋。年降水量极少，平均气温在 25℃以上，为典型的沙漠气候，绝大部分地区寸草不生，淡水奇缺。随着石油的大量发现和开采，阿布扎比发生了翻天覆地的变化，昔日荒凉、落后的景象一去不复返。到 80 年代末，阿布扎比已建设成为一座现代化都市。高楼林立，整齐宽阔的街道纵横交错。道路两旁、房前宅后，青草茵茵，绿树成行。第 44 届世赛园艺项目赛题的理念为一天一个花园，即每天呈现出不一样的景观效果，每天呈现一种特征花园，展示着阿布扎比在现代社会的快速进步和时代的进程。

选手需要按照要求完成每天的任务量：

①在整个工作区域铺设防水板，填充砂土并压实至 +0.15m。建造 1300mm × 1300mm 的篝火坑，压实 150mm × 300mm 的道路，并在此基础上铺设混凝土砖块（200mm ×

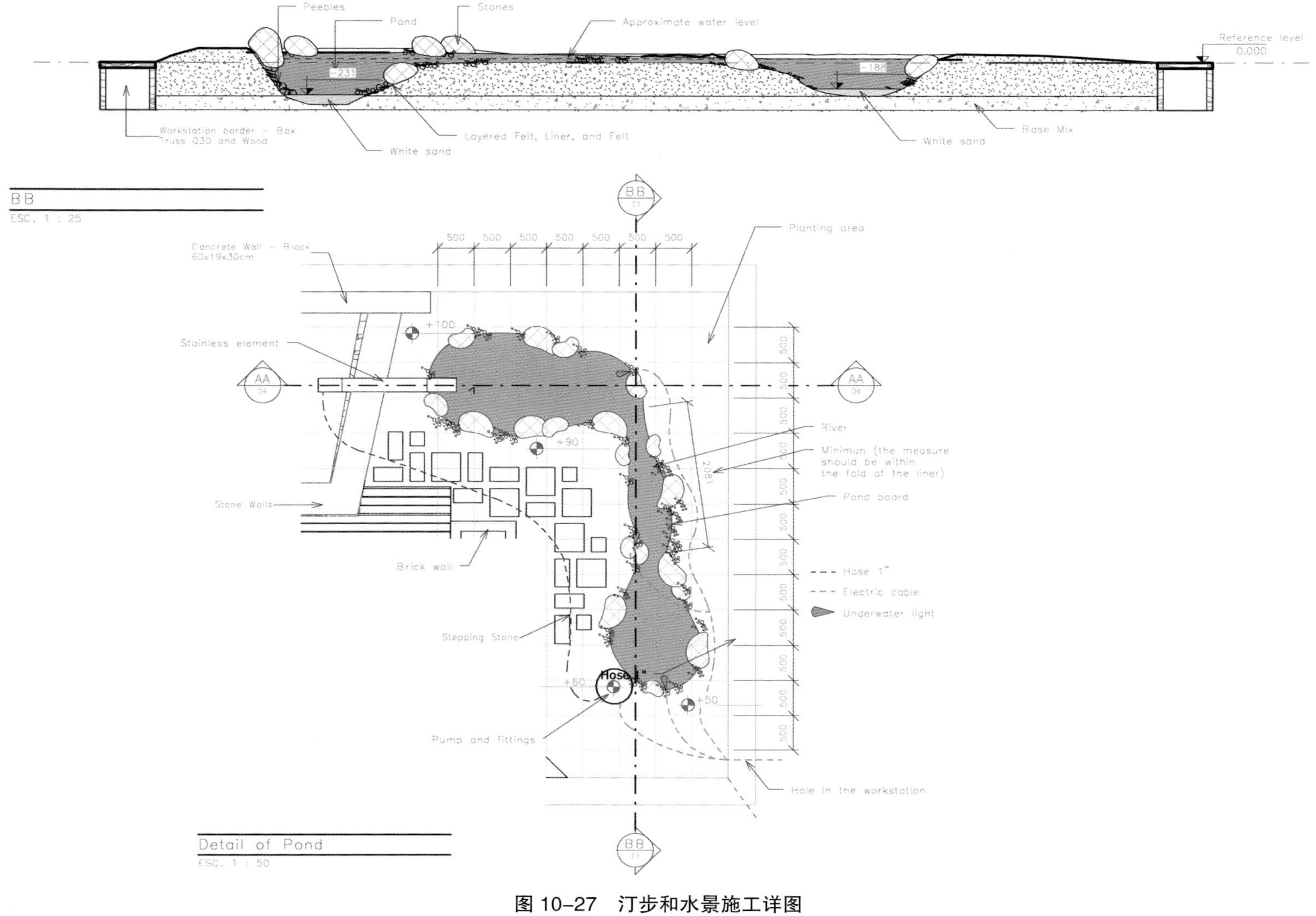

图 10-27 汀步和水景施工详图

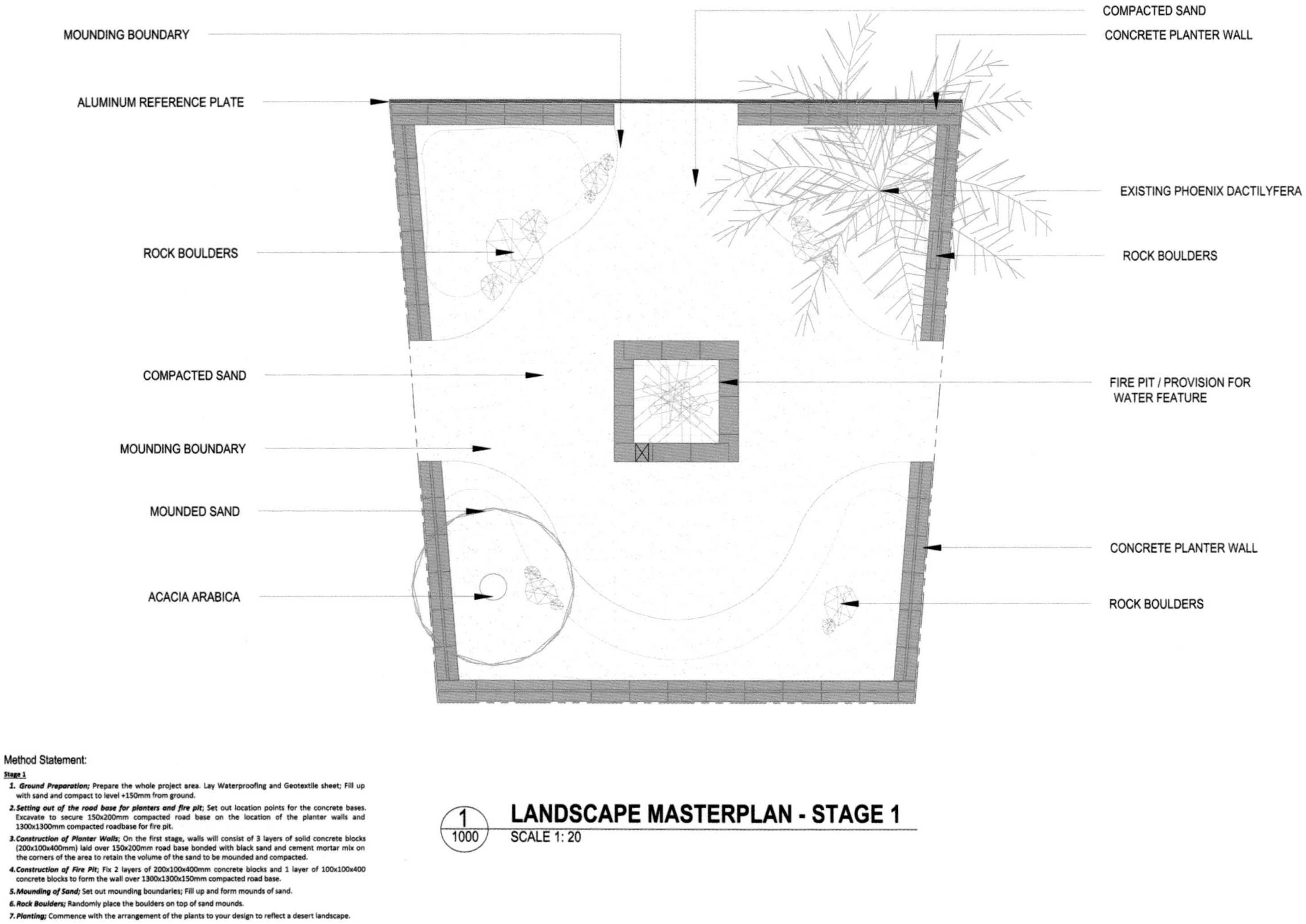

MOUNDING BOUNDARY

ALUMINUM REFERENCE PLATE

ROCK BOULDERS

COMPACTED SAND

MOUNDING BOUNDARY

MOUNDED SAND

ACACIA ARABICA

COMPACTED SAND

CONCRETE PLANTER WALL

EXISTING PHOENIX DACTILYFERA

ROCK BOULDERS

FIRE PIT / PROVISION FOR WATER FEATURE

CONCRETE PLANTER WALL

ROCK BOULDERS

Method Statement:

Stage 1

1. ***Ground Preparation;*** Prepare the whole project area. Lay Waterproofing and Geotextile sheet; Fill up with sand and compact to level +150mm from ground.
2. ***Setting out of the road base for planters and fire pit;*** Set out location points for the concrete bases. Excavate to secure 150x200mm compacted road base on the location of the planter walls and 1300x1300mm compacted roadbase for fire pit.
3. ***Construction of Planter Walls;*** On the first stage, walls will consist of 3 layers of solid concrete blocks (200x100x400mm) laid over 150x200mm road base bonded with black sand and cement mortar mix on the corners of the area to retain the volume of the sand to be mounded and compacted.
4. ***Construction of Fire Pit;*** Fix 2 layers of 200x100x400mm concrete blocks and 1 layer of 100x100x400 concrete blocks to form the wall over 1300x1300x150mm compacted road base.
5. ***Mounding of Sand;*** Set out mounding boundaries; Fill up and form mounds of sand.
6. ***Rock Boulders;*** Randomly place the boulders on top of sand mounds.
7. ***Planting;*** Commence with the arrangement of the plants to your design to reflect a desert landscape.

1 / 1000

LANDSCAPE MASTERPLAN - STAGE 1

SCALE 1: 20

图 10–28　总平面图一

ALUMINUM REFERENCE PLATE
TOW +0.45
TOW +0.45
TOW +0.35
TOW +0.45
6000
2350
1300
2350
2600
1300
2600
2608
1305
2608
± 0.00
± 0.00
± 0.00
± 0.00
BL ±0.00
+ 0.10
+ 0.25
+ 0.40
+ 0.10
+ 0.25
+ 0.40
+0.20
+0.20
2150
2050
1
1100
SETTING OUT AND LEVELS PLAN
SCALE 1: 20

图 10–29　尺寸标注图

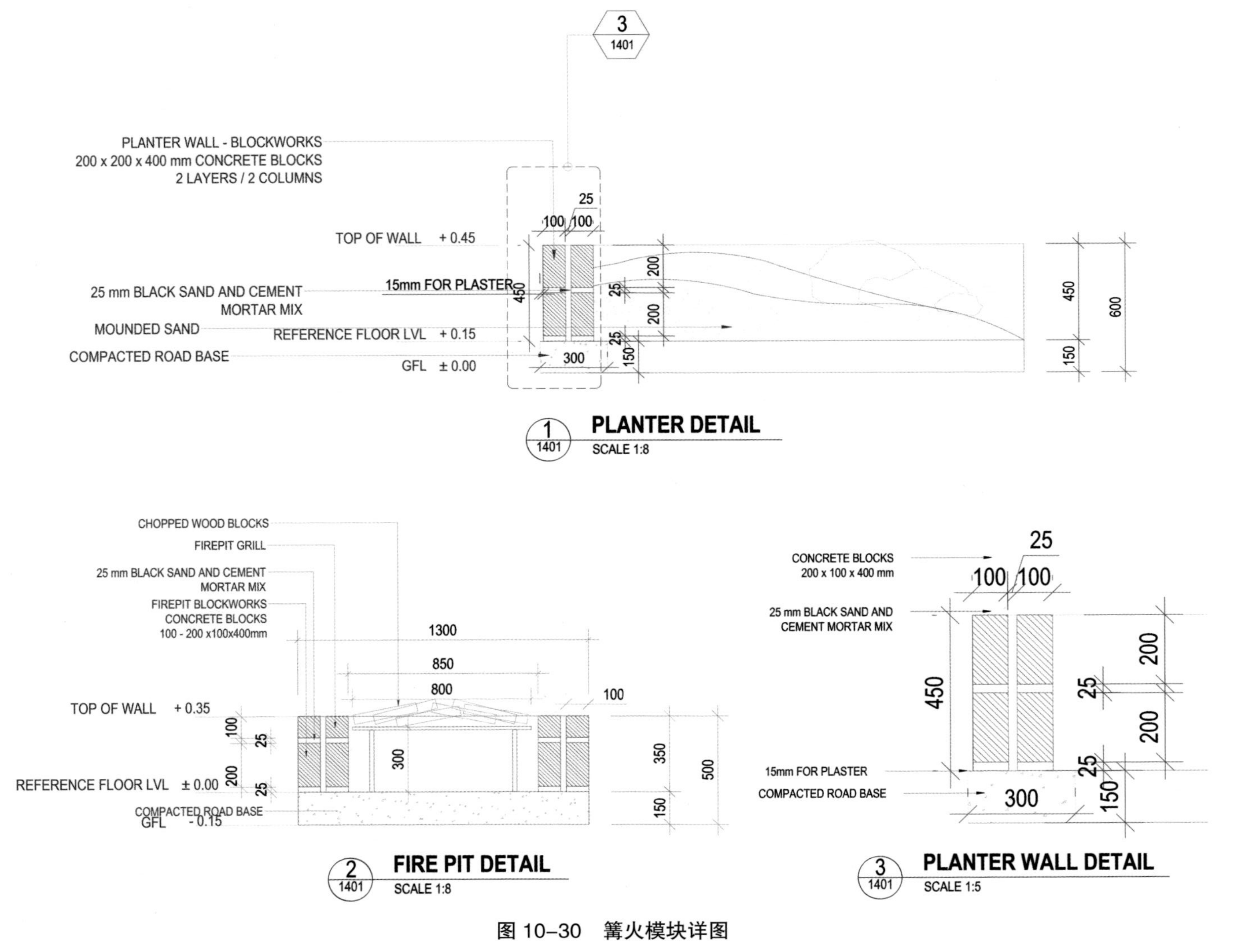

PLANTER WALL - BLOCKWORKS
200 x 200 x 400 mm CONCRETE BLOCKS
2 LAYERS / 2 COLUMNS
TOP OF WALL + 0.45
25 mm BLACK SAND AND CEMENT MORTAR MIX
15mm FOR PLASTER
MOUNDED SAND
REFERENCE FLOOR LVL + 0.15
COMPACTED ROAD BASE
GFL ± 0.00
PLANTER DETAIL
SCALE 1:8
CHOPPED WOOD BLOCKS
FIREPIT GRILL
25 mm BLACK SAND AND CEMENT MORTAR MIX
FIREPIT BLOCKWORKS CONCRETE BLOCKS 100 - 200 x100x400mm
TOP OF WALL + 0.35
REFERENCE FLOOR LVL ± 0.00
COMPACTED ROAD BASE
GFL - 0.15
FIRE PIT DETAIL
SCALE 1:8
CONCRETE BLOCKS 200 x 100 x 400 mm
25 mm BLACK SAND AND CEMENT MORTAR MIX
15mm FOR PLASTER
COMPACTED ROAD BASE
PLANTER WALL DETAIL
SCALE 1:5

图 10-30 篝火模块详图

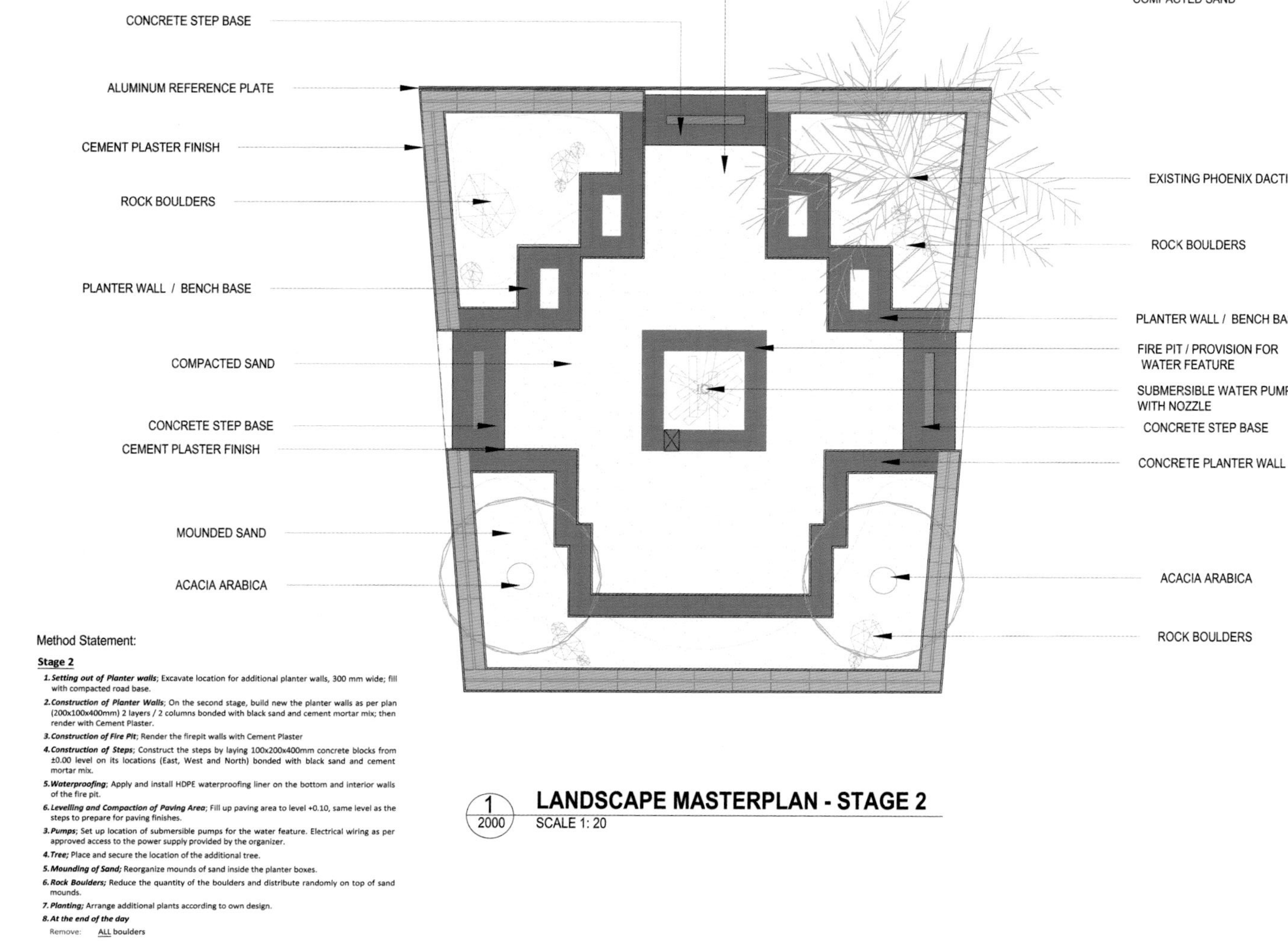

CONCRETE STEP BASE
ALUMINUM REFERENCE PLATE
CEMENT PLASTER FINISH
ROCK BOULDERS
PLANTER WALL / BENCH BASE
COMPACTED SAND
CONCRETE STEP BASE
CEMENT PLASTER FINISH
MOUNDED SAND
ACACIA ARABICA
COMPACTED SAND
EXISTING PHOENIX DACTILYFERA
ROCK BOULDERS
PLANTER WALL / BENCH BASE
FIRE PIT / PROVISION FOR WATER FEATURE
SUBMERSIBLE WATER PUMP WITH NOZZLE
CONCRETE STEP BASE
CONCRETE PLANTER WALL
ACACIA ARABICA
ROCK BOULDERS
Method Statement:
Stage 2
1. Setting out of Planter walls; Excavate location for additional planter walls, 300 mm wide; fill with compacted road base.
2. Construction of Planter Walls; On the second stage, build new the planter walls as per plan (200x100x400mm) 2 layers / 2 columns bonded with black sand and cement mortar mix; then render with Cement Plaster.
3. Construction of Fire Pit; Render the firepit walls with Cement Plaster
4. Construction of Steps; Construct the steps by laying 100x200x400mm concrete blocks from ±0.00 level on its locations (East, West and North) bonded with black sand and cement mortar mix.
5. Waterproofing; Apply and install HDPE waterproofing liner on the bottom and interior walls of the fire pit.
6. Levelling and Compaction of Paving Area; Fill up paving area to level +0.10, same level as the steps to prepare for paving finishes.
3. Pumps; Set up location of submersible pumps for the water feature. Electrical wiring as per approved access to the power supply provided by the organizer.
4. Tree; Place and secure the location of the additional tree.
5. Mounding of Sand; Reorganize mounds of sand inside the planter boxes.
6. Rock Boulders; Reduce the quantity of the boulders and distribute randomly on top of sand mounds.
7. Planting; Arrange additional plants according to own design.
8. At the end of the day
Remove: ALL boulders
1
2000
LANDSCAPE MASTERPLAN - STAGE 2
SCALE 1: 20

图 10–31　总平面图二

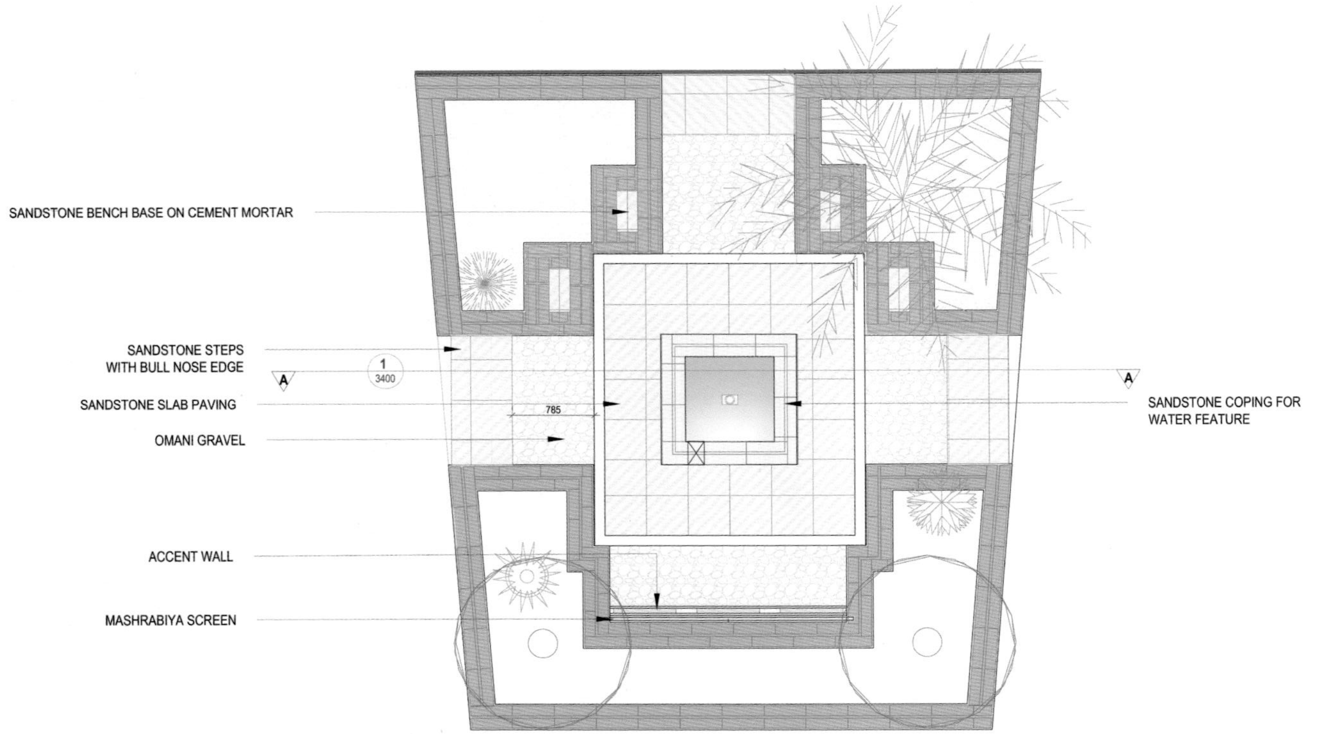

SANDSTONE BENCH BASE ON CEMENT MORTAR

SANDSTONE STEPS
WITH BULL NOSE EDGE

A

1
3400

SANDSTONE SLAB PAVING

785

OMANI GRAVEL

ACCENT WALL

MASHRABIYA SCREEN

A

SANDSTONE COPING FOR
WATER FEATURE

Method Statement:

Stage 3

1. ***Construction of Accent Wall and Mashrabiya Screen base;*** Create U-channel compacted road base 65 x 80 x 2300 mm each for for the accent walls and with W 35mm slot in the middle for mashrabiya screen and W 55mm for the wall panels and depth of 65mm.

   From the planter wall where mashrabiya will be located, 35mm wide to 55mm deep from the planter box to make a slot wherein mashrabiya will be inserted. It will serve as a support for the screen vertically.

   Install the Accent Wall Panels and Mashrabiya screen in the designated base and slots then backfill with gravel. Level the ground to +0.15.
2. ***Construction of Bench Base;*** Sandstone top 840 x 590 mm 20mm thick
3. ***Palm/Tree;*** Excavate the location of the new tree and secure to position.
4. ***Compacting of Sand;*** Fill up and compact sand/soil inside the planter boxes.
5. ***Steps and Pathways;*** Fix 50x50x20mm sandstone paving slabs on the steps, risers and pathway with 20mm black sand and cement mortar mix, bullnose on the edge of the steps as per plan.
6. ***Planting;*** Continue with the arrangement of the plants as per plan; Add/Reduce existing planting;
7. ***Gravel;*** Fix 30mm thick gravel on geotextile in the pathway areas to reach level +0.15.
8. ***Water feature;*** Fill up with water to its assigned water level; Testing of submersible pump must be done.

1
3000

LANDSCAPE MASTERPLAN

SCALE 1: 20

图 10–32 总平面图三

100mm × 400mm）。大赛只提供成品水泥，选手需自行加水搅拌。篝火坑施工。按图示位置完成沙丘，布置景石，种植植物（埃弗莱克特沙漠景观）。

②建造平面墙。将篝火坑改造成水池，建造水系统，即在坑的底部和内壁安装防水膜并安装水泵。压实整平铺装区域。种植定位树，重新布置景石，种植植物。

③建造木屏风底座。将棕榈种植到图纸设定的位置。压实种植箱内的土壤。铺设地面铺装和台阶板。

④安装木坐凳，种植植物，完成水景施工。

在比赛开始前会有数方土方在场地中，选手需要在正式比赛时建造自己的工作站，工作站建成后，选手在工作站内进行其余构筑物的施工。

第一天（图 10–28），参赛选手需要在工作站中间营造篝火的景观效果，在四周处理地形并种植植物和布置景石。需要建造的工作站为等腰梯形（图 10–29），分为四段。首先对整个工作面铺设防水材料和隔板，然后按照角度和尺寸对混凝土砌块进行切割、砌筑。在中间土方已经回填的地方完成篝火模块施工（图 10–30），最后处理地形、种植植物和布置景石。选手在篝火施工时应注意第一天与第二天的地面基础高度，防止第二天因地面高度下降导致构筑物滑坡坍塌。

第二天（图 10–31），选手需要完成台阶砌体砂土和消防坑砌体施工并压实砂土平面。安装水泵，切割混凝土模块，完成台阶和消防坑的砌筑，压实砂土平面，最后种植植物和布置景石。第二天的主要任务仍然是砌筑部分，参赛选手按照预先计算的数据对砖块进行切割、安装，第一天种植的植物和地形需要重新处理，在开挖基础时合理安排土方搬运方向。

第三天（图 10–32），选手需要完成砌体上的盖板、地面铺装、喷泉调试、木屏风安装、植物种植。第三天铺装的任务量较大，选手需要考虑操作面。以从高处向低处施工为例，需要先将水景系统进行安装调试，铺设砂岩板铺装和消防坑盖板，向下铺设台阶板。第三天的植物也需要重新种植，注意保护乔木的土球。

第四天，选手需要完成木凳、植物种植、喷泉施工。按照图示尺寸对龙骨及面板进行切割、组装，然后放置在消防坑上，调节高度和水平；向中央水池注水至一定高度时打开喷泉；种植植物和布置景石。

七、第 45 届世赛（2019 年，俄罗斯喀山）赛题解析

俄罗斯园林的发展受到地域、宗教、西方园林的影响，在风格上有着浓厚的欧洲风格，同时受到政治和社会的影响，具有浓厚的民族特色，反映了当地的风俗文化。比赛材料取材于俄罗斯本土，自然石材和木材都是极其丰富的自然资源，还添加了钢板等新型材料，植物也来源于本地，将经济生产和景观营造结合在一起。在满足其观赏游憩功能的同时还体现了实用性。

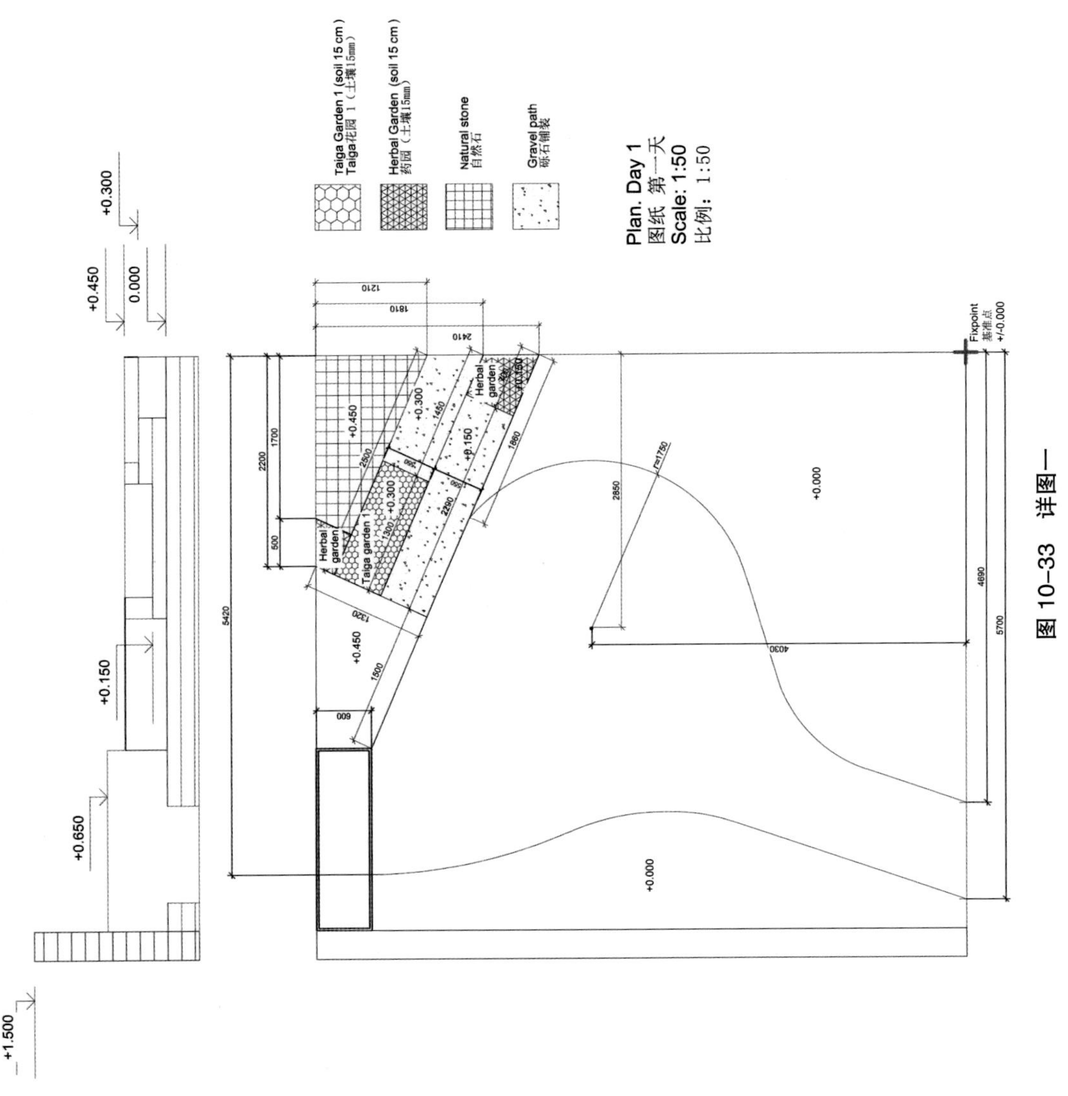

Taiga Garden 1 (soil 15 cm)
Taiga花园 1（土壤15mm）
Herbal Garden (soil 15 cm)
药园（土壤15mm）
Natural stone
自然石
Gravel path
砾石铺装
Plan. Day 1
图纸 第一天
Scale: 1:50
比例：1:50
Fixpoint
基准点
+/-0.000
Herbal garden
Taiga garden 1
Herbal garden 2
+0.450
+0.300
+0.150
+0.000
+0.650
+1.500

图 10-33 详图一

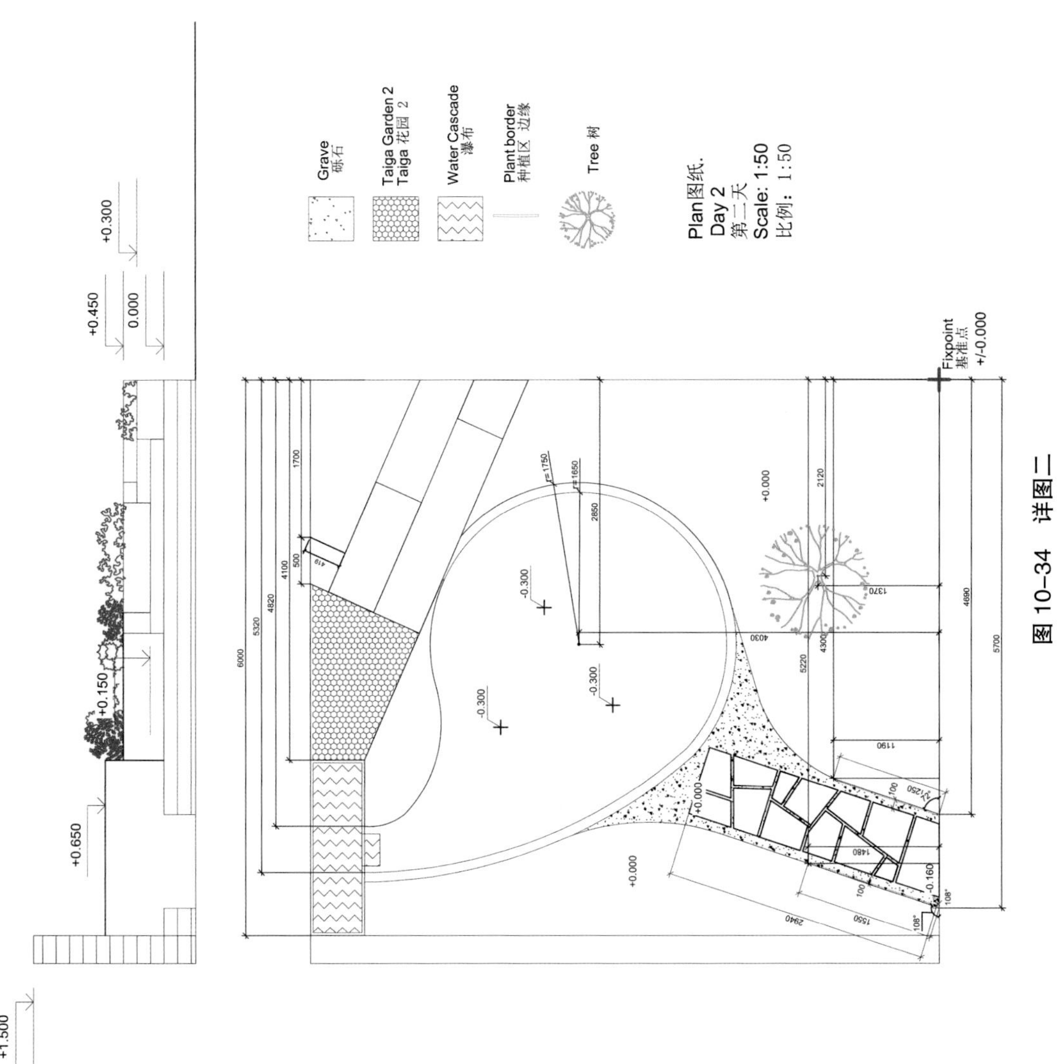

Grave
砾石
Taiga Garden 2
Taiga 花园 2
Water Cascade
瀑布
Plant border
种植区 边缘
Tree 树
Plan图纸.
Day 2
第二天
Scale: 1:50
比例：1:50
Fixpoint
基准点
+/-0.000
+1.500
+0.650
+0.150
+0.450
0.000
+0.300
-0.300
-0.160
+0.000
6000
5320
4820
4100
1700
500
2850
1750
1650
2120
1370
4030
4690
5220
4300
5700
1190
1250
1480
2940
1550
100
108°

图 10-34　详图二

第 45 届世赛园艺项目的比赛场地为 6000mm × 7000mm × 300mm，工作站的右侧为台阶式的木质围挡，高度分别为 0、+0.150m、+0.300m、+0.450m、+0.650m，靠近围挡 300mm 处有一处缺口作为道路铺装的入口，工作站的左侧为木质挡墙，相邻工作站共用一面挡墙，图纸对称。后面为 +0.650m 高的围挡。入口为碎拼道路铺装，沿着斜坡道路到达木桥，碎拼和木桥的一侧为两个观赏花园，木桥立于水池上方。通过木桥到达砾石和料石铺装区域，该铺装区域的两侧为药园和鞑靼花园。

选手应按要求完成每天的任务：

第一天，6h。完成钢板台地并种植鞑靼花园、苗圃园，完成料石铺装和砾石铺装。

第二天，6h。完成钢板种植池一、坡度砂岩碎拼、钢板走边、白漆粉刷、木质水池。

第三天，6h。完成水池、木桥、文化石贴面、钢板种植池二。

第四天，4h。植物种植、绿墙、创意景墙。

首先完成台地钢板的安装。按照图纸要求对钢板进行组装，相邻的钢板打孔用连接件连接，与木质围挡相接的钢板固定在木质围挡上，安装完成后回填土方，分层夯实，钢板高度均要在基准点以上，选手需要注意回填时钢板的形变。回填完成后进行小料石铺装、砾石铺装、植物种植。第一天的植物种植分为两部分：苗圃（药物）园、鞑靼花园。植物要种植在规定的区域里（图 10–33）。

完成木质水池的加工和安装（图 10–34）。参赛选手按照尺寸切割三合板，安装在铁板和木墙之间，同时预埋水管，回填到一定高度时铺设防水膜，用黏合剂黏合在木质水池四周，然后放置出水口和鹅卵石，最后安装压顶，木质水池详图如图 10–35 所示。在水池的外观赏面黏贴文化石，选手需要在土下的部分安装一条木条用作文化石贴面的基座，粘贴文化石时注意隐藏黏合剂，防止黏合剂流出污染外表面。入口为斜坡碎拼，选手需加工天然石材以保证尺寸，碎拼的两侧为砾石，外侧为钢板。选手在安装时需要注意钢板到碎拼的尺寸、碎拼本身的尺寸和钢板之间的尺寸。赛场提供白色油漆，选手需要将左侧木墙均匀滚刷白漆。

木桥一侧搭在碎拼上，其余立于水中，在开挖水池时要考虑立柱长度与水池深度，同时预埋水泵并连接水管，立柱安装如图 10–36 所示。按照图纸所示对木料进行加工、组装（图 10–37），木桥龙骨较长，选手在加工之前要先对木料进行挑选。木桥主体立在水池中，先确定龙骨高度再装订面板，木桥的位置由图纸标记的坐标点确定（图 10–38），木桥安装完成后铺设鹅卵石。种植池由钢板构成，钢板之间用连接件连接固定，拼接完成后放置在图中所示位置（图 10–39）。绿墙放置在木墙一侧。

最后完成植物种植和草皮铺设，打开水循环。植物的种植需要按照图纸要求的位置种植，植物在种植前要进行修剪，种植时每一棵植物的土球都要覆盖起来，草皮在种植前要先整理地形，整体修整平整、夯实，铺设完草皮后再洒水夯实。整体绿色布局自然美观，整个庭院干净整洁。

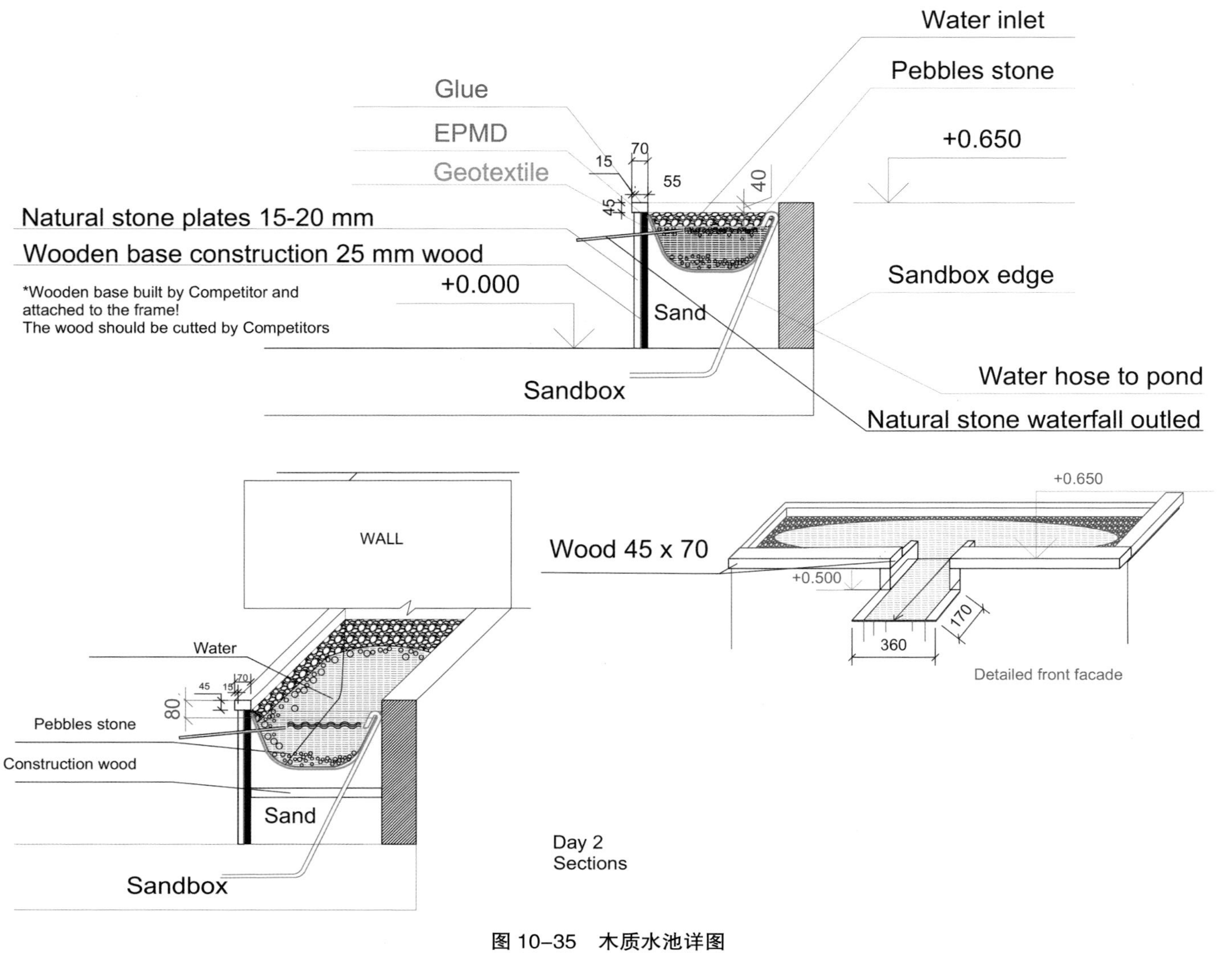

图 10–35　木质水池详图

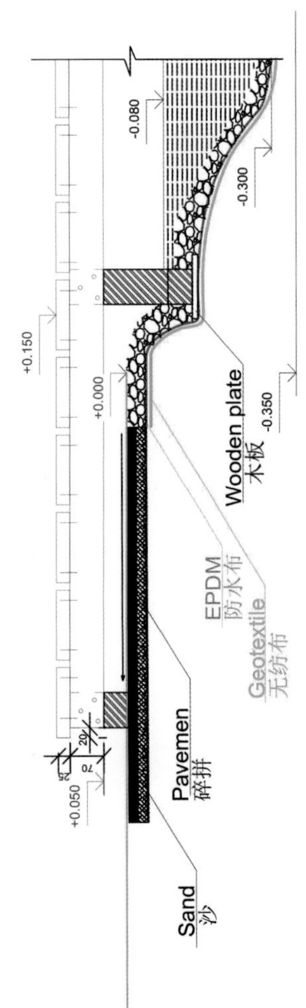

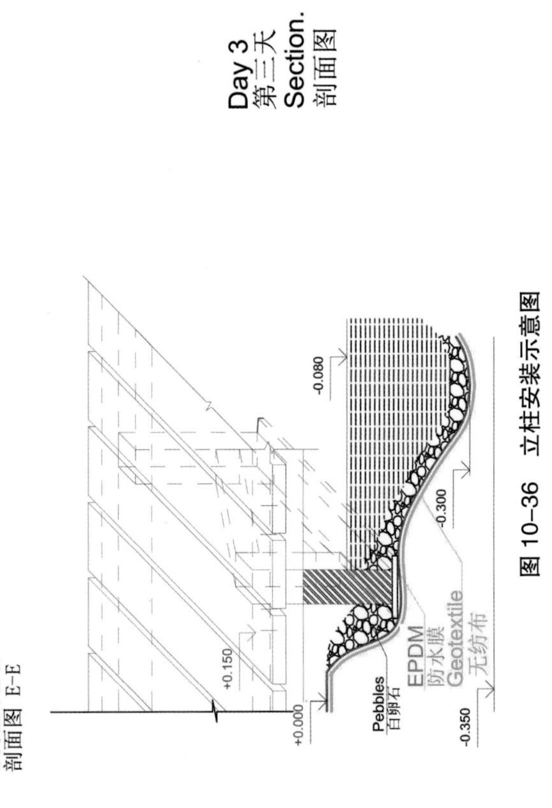

图 10-36　立柱安装示意图

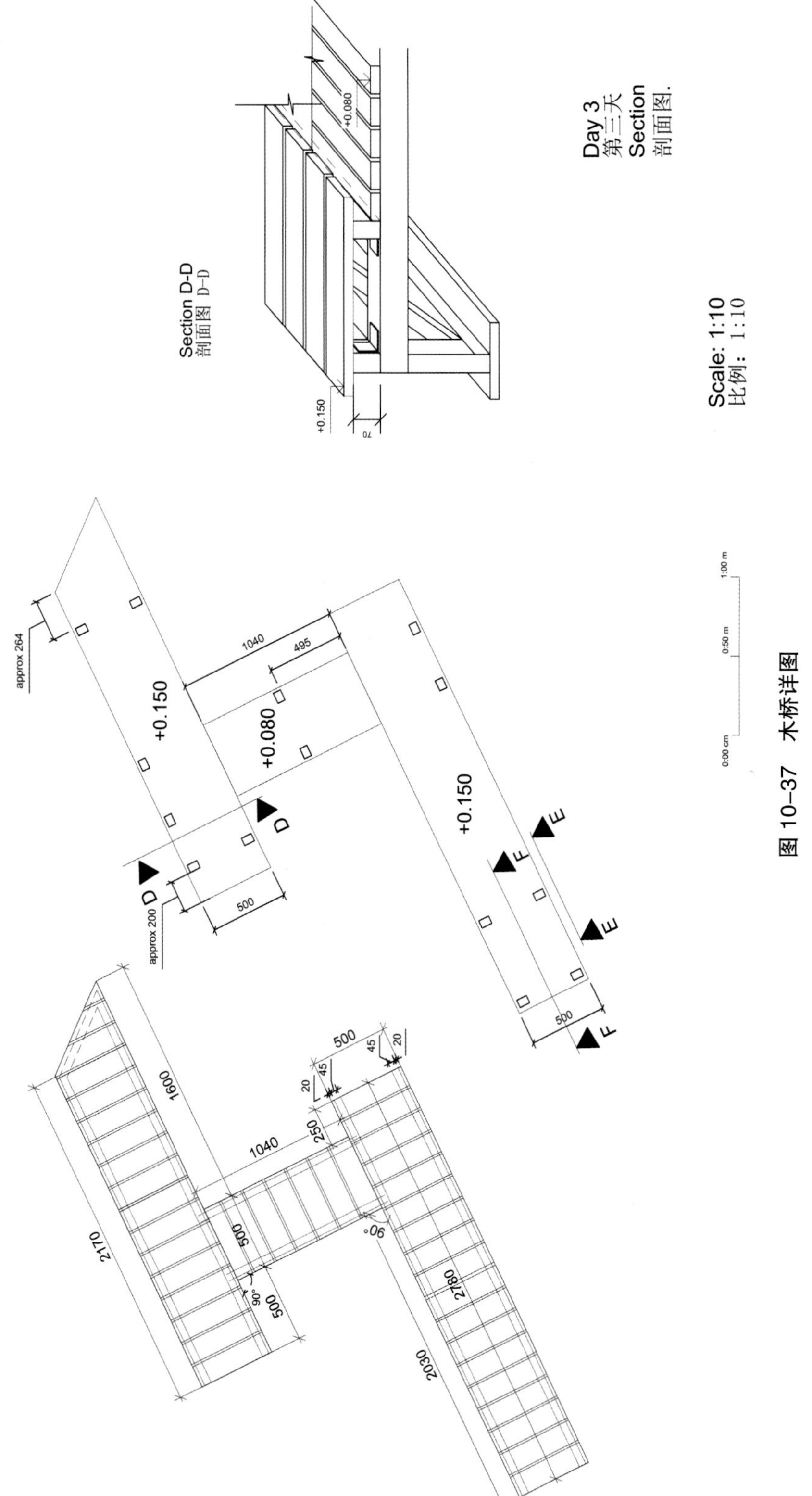
Section D-D
剖面图 D-D
Day 3
第三天
Section
剖面图.
Scale: 1:10
比例：1:10
+0.150
+0.080
+0.150
D
D
E
E
F
F
approx 264
approx 200
1040
495
500
500
1600
2170
1040
250
500
500
90°
90°
2780
2030
500
45
45
20
20
70
0.00 cm
0.50 m
1.00 m

图 10–37　木桥详图

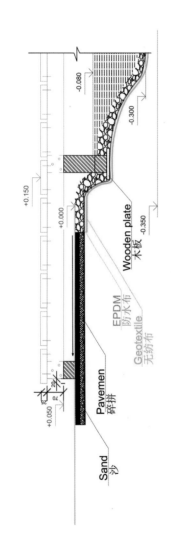

Section F-F
剖面图 F-F

+0.050
70
20
25
+0.150
+0.000
-0.080
-0.300
-0.350
Pavemen
碎拼
Sand
沙
EPDM
防水布
Geotextile
无纺布
Wooden plate
木板

Day 3
第三天
Section.
剖面图

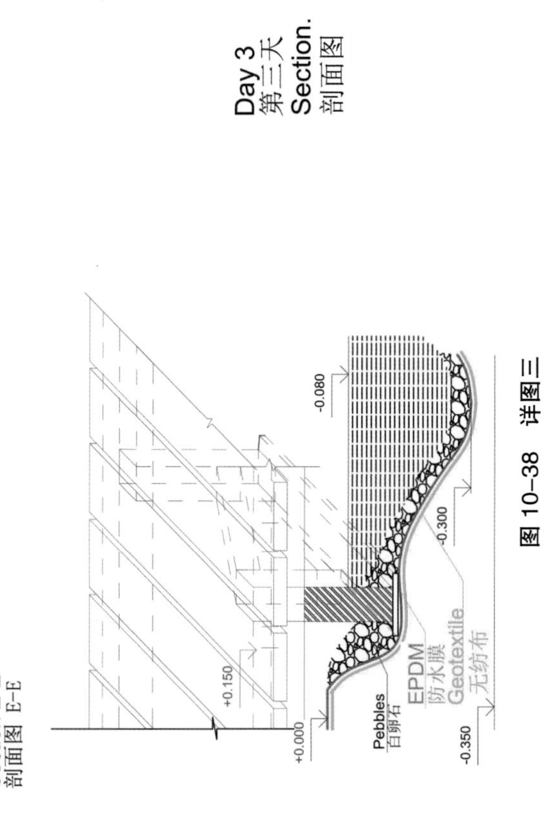

图 10-38　详图三

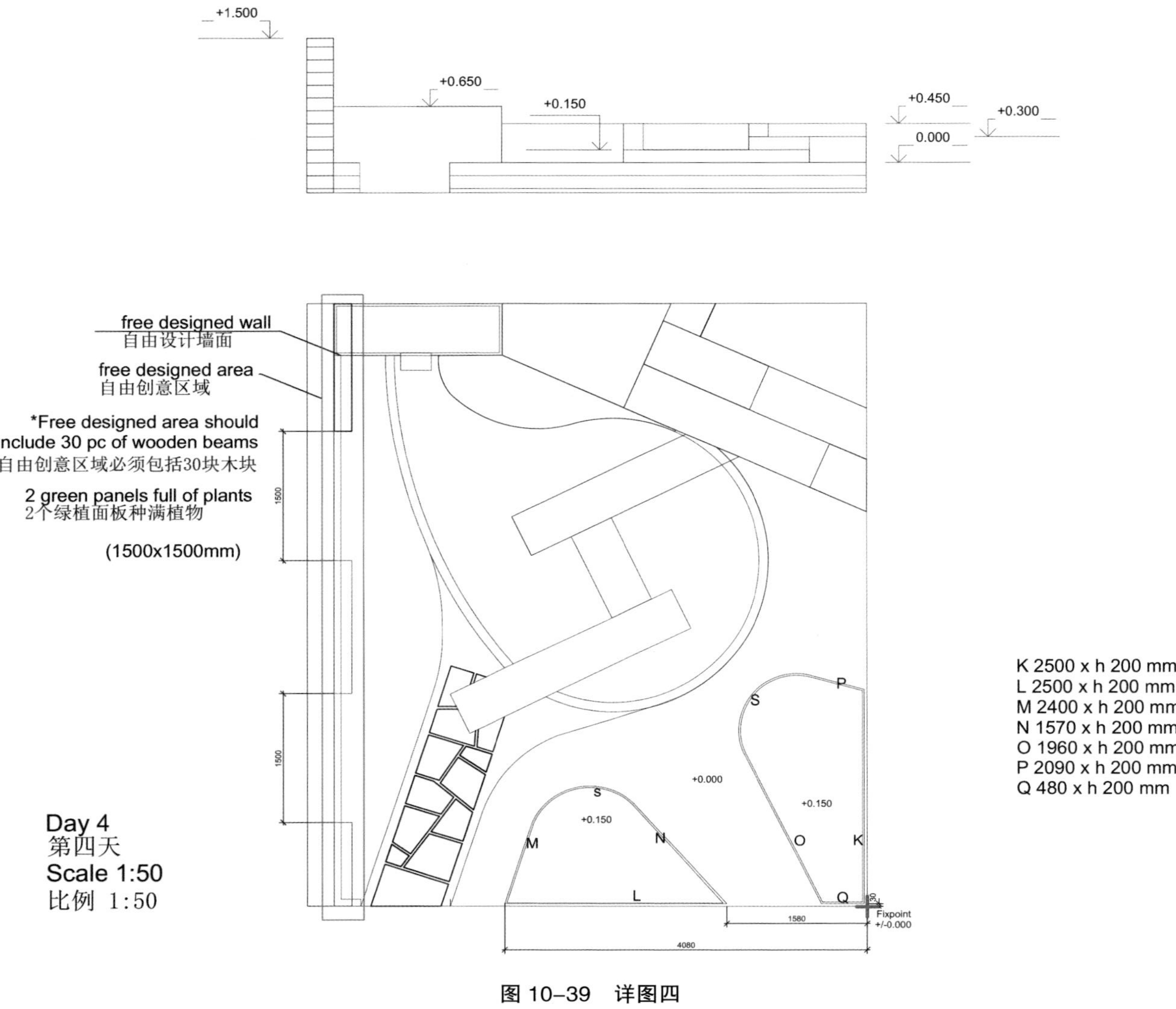

+1.500
+0.650
+0.150
+0.450
+0.300
0.000
free designed wall
自由设计墙面
free designed area
自由创意区域
*Free designed area should include 30 pc of wooden beams
自由创意区域必须包括30块木块
2 green panels full of plants
2个绿植面板种满植物
(1500x1500mm)
1500
1500
Day 4
第四天
Scale 1:50
比例 1:50
K 2500 x h 200 mm
L 2500 x h 200 mm
M 2400 x h 200 mm
N 1570 x h 200 mm
O 1960 x h 200 mm
P 2090 x h 200 mm
Q 480 x h 200 mm
+0.000
+0.150
+0.150
Fixpoint +/-0.000
1580
4080

图 10-39 详图四

参考文献

郭爱云，2012. 园林工程施工技术 [M]. 武汉：华中科技大学出版社 .

郭春华，周厚高，欧阳秀明，2005. 水景设计 [M]. 昆明：云南科技出版社 .

何瑞林，2019. 园林土建工程施工 [M]. 北京：中国农业出版社 .

纪书琴，2013. 园林工程施工细节与禁忌 [M]. 北京：化学工业出版社 .

孟兆祯，2013. 风景园林工程 [M]. 北京：中国林业出版社 .

世界技能大赛中国组委会，2019. 世界技能大赛知识普及读本 [M]. 北京：中国人力资源和社会保障出版集团 .

田建林，张柏，2012. 园林景观地形・铺装・路桥设计施工手册 [M]. 北京：中国林业出版社 .

王春晖，董舫，2013. 一图一解之园林绿化工程施工图识读 [M]. 天津：天津大学出版社 .

张蓬蓬，2014. 做最好的园林绿化工程施工员 [M]. 北京：中国建材工业出版社 .

附表一　任务划分及计划安排表

时间	施工项目	施工内容	主要材料种类和数量	使用工具种类	计划用时
第一天					
第二天					
第三天					
第四天					

附表二　训练日志

训练日期：		星期______	天气：
训练地点：			
训练内容			
主要材料	材料种类	数量	特殊切割样式及尺寸
其他耗材			
设备及工具			
问题及解决方案			
教练评语